Die moderne Stanzerei

Ein Buch für die Praxis mit Aufgaben und Lösungen

Von

Eugen Kaczmarek

Ingenieur

Dritte
vermehrte und verbesserte Auflage

Mit 186 Textabbildungen

Berlin
Verlag von Julius Springer
1929

ISBN-13:978-3-642-89921-8   e-ISBN-13:978-3-642-91778-3
DOI: 10.1007/978-3-642-91778-3

Vorwort.

Durch lange Zeit hindurch ist die Stanzereitechnik eine Erfahrungs-
wissenschaft gewesen. Betriebsingenieure und Meister überwanden die
bei jeder neuen Aufgabe entgegentretenden Schwierigkeiten auf Grund
der Erfahrungen der Praxis und immer wieder neu angestellter Versuche. Dabei machte die Mannigfaltigkeit der Schnitt- und Zieh-
gebilde besondere Schwierigkeiten für die Festlegung des kürzesten
Fabrikationsganges, der meist nur auf Grund gefühlsmäßig angeeigne-
ten Wissens gefunden werden konnte.

Die letzten Jahre haben auf dem Gebiete der Stanzerei eine
wissenschaftliche Vertiefung gebracht. Mehr als früher bemüht man
sich heute sachgemäß zu rechnen, und berücksichtigt dabei nicht
nur die Erfahrungen des einzelnen Praktikers, sondern auch den
immer wichtiger werdenden Erfahrungsaustausch in Fachausschüssen.
Alle Beispiele auch dieser neuen Auflage sind auf Grund praktischer
Erfahrungen entwickelt und gut arbeitenden Werkzeugausführungen
entnommen worden.

Wie bei der ersten und zweiten Auflage habe ich auch bei dieser
dritten Auflage viele Anregungen von Fachgenossen erhalten, und
ich danke ihnen für diese Förderung meiner Bestrebungen.

Berlin, im Oktober 1929.

E. Kaczmarek.

Inhaltsverzeichnis.

Inhaltsverzeichnis. V

Seite

Bezeichnungen und Abkürzungen.

Zeichen   bedeutet

R_b . . Randbreite
T_l . . Teillänge in Schnittstellung
S_s . . Seitenschneider-Abschnitt
B_r . . Streifenbreite
T_b . . Teilbreite
Z_m . . Werkstoff zwischen zwei Ausschnitten
V_s . . Werkstoffvorschub
δ . . Werkstoffstärke
L . . Länge des Werkstoffes
G . . Gewicht des Werkstoffes
γ . . Spezifisches Gewicht
H . . Stößelhübe
E . . Einführen des Streifens in das Werkzeug
A . . Auslauf des Streifens
U . . Umdrehen des Streifens
D_a . . Außendurchmesser der Scheibe
D_i . . Innendurchmesser der Scheibe
R . . Radius der Ziehkante
V . . Stempelgeschwindigkeit
p . . Überdruck im Windkessel
P_s . . Scherdruck in kg/mm²
K_z . . Zugfestigkeit des Werkstoffes
P_1 . . Gesamtdruck des Blechhalters in kg
P_r . . Reibungsdruck des Blechhalters in kg
P_{sp} . . Spezifischer Druck auf den Flansch der Scheibe bei Ziehbeginn

Kurzzeichen   Erläuterungen

Sm . . . . . bedeutet Schnitt mit messerartigem Schnittstempel
S . . . . .   ,,   ,, ohne jegliche Führung
SF . . . . .   ,,   ,, mit Führung der Schnittstempel
SFv . . . .   ,,   ,,   ,,   ,, und Voroperationen
SFs . . . .   ,,   ,,   ,,   ,, durch Säulen
SFsg . . . .   ,,   ,,   ,, Säulenführung ⎱ Gleichzeitiges Schneiden
SFzg . . . .   ,,   ,,   ,, Zylinderführung ⎰ mehrerer aneinander-liegender Schnittbilder
Stb . . . . .   ,, Stanze für Biegungen
Stba . . . .   ,,   ,,   ,,   ,, mit Auswerfer
Stbk . . .   ,,   ,,   ,,   ,, ,, Keil
Stra . . . .   ,,   ,,   ,, zu rollende Wulst mit Auswerfer
Strk . . . .   ,,   ,,   ,,   ,,   ,, ,, Keil
Stf . . . .   ,,   ,, mit formgebendem Profil
Stpl . . . .   ,,   ,, ,, planen Flächen (glatt oder gerauht)
Stpr . . . .   ,,   ,, für zu prägenden Körper
Z . . . . .   ,, Zug (Ziehring und Stempel)
Za . . . . .   ,, ,, mit Auswerfer
Zna . . . .   ,, ,, ,, Niederhalter und Auswerfer
S—Z . . . .   ,, Schnitt mit Zug
S—Za . . .   ,,   ,,   ,, ,, und Auswerfer
S—Zna . . .   ,,   ,,   ,, ,, ,, Niederhalter und Auswerfer
Z—S . . . .   ,, Zug mit Schnitt (Randabschnitt)
S—Z—S . .   ,, Schnitt mit Zug und einem Schnitt (Randabschnitt)
S—Z—St . .   ,,   ,,   ,, ,, ,, Stanze
S—St . . .   ,,   ,, ,, Stanze
Z—St . . . .   ,, Zug mit Stanze

Druckfehlerberichtigung.

Seite 62 Abb. 68 ist 180° gedreht zu denken.
Seite 173 2. und 7. Zeile von unten lies S_s statt S_p.
Seite 174   5. Zeile von oben lies S_s statt S_p.
Seite 184   16. Zeile von unten lies $\dfrac{50}{1,6}$ statt $\dfrac{50}{116}$.

A. Einleitung.

Allgemeine Betrachtungen über Aufbau einer modernen Stanzerei und ihre Werkzeugeinrichtungen.

Unter dem Begriff „Moderne Stanzerei" versteht man einen Betrieb mit neuzeitlichen Stanzereimaschinen, gut durchgeführter Arbeitsorganisation und ausgewähltem leitenden Personal, das alle Fragen des Stanzfaches beherrscht und wirtschaftliche Fertigung als Grundbedingung ansieht.

Daher ergeben sich in einer Stanzerei, wie in jedem selbständigen Betriebe, zwei Hauptgruppen, Betrieb und Bureau. Ersterer ist aus wirtschaftlichen Gründen in Abteilungen gegliedert und besteht aus Zuschneiderei, Schnitteilfertigung, Biegerei und Zieherei, Warmpresserei und Glüherei, Entfetterei, Beizerei, Brennerei; ferner aus zwei neutralen Abteilungen, dem Werkzeug- oder Schnittbau und der Werkzeugverwaltung.

Die Tätigkeit der Zuschneiderei erstreckt sich auf alle Werkstoffe, welche im Betrieb zur Verarbeitung gelangen, so z. B. Zuschneiden von Maßtafeln, die auf Zickzackpressen Verwendung finden, Blechstreifen für Exzenter- und Ziehpressen, Stangenwerkstoff für Reibtriebpressen u. dergl. m. Die Gruppe der Schnitteilfertigung stellt aus dem von der Zuschneiderei fabrikationsfertig angelieferten Werkstoff Schnitteile her, die entweder mit Freischnitten oder Führungsschnitten herausgeschnitten sind; eine Ausnahme machen dabei einzelne Teile, welche noch weitere Arbeitsgänge durchzumachen haben, wie das Lochen oder Rollen, d. h. die hohlgebogen werden müssen, wie es bei Scharnierbändern oder sonstigen Ösenteilen der Fall ist. Die Biegerei hat die Aufgabe, alle ihr zugelieferten Schnitteile mit den erforderlichen Biegungen, die an Exzenterpressen, Reibtriebpressen, Handspindelpressen oder Fußtrittpressen vorgenommen werden, zu versehen.

Die Obliegenheiten der Zieherei bestehen ausschließlich in der Herstellung von Ziehteilen, also Hohlkörpern, mittels einfachen oder kombinierten Werkzeugen auf einfach oder doppeltwirkenden Pressen mit Niederhaltern. Hat der Hohlkörper weitere Arbeitsgänge als einen Ziehgang durchzumachen, so wird, soweit die Abmessungen des Ziehteiles die Verwendung einer Revolverziehpresse zulassen, eine solche vorgezogen, weil mindestens zwei Arbeitsgänge hintereinanderfolgend daran erledigt werden können. Kommen besonders hohe Stückzahlen von Ziehteilen in Frage, so werden Halb- oder Vollautomaten verwendet.

Die Warmpresserei erhält wie jede andere Gruppe den zugeschnittenen Werkstoff von der Zuschneiderei und preßt ihn im warmen Zustande zu Formstücken auf Reibtriebpressen, besonders kleine Stücke dagegen auf stabilen Exzenterpressen. Werkstoff, der während der Bearbeitung hart geworden ist, wandert zur Glüherei zum zunderfreien Glühen, das möglichst unter Luftabschluß in Spezialöfen vorgenommen wird. Teile mit anhaftendem Öl lassen sich zur Vermeidung von Rauchentwicklung erst dann glühen, wenn sie vorher entfettet sind. Daher ist für die Teilfertigung die Einrichtung einer Entfetterei notwendig, die sich organisch der Beizerei und Brennerei angliedern läßt. Man benutzt zum Entfetten eine sogenannte „Tri-Waschanlage" (Trichlorätylen), in der das Waschgut sehr gut und schnell entfettet, Tri und Öl zurückgewonnen werden; ersteres ist im Gegensatz zu Benzin nicht feuergefährlich.

Die Wirtschaftlichkeit einer Stanzerei hängt wesentlich aber auch von den beiden neutralen Abteilungen, dem Schnittbau und der Werkzeugverwaltung (Werkzeugausgabe) ab. Durch weitgehende Unterteilung der Arbeit in Arbeitsvorbereitung und -ausführung, Anwendung von Normalien für die Werkzeugkonstruktion und Spezialisierung der Werkzeugmacher läßt sich der Werkzeugbau, das Herz des gesamten Betriebes, auf größtmögliche Leistungsfähigkeit einstellen. Es hat sich als besonders praktisch erwiesen, Bestandteile der Werkzeuge nach Normalien vorgearbeitet aus Lagerbeständen zu entnehmen und sie für ein Fertigungsteil herstellend herzurichten. Bei Herstellung eines Werkzeuges erhält der Anreißer unter den Werkzeugmachern zuerst die vom Lager bezogenen Werkzeugteile in die Hand, reißt die Form für den Schnittstempel sowie die in Frage kommenden Durchbrüche auf Schnitt, Führung und unterer Kopfplatte vor und versieht die Anreißlinien mit Ankörnpunkten. Nach diesen angekörnten Aufzeichnungen werden die Durchbrüche für die Werkzeugbestandteile von ungelernten Leuten ausgebohrt, ausgesägt und mit einer Feilmaschine ausgefeilt. In gut vorgearbeitetem Zustande erhält der Werkzeugmacher alle zum Werkzeug gehörenden Teile und macht daraus einen Schnitt (härten nicht mit einbegriffen). Die Herstellung von Schnitt-, Zieh-, Stanz- und Preßwerkzeugen geht in der oben geschilderten Weise vor sich und wird dadurch wesentlich beschleunigt.

Die Werkzeugverwaltung (Werkzeugausgabe) hat vor allen Dingen sowohl für die Erhaltung als auch für die jederzeitige Verwendungsbereitschaft der Werkzeuge Sorge zu tragen. An Hand von Karteikarten ist sie in der Lage, zu übersehen, in welcher Weise und wie weit die Lebensdauer des Werkzeuges abgelaufen und wann ein Parallel- oder Ergänzungswerkzeug zu bestellen ist. Die Registrierung kann nach Gruppenzahlen geschehen, wodurch die Art des Werkzeuges charakterisiert ist.

Die Aushändigung der Werkzeuge geschieht nur gegen Hinterlegung einer Werkzeugmarke des Einrichters für je ein Werkzeug, und dieser ist für die Behandlung desselben verantwortlich. Die Werkzeugverwaltung führt über jedes Werkzeug eine Karteikarte, die nach Stück-

1	2	3	4	5	6	7	8	9	10	11	12	13	14	15	16

Abteilung ....

AWF-Stanzereiwerkzeugkarte

Teil Nr. .... — Werkzeugbenennung .... — Werkzg. Nr. ....

Zeichn. Nr. .... — Kennzeichen ....

Teilbezchg. .... — Werkzg. Zchng. Nr. — Preis RM — Eingang am — Regal Nr. ....

Arbeitsgg. Nr. .... — Fach Nr. ....

Teil gehört zu ....   Hersteller d. Werkzeuges ....

Zu verarbeitender Werkstoff   **Baustoffe des Werkzeuges**

Art .... — Stärke .... mm

Legierung .... — Streifen-Band- } Breite .... mm

Zustand .... — Scheibendurchm. .... mm

Streifen-Band- } Länge f. 100 Teile .... m

Bruttogewicht f. 100 „ .... kg

Nettogewicht f. 100 „ .... kg

Arbeitszeit f. 100 „ .... min

bei .... Maschinenhüben je min

Hauptabmessungen d. Werkzeuges

Aufspannfläche .... × .... mm

Größte Höhe .... mm

Einspannzapfen ⌀ .... mm

Erforderlicher Preßdruck .... kg

Geeignet } Maschine ....
für } Gruppe .... Nr. ....

Parallelwerkzeuge

WerkzeugNr.	Kennzch.

Zur Fertigung des Teiles sind ferner erforderlich	Werkzg. Nr.				
	Kennzeichen				
	Wkzg. Zchg. Nr.				

Ausstellung der Karte

am ....

Name ....

1*

Abb. 1. Werkzeugkarte (Hauptkarte).

1	2	3	4	5	6	7	8	9	10	11	12	13	14	15	16

Abteilung ....

AWF-Nebenkarte zur Stanzereiwerkzeugkarte

Teil Nr. ....   Werkzeug-benennung ....   Werkzg. Nr. ....

Arbeitsgang Nr. ....   Kennzeichen ....

Zeichn. Nr. ....   *) Schliff = ×; Instandsetzung = △; Änderung = ○   Regal Nr. .... Fach Nr. ....

An Werkzeug-ausgabe (Datum)	Gefertigte Teile rd. Stück	An Werkzeug-macherei (Datum)	Art des Auftrages*)	Von der Werkzeugmacherei ausgeführte Arbeiten bei △ oder ○	Verbrauch an Lohn-stunden	Verbrauch an Werkstoff	
						Stahlart	kg

Abb. 2. Werkzeugkarte (Nebenkarte).

listennummern und Zeichnungsnummern eingeordnet wird. Besonders für die Werkzeugverwaltung geeignet ist die AWF.-Stanzereiwerkzeugkarte (Hauptkarte) und die A.W.F.-Nebenkarte, die vom Ausschuß für Stanzereitechnik ausgearbeitet wurden. Durch diese Karten gewinnt man ein guten Überblick über Reparaturkosten und Rentabilität deren Werkzeuge, ohne daß zur Führung der Karten große Schreibarbeit notwendig ist. Häufen sich die Reparaturkosten in kurzen Zeitabständen, so hat der Verwalter die Pflicht, Meldung an die Betriebsleitung zu machen, die ihrerseits die nötigen Maßnahmen zur Verringerung der Reparaturkosten zu treffen hat. Ferner kann man die jeweils von dem betreffenden Werkzeug geleistete Stückzahl aus der Karteikarte entnehmen. Hierdurch ist man in der Lage, die gesamte Leistung bis zum Verbrauch des Werkzeuges festzustellen und erhält wertvolle Unterlagen für Konstruktionen neuer Werkzeuge, sowie über die Zahl der erforderlichen Parallelwerkzeuge. Ist laut Karteikarte festgestellt, daß die Lebensdauer eines Werkzeuges etwa zu drei Viertel abgelaufen ist, so erfolgt die Bestellung eines Ergänzungswerkzeuges, wenn durch Rückfrage bei der Betriebsleitung geprüft ist, daß keine Änderungen am Werkzeug oder am Schnitteil vorliegen.

Die vorgenommenen Registrierungen für Schnitt und Ziehwerkzeuge in bezug auf Stückleistungen ergaben zur Bestimmung ihrer Lebensdauer bei einer Schnittflächenabnutzung von $4{,}5$ mm für den Schnittring fast das gleiche Bild wie die Führungsschnitte. Ein größerer Verschleiß der Werkzeuge tritt nur dann ein, wenn Presse und Werkzeug sich nicht in gutem Zustande befinden.

Zusammenfassend ist festzustellen, daß eine moderne Stanzerei ein außerordentlich vielseitiger Betrieb ist, in dem vieles richtig zusammenwirken muß, um eine wirtschaftliche Fertigung zu erzielen. Ist dieses erreicht, so lassen sich bei verhältnismäßig niedrigen Unkosten große Werte schaffen. Auf einen Punkt sei noch besonders hingewiesen: die Qualität des Einrichters. Dieser muß ein gelernter Fachmann sein, nicht ein angelernter Arbeiter. Da die Stanzereiwerkzeuge von ungelernten Kräften benutzt werden, so muß er alle Sorgfalt auf Einspannung verwenden und dabei die Funktion des Werkzeuges restlos beherrschen. Nur durch Pflege des Werkzeuges, d. h. durch richtige Einschätzung seines Wertes und entsprechende Behandlung kann das Konto für Reparaturen und Neuanschaffungen niedrig gehalten werden, weil nur durch diese Methode die Möglichkeit vorhanden ist, wirtschaftlich zu arbeiten, die Fertigung vor Unterbrechungen zu bewahren, Herstellungspreis und vorgeschriebenen Liefertermin innezuhalten.

So wie der Betrieb in Abteilungen unterteilt ist, ist auch in ähnlicher Art der Bureauapparat zergliedert, um sich auch hier die Vorzüge der Arbeitsteilung und Spezialisierung zunutze machen zu können. Die Einteilung der Bureaus auf Grund der Einzelgebiete ist folgende: Vor- und Nachkalkulation, Werkzeugkonstruktions-, Termin-, Betriebs- und Lohnbureau, sowie die Betriebsleitung. Die Materie der Vor- und Nachkalkulation bedingt für den einzelnen Beamten die volle Beherrschung des praktischen Faches, und zwar bis in die kleinsten Einzelheiten hinein. Eine Möglichkeit, einen Fertigungspreis beim Angebot richtig abzugeben, besteht nur dann, wenn alle Phasen des werdenden Teiles durch Zeitbestimmung festgelegt und etwaige Abweichungen, die sich aus dem Vergleich der bei der Nachkalkulation ermittelten Kosten mit denen der Vorkalkulation ergeben, bei der weiteren Teilfertigung so berücksichtigt werden, daß dem Unternehmen kein Nachteil erwächst. Um eine schnellere Abwicklung des Geschäftsganges zu ermöglichen, werden für alle Spezialgebiete der Stanzerei Normalien, ferner Zeichnungen über Schnittmuster und deren praktischen Werkstoffverbrauch, sowie die Wirkungsweise der Hauptarten der Stanzereiwerkzeuge festgelegt. Es müssen, soweit es denkbar erscheint, für das Kalkulations-, insbesondere auch für das Konstruktionsbureau, technische Unterlagen geschaffen werden, die beide Bureaus in den Stand setzen, ohne Rückfragen beim Betrieb zu halten, einlaufende Aufträge selbständig zu erledigen. Für die Erledigung der vorliegenden Aufträge hat an erster Stelle das Terminbureau zu sorgen. Es verfolgt die vom Betriebsbureau vorgeschriebenen Termine und hat die Pflicht, die rechtzeitige Anlieferung des bestellten Werkstoffes, der Werkzeuge und der zu fertigenden Teile zu überwachen und anzumahnen, sowie die sich dabei gegebenenfalls einstellenden Schwierigkeiten in bezug auf Lieferung zu beheben. Die oberste Vertretung über den ganzen Betrieb hat die Betriebsleitung, die über den ganzen Organismus wacht, Neuerungen schafft und den Hauptzweck verfolgt, die Fertigung wirtschaftlicher zu gestalten, um die Betriebsunkosten so niedrig wie möglich zu halten. Durch Aufstellung von Übersichten statistischer Art wird häufig die Rentabilität des Betriebes überprüft und zu verbessern versucht.

B. Grundregeln.

Der grundsätzliche Aufbau der Bezeichnungen in der Stanzereitechnik.

Bei der Gliederung der verschiedenen Arbeitsverfahren der spanlosen Formung hat man schon seit längeren Jahren die Unterscheidungen zwischen der Gießereitechnik einschließlich der Spritzgußherstellung, der Schmiedetechnik und der Stanzereitechnik gemacht.

Unter „Stanzen" versteht man ganz allgemein Werkstoffumformung. Diese Auslegung des Ausdruckes „Stanzen" lehnt sich auch an Erläuterungen des Deutschen Sprachvereins an, die durch Prof. Dr. Scheffler gegeben wurden. Auf Grund dieser Erklärung und eingehender Überlegungen im Ausschuß für Stanzereitechnik beim A.W.F. hat der Begriff „Stanzen" als Sammelbegriff für alle Arbeitsvorgänge, die mit einem harten Aufschlag enden, seine Festlegung „im Sinne des Wortes" und die Eingliederung unter dem Arbeitsverfahren der Werkstoffumformung gefunden.

Nach der Gliederung des Gesamtgebietes, nach der das „Stanzen" als Werkstoffumformen vom „Schneiden" als Werkstofftrennen begrifflich scharf unterschieden war, konnte man an einen systematischen

Aufbau der Bezeichnungen für alle Arbeitsverfahren und Arbeitsmittel in der Stanzereitechnik herangehen, unter denen besonders die Werkzeugbenennungen klarzustellen waren.

Unter Arbeitsverfahren sind fünf verschiedene Fertigungsarten zu verstehen, die man als „Schneiden", „Stanzen", „Ziehen", „Drücken" und „Pressen" bezeichnen kann.

Das Arbeitsverfahren „Schneiden" (Werkstofftrennen) ist in Abscheren, Ausscheren, Ausschneiden gegliedert, während unter „Stanzen" das Biegen, Rollen, Formstanzen (Formschlagen), Planieren und Prägen zusammengefaßt sein soll.

Die Begriffsbestimmungen dieser besonders zu klärenden Arbeitsverfahren, sowie die der drei anderen Verfahren „Ziehen", „Drücken" und „Pressen" sind im nachfolgenden Grundplan der Abb. 3 schematisch dargestellt aufgeführt. Gleichzeitig sind hier auch die Arbeitsmittel in engstem Zusammenhang mit den Arbeitsverfahren angegeben. Dieser Grundplan der Stanzereitechnik ist aufgestellt, um das gesamte Arbeitsgebiet begrifflich klarzustellen und seine Ausdehnung festzulegen.

Begriffsbestimmungen der Arbeitsverfahren.

Die Arbeitsmittel und Arbeitsverfahren der Stanzereitechnik sind folgendermaßen begrifflich bestimmt:

A. Arbeitsbereich der Stanzereitechnik umfaßt die Fertigung von Teilen aus:

a) Tafeln, Bändern oder sonstigen plattenförmigen metallischen und nichtmetallischen Werkstoffen,

b) stabförmigen Werkstoffen,

c) preßfähigen massiven Werkstoffen,

d) preßfähigen pulver- und teigartigen Werkstoffen.

B. Arbeitsverfahren der Stanzereitechnik sind:

a) zur Werkstofftrennung: „Schneiden" und „Stechen" (Durchreißen),

b) zur Werkstoffumformung: „Stanzen", „Ziehen", „Drücken", „Pressen".

C. Die Arbeitsmittel der Stanzereitechnik sind[1]:

a) Arbeitsmaschinen,

b) Werkzeuge,

c) Vorrichtungen.

Zu diesen einzelnen Arbeitsverfahren sind folgende Erklärungen festgelegt worden:

I. „Schneiden" ist Werkstofftrennen durch:

a) Abscheren mittels Tafel-, Schlag-, Kurbel- oder Kreisscheren.

b) Ab- oder Ausscheren mittels „Schnittes", der aus Ober- und Unterstempel bzw. Oberstempel und Schnittplatte besteht.

---

[1] Vergl. AWF-Blatt 500, im Beuth-Verlag, Berlin erhältlich.

Grundregeln.

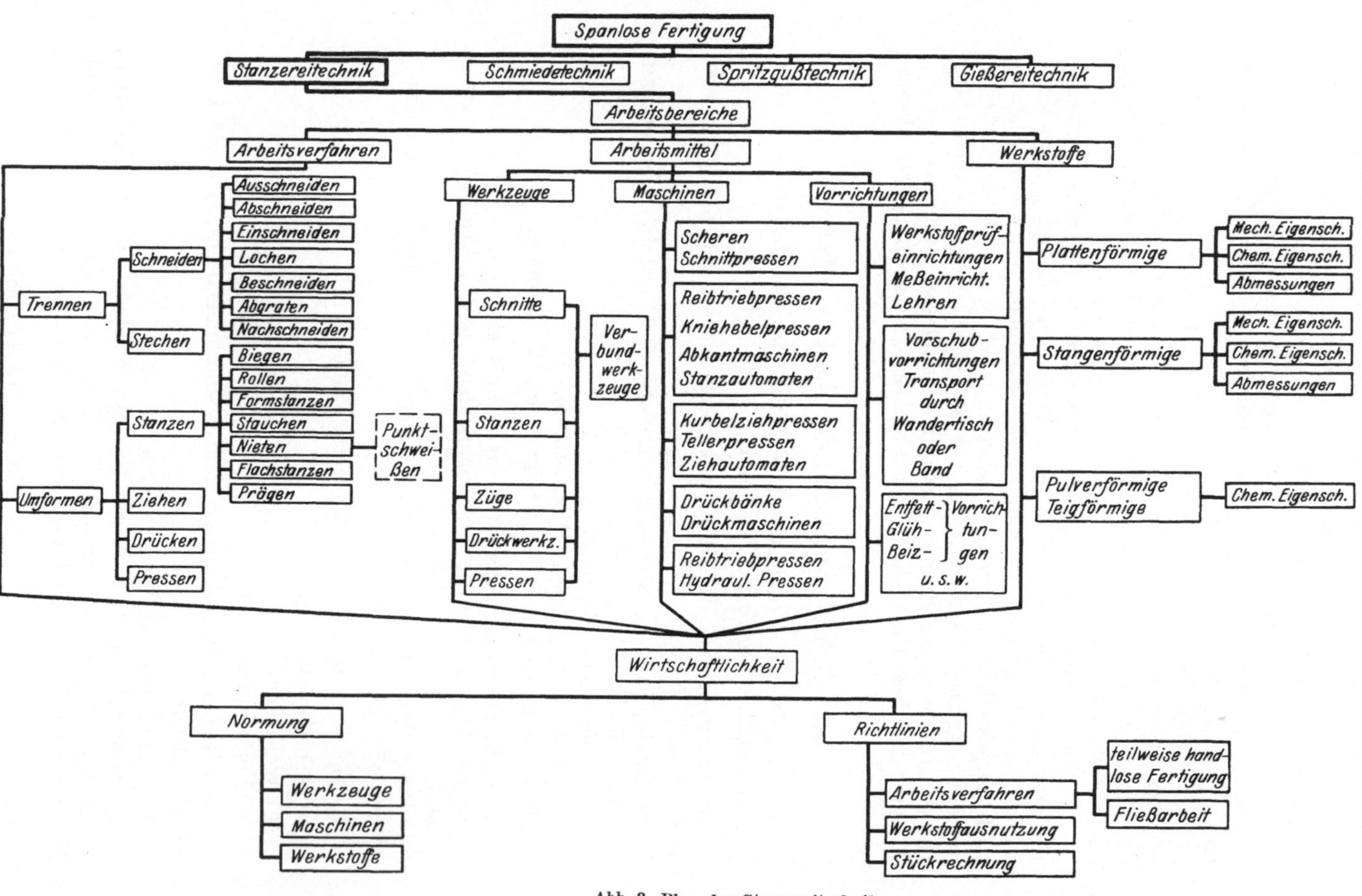

Abb. 3. Plan der Stanzereitechnik.

c) Ausschneiden mittels Messerschnittes, der einen Hohlstempel (Oberstempel) mit messerartigen Schnittkanten darstellt. Die Gegenlage bildet meist eine Fiberplatte.

II. „Stechen" (Durchreißen) ist Werkstofftrennen ohne allseitige Lösung des Werkstoffzusammenhanges, also ein nicht völliges Abtrennen des Ausschnittes.

III. „Stanzen" ist Werkstoffumformen. Die hierbei angewendeten Arbeitsverfahren unterscheiden sich wie folgt:

a) „Biegen" mittels „Biegestanze" ist Umformen eines Teiles zwischen Ober- und Unterstempel mit zum Werkstück winklig stehenden, im allgemeinen zueinander parallelen Flächen derart, daß keine wesentliche Änderung in der Stärke des Werkstoffes eintritt.

b) „Rollen" mittels „Rollstanze" ist Umformen durch zusätzliches freies Biegen eines Teiles mit angekipptem oder hochgezogenem Rand zwischen Stempel und Gegenlage derart, daß durch Druck auf den Rand dieser an einer am Stempel angebrachten Hohlkehle entlanggleitet und dadurch eine Wulst bildet.

c) „Formstanzen" (Formschlagen) mittels „Formstanze" ist Umformen eines Teiles zwischen Ober- und Unterstempel von beliebiger Form, an denen sich aber der Stärke des Werkstoffes entsprechende Vertiefungen und Erhöhungen gegenüberstehen.

d) „Flachstanzen" (Planieren) mittels „Flachstanze" (Planierstanze) ist das Richten eines Teiles durch die ebenen, glatten oder gerauhten Flächen zweier Stempel.

e) „Prägen" mittels „Prägestanze" ist das Umformen eines Teiles zwischen Ober- und Unterstempel derart, daß Änderungen in der Fläche und Stärke des Werkstoffes eintreten und daß der Werkstoff vorhandene Vertiefungen in den Stempelflächen durch Werkstoffwanderung voll ausfüllt.

IV. „Ziehen" mittels „Zug" ist das Umformen von flachen Teilen in Hohlkörper durch Ziehring und Stempel und nötigenfalls unter Verwendung von Niederhaltern, wobei eine mehr oder weniger erhebliche Werkstoffwanderung eintritt.

V. „Drücken" mittels „Drückwerkzeuges" ist das Umformen von Teilen aus Blechen unter Umlauf vermittels Formfutters und Drückwerkzeugen, wobei der Werkstoff teils gestaucht, teils gestreckt wird. Hierbei können umlaufen:

a) Das Formfutter samt Werkstück,

b) die Drückwerkzeuge,

c) das Formfutter samt Werkstück und die Druckwerkzeuge gegenläufig.

VI. „Pressen" mittels „Preßwerkzeuges" (Gesenk) ist Umformen eines Werkstoffes zwischen Ober- und Untergesenk derart, daß bei äußerst zusammengeführten Gesenkdruckflächen die vom Gesenk gebildete Hohlform voll ausgefüllt und überschüssiger Werkstoff ausgeschieden wird.

Arbeitsmittel.

Ebenso wie bei der Benennung der Arbeitsverfahren herrschen auch noch Unklarheiten über die Benennung der Stanzereiwerkzeuge. Der systematische Aufbau eindeutig bestimmter Werkzeugbenennungen, der schematisch dargestellt ist, schaltet „Gefühlsbenennungen", die oftmals sinnwidersprechend auftreten, vollständig aus. An Hand der Abb. 4 ist man in der Lage, die Hauptarten der Stanzereiwerkzeuge zu erkennen und Werkzeugbenennungen zusammenzusetzen, die sowohl allgemeinverständlich sind als auch die Einhaltung der Grundbenennungen zur Voraussetzung haben.

Aus dem Übersichtsplan geht zunächst hervor, daß jedem Arbeitsverfahren eine bestimmte Werkzeuggattung gegenübergestellt ist. Die

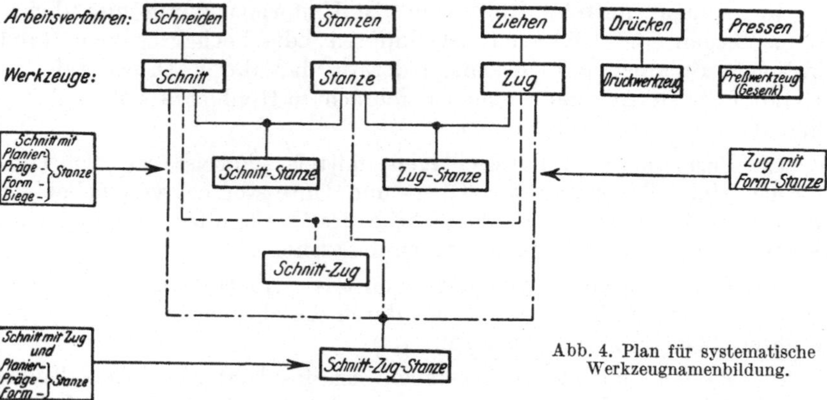

Abb. 4. Plan für systematische Werkzeugnamenbildung.

Linie, die zwei oder mehr Werkzeugarten miteinander verbindet, zeigt die Werkzeuge, welche sich zu einer neuen Werkzeugart (kombiniertes Werkzeug) vereinigen lassen. Als Beispiel würde sich aus einem Schnitt mit Stanze die Bezeichnung „Schnitt-Stanze", und diese mit einem Zug ausgerüstet die Bezeichnung „Schnitt-Zugstanze" ergeben. Hiermit ist also die Bildung von Werkzeugnamen in einer ganz bestimmten Weise vorgenommen, so daß eine Vereinheitlichung möglich ist.

Zur Vermeidung von unrichtigen Benennungen sind auch die Namen der Werkzeugbestandteile festgelegt. Zur Unterscheidung der kennzeichnenden Merkmale und zur Erleichterung der Verständigung im Verkehr hat jede Hauptwerkzeugart ein Kenn- und Kurzzeichen erhalten.

Als erste Fertigung in der Stanzereitechnik kommt das Schneiden mit einem Schnitt in Frage, der in verschiedenen Ausführungen und je nach seinen Eigenschaften angewendet wird. Man unterscheidet unter den Schnittwerkzeugen, mit denen man nur „schneidet" und nicht etwa „stanzt", solche, die ohne oder mit geführten Schnittstempeln arbeiten. Eine besondere Abart von Schnittwerkzeugen stellen diejenigen dar, die Säulen- oder Zylinderführungen haben und zum Schneiden von besonders genauen Teilen, die kleinen Toleranzen von etwa 0,02 mm unterworfen sind, Verwendung finden.

Werkzeugtafeln[1].

Schnitte. Aus dem veranschaulichten Schema für Schnitte Abb. 5 gehen alle gebräuchlichen Bezeichnungen, die dem Wortsinne nicht widersprechen, hervor.

Stanzen. Im Anschluß an die Schnittwerkzeuge folgen die Stanzen, die in fünf Gruppen gegliedert und ebenfalls nach ihrer Wirkungsweise geordnet sind. Sie sind mit Biege-, Roll-, Planier-, Form- und Prägestanze bezeichnet. Ihre unterschiedlichen Merkmale kommen bereits in der Namensbezeichnung zum Ausdruck.

Aus Gründen der Übersichtlichkeit ist der Plan für die Stanzen Abb. 6 in der gleichen Weise wie der für die Schnitte aufgebaut; es sind alle für die Praxis erforderlichen Bezeichnungen darin zu finden.

Eine besondere Gruppe von Werkzeugen stellen die sogenannten Züge und Verbundwerkzeuge dar, die im Plan Abb. 7 systematisch geordnet sind. In den Betrieben laufen gerade für diese Werkzeuge ganz verschiedene Bezeichnungen um, so daß es schon bei persönlicher Aussprache Schwierigkeiten macht, sich gegenseitig zu verständigen. Deshalb sind auch die Bestandteile der Zieh- und Verbundwerkzeuge in übersichtlicher Weise gruppiert und mit Namen bezeichnet, damit in Zukunft nicht noch neue Werkzeugbezeichnungen entstehen.

Die in den Abb. 5—7 enthaltenen Kennzeichen sind Strichskizzen für die schriftliche Verständigung, aus denen die Arbeitsweise der Werkzeuge hervorgeht, während die Kurzzeichen eine für den schriftlichen und mündlichen Verkehr zweckmäßige Abkürzung der Werkzeugbenennung darstellen.

Die Erläuterungen für die Kurzzeichen der Werkzeuge sind auf S. VII gegeben.

C. Schnittwerkzeuge.

Schnitte ohne Führungen.

Der Messerschnitt.

Der Messerschnitt hat seine Bezeichnung nach der messerartigen Schneidenausbildung erhalten. Er wird je nach seinem Verwendungszweck, wie aus den Abbildungen hervorgeht, verschiedenartig ausgeführt. Alle Messerschnitte mit geschlossener Schnittlinie, d. h. soweit sie Hohlstempel sind, bildet man vorteilhaft mit Auswerfern aus. Je nach Form der auszuschneidenden Teile erhält das Werkzeug einen oder mehrere Auswerfer, durch die ein störungsfreies Arbeiten gesichert wird. Bei Ausbildung der Schnittmesser sollte man folgende Regel beachten: „Mit Ausnahme von Hartgummi (erwärmt) ist beim Lochschnitt die Schneide außen und beim Teilausschnitt innen zylindrisch zu machen." Angewendet wird der Messerschnitt im allgemeinen bei Verarbeitung elastischer Werkstoffe, wie Papier, Leder, Preßspan, mit Ausnahme von Hartgummi in kaltem Zustand.

---

[1] Gesamtübersicht über Benennungen, Kenn- und Kurzzeichen der Schnitte, Stanzen, Züge und Verbundwerkzeuge siehe AWF 501 Beuth-Verlag, Berlin.

	Schnitte						
	ohne Führung		mit Plattenführung		mit Säulen- oder Zylinderführung		
Benennung	Messerschnitt	Freischnitt	Platten-Führungsschnitt	Folgeschnitt (Schnitt mit Vorlocher)	Säulen-Führungsschnitt	Gesamtschnitt (Komplettschnitt) mit Säulenführung	Gesamtschnitt (Komplettschnitt) mit Zylinderführung
Kennzeichen							
Kurzzeichen	*Sm*	*S*	*Sf*	*Sfv*	*Sfs*	*Sfsg*	*Sfzg*
Werkzeugbestandteile — Oberteil	Stempelkopf, bestehend aus Stempelkopfplatte und Zapfen** Stempelaufnahmeplatte** Schnittstempel** Auswerfer	Stempelkopf, bestehend aus Stempelkopfplatte und Zapfen* Stempelaufnahmeplatte* Schnittstempel*	Stempelkopf, bestehend aus Stempelkopfplatte und Zapfen Stempelaufnahmeplatte Schnittstempel Seitenschneider	Stempelkopf, bestehend aus Stempelkopfplatte und Zapfen Stempelaufnahmeplatte Schnittstempel Vorlocher Suchstift oder Seitenschneider	Stempelkopf, bestehend aus Stempelkopfplatte und Zapfen mit oder ohne Führungsbuchsen Stempelaufnahmeplatte* Schnittstempel	Stempelkopf, bestehend aus Stempelkopfplatte und Zapfen mit oder ohne Führungsbuchsen Stempelaufnahmeplatte Kopfplatte Schnittplatte Lochstempel Auswerfer	Stempelkopf, bestehend aus Stempelkopfplatte und Zapfen (mit Kupplungszapfen) Stempelaufnahmeplatte Kopfplatte Schnittplatte Lochstempel Auswerfer
Werkzeugbestandteile — Unterteil	Fiberplatte Holzplatte oder dergl.	Schnittplatte od. Schnittring Unterplatte Frosch Abstreifer	Führungsplatte Zwischenlage Schnittplatte Einhängestift** oder Hakenanschlag** Unterplatte } auch Schnittkasten genannt	Führungsplatte Zwischenlage Schnittplatte Einhängestift** oder Hakenanschlag** Anschneideanschlag Unterplatte* } auch Schnittkasten genannt	Grundplatte Führungssäulen Schnittplatte Abstreifer	Schnittstempel Kopfplatte Grundplatte Führungssäulen Abstreifer	Schnittstempel Kopfplatte Grundplatte Führungskörper mit oder ohne verstellbarer Führungsbuchse Abstreifer
Bemerkungen	* fällt weg wenn der Schnittstempel am Stempelkopf befestigt wird ** auch aus einem Stück	* auch aus einem Stück	* fällt weg, wenn die Schnittplatte gleichzeitig Spannplatte ist ** fallen weg, wenn Seitenschneider benutzt werden *** Locher können mit Sfl bezeichnet werden		Die Führungssäulen können auch im Oberteil befestigt und im Unterteil geführt werden * nicht in jedem Falle erforderlich		Dieser Gesamtschnitt heißt auch Blockschnitt

Stempelkopf und Grundplatte mit Führungssäulen oder Führungskörper werden auch als Gestell bezeichnet

Freischnitte und Führungsschnitte jeglicher Art können auch Mehrfachschnitte sein. (Mehrere Werkstücke bei einem Hub.)

Abb. 5. Gesamtübersicht über Benennungen, Kenn- und Kurzzeichen.

	Stanzen						
Benennung	Biegestanze		Rollstanze		Formstanze	Flachstanze	Prägestanze
	einfach	mit Keil	einfach	mit Keil		(Planierstanze)	
Kennzeichen / Kurzzeichen	STb STba	STbk	STr STra	STrk	STf	STpl	STpr
Werkzeugbestandteile — Oberteil	Stempelkopf, bestehend aus Stempelkopfplatte und Zapfen * Stempelaufnahmeplatte* Stanzstempel *	Stempelkopf, bestehend aus Stempelkopfplatte und Zapfen Stempelaufnahmeplatte Stanzstempel Treibender Keil	Stempelkopf, bestehend aus Stempelkopfplatte und Zapfen * Stempelaufnahmeplatte * Treibender Keil *	Stempelkopf, bestehend aus Stempelkopfplatte und Zapfen Stempelaufnahmeplatte Getriebener Keil	Stempelkopf, bestehend aus Stempelkopfplatte und Zapfen Stempelaufnahmeplatte* Formstempel	Stempelkopf, bestehend aus Stempelkopfplatte und Zapfen Stempel	Stempelkopf, bestehend aus Stempelkopfplatte und Zapfen Kopfplatte * Prägestempel
Werkzeugbestandteile — Unterteil	Aufnahme Unterstempel Einspannplatte ** (Frosch) Auswerfer ***	Aufnahme Unterstempel Bewegter Keil Einspannplatte ** (Frosch) Auswerfer	Aufnahme Unterstempel Einspannplatte ** (Frosch) Auswerfer ***	Aufnahme Unterstempel Bewegter Rollstempel Einspannplatte ** (Frosch) Auswerfer	Aufnahme Unterstempel Unterplatte ** (Frosch) Auswerfer	Unterstempel Unterplatte ** (Frosch)	Aufnahme Unterstempel Unterplatte ** (Frosch) Auswerfer
Bemerkungen	* auch aus einem Stück *** fällt bei Stb weg		* auch aus einem Stück *** fällt bei Str weg	Bei dünnen Werkstücken Niederhalter erforderlich	* nur ausnahmsweise		* nur ausnahmsweise

** fällt weg, wenn der Unterstempel gleichzeitig als Spannplatte benutzt wird.

Abb. 6. Gesamtübersicht über Benennungen, Kenn- und Kurzzeichen.

Benennung	Züge		Verbundwerkzeuge						
	m. zwangläuf. Niederhalter	m. federndem Niederhalter	Schnitt-Zug		Zug-Schnitt	Schnitt-Zug-Schnitt	Schnitt-Zug-Stanze	Schnitt-Stanzen	Zug-Stanze
	für doppeltwirkende Pressen	für einfachwirkende Pressen	für doppeltwirkende Pressen	für einfachwirkende Pressen	für einfach- und doppeltwirk. Pressen	für doppeltwirkende Pressen	für einfachwirkende Pressen	für einfachwirkende Pressen	für einfach- u. doppeltwirk. Pressen
Kennzeichen									
Kurzzeichen	Z Za	Zna	S-Z S-Za	S-Zna	Z-S	S-Z-S	S-Z-ST	S-ST	Z-ST
Werkzeugbestandteile — Oberteil	Stempelkopf, bestehend aus Stempelkopfplatte und Zapfen * Ziehstempel * Niederhalter	Stempelkopf, bestehend aus Stempelkopfplatte und Zapfen * Ziehring * Auswerfer	Stempelkopf, bestehend aus Stempelkopfplatte und Zapfen Ziehstempel Schnittstempel Abstreifer **	Stempelkopf, bestehend aus Stempelkopfplatte und Zapfen Schnitt-Zug-Stempel Auswerfer	Stempelkopf, bestehend aus Stempelkopfplatte und Zapfen Ziehstempel Randschnittstempel Abstreifer	Stempelkopf, bestehend aus Stempelkopfplatte und Zapfen Ziehstempel Randschnittstempel Schnittstempel	Stempelkopf, bestehend aus Stempelkopfplatte und Zapfen Verbundstempel Auswerfer	Stempelkopf, bestehend aus Stempelkopfplatte und Zapfen Kopfplatte Vorlocher Stanzstempel Schnittstempel Seitenschneider	Stempelkopf, bestehend aus Stempelkopfplatte und Zapfen Kopfplatte * Zugstempel Niederhalter
Werkzeugbestandteile — Unterteil	Aufnahme Ziehring Auswerfer *** Frosch **	Aufnahme Ziehstempel Niederhalter (Gegenhalter) Frosch **	Schnittring Ziehring Auswerfer * Unterplatte (Frosch)	Schnittring Ziehstempel Niederhalter (Gegenhalter) Unterplatte (Frosch)	Aufnahme (fed. Ring) Ziehring Auswerfer Unterplatte (Frosch)	Schnittring Ziehring Auswerfer Unterplatte (Frosch)	Schnittring Zieh-Stanz-Stempel Niederhalter (Gegenhalter) Unterplatte (Frosch)	Führungsplatte Schnittplatte Zwischenlage Abstreifer Unterplatte (Frosch)	Aufnahme Ziehring Auswerfer Einspannplatte ** (Frosch)
Bemerkungen	* auch aus einem Stück ** nicht immer erforderlich *** nur bei Za	* auch aus einem Stück ** nicht immer erforderlich	* nur bei S-Za ** nicht immer erforderlich, in besond. Fällen auch als Plattenführ. ausgebildet						* nur ausnahmsweise ** fällt weg, wenn der Ziehring gleichzeitig als Spannplatte benutzt wird

Abb. 7. Gesamtübersicht über Benennungen, Kenn- und Kurzzeichen.

Im folgenden werden bezüglich der Konstruktionseinzelheiten die Richtlinien des Stanzereiausschusses beim AWF. wiedergegeben.

Oberteil. Befestigung des Zapfens im Stempelkopf. Bei kleinen Werkzeugen wird der Zapfen vorteilhaft an den Stempelkopf angedreht, bei größeren in einen nach Abb. 41 dargestellten Stempelkopf eingesetzt.

Befestigung der Schnittstempel. Die Schnittstempel werden am Stempelkopf durch eine mit ihm verschraubte Kopfplatte befestigt.

Bei Ringschnitten wird der innere Schnittstempel durch den äußeren festgespannt (s. Abb. 8). Für ein sicheres Festspannen beider Stempel ist es wichtig, daß die Einsenkung im äußeren Schnittstempel niedriger ist als der Bund des inneren.

Formstempel werden mit einem angestauchten Kopf in der Kopfplatte befestigt. Zur Ersparung hochwertigen Werkzeugstahles empfiehlt es sich, bei größeren Abmessungen des Messerschnittes den inneren Schnittstempel nach Abb. 8 in eine besondere Kopfplatte aus geschmiedetem Stahl St. 42 Din 1611 einzusetzen und den äußeren Schnittstempel nach Abb. 9 an einem ebenfalls aus St. 42 Din 1611 gefertigten Zwischenstück anzuschrauben.

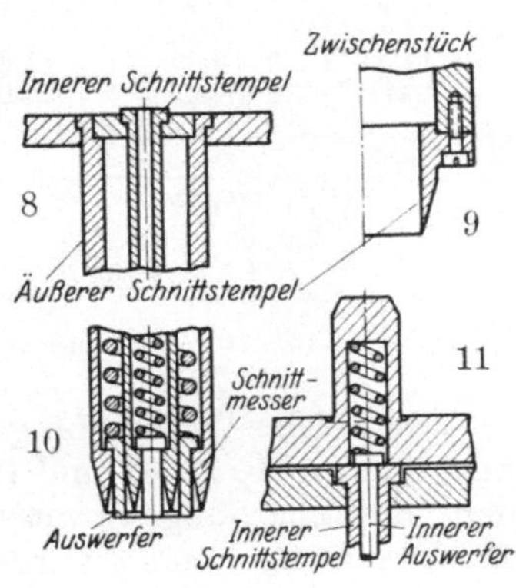

Abb. 8 bis 11.
Schnittstempelbefestigungen.

Ausbildung der Schnittkanten. Der Schnittwinkel beträgt im allgemeinen 20°.

Zum Schneiden von Leder, weicher Pappe od. dergl. ist ein Winkel von 16—18° empfehlenswert.

Beim Schneiden von Hartgummi, welches im erwärmten Zustande geschnitten wird, hat sich zwischen 6 und 20 mm Stärke ein Schnittwinkel von ∼ 12—8° am besten bewährt.

Die Anordnung der Schnittwinkel hat stets so zu erfolgen, daß sich am Werkstück gerade Schnittkanten ergeben, d. h.:

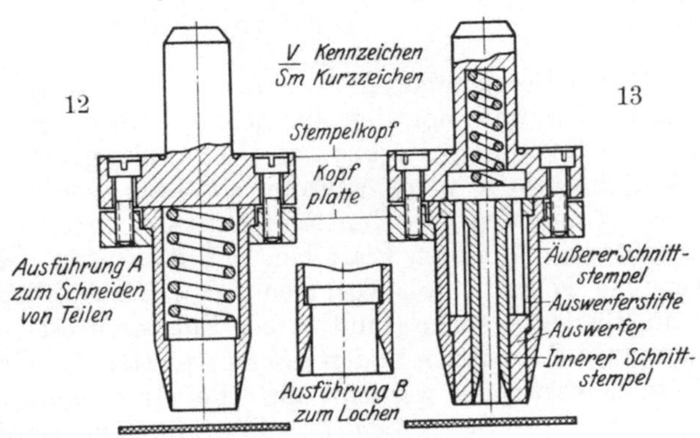

Abb. 12 und 13. Messerschnitte.

„Der Schnittstempel ist zum Ausschneiden von Teilen außen konisch und innen zylindrisch (vgl. Abb. 12 Ausführung A), beim Lochen innen konisch und außen zylindrisch auszuführen (vgl. Abb. 12 Ausführung B).

Bei Hartgummi ergeben sich gerade Schnitte am Werkstück, wenn die Schnittkante des Werkzeuges keilförmig, also außen und innen unter dem gleichen Winkel konisch ausgeführt (s. Abb. 10) wird.

Auswerferbetätigung. Je nach Art und Stärke des zu schneidenden Werkstoffes werden die Auswerfer durch eine oder zwei Federn oder zwangläufig betätigt. Um einen etwas größeren Druck auf den inneren Auswerfer zu erzielen, kann die innere Feder nach Abb. 11 angeordnet werden. Bei dieser Ausführung ist darauf zu achten, daß bei der Einkerbung des Zapfens die Wandstärke genügend stark bleibt.

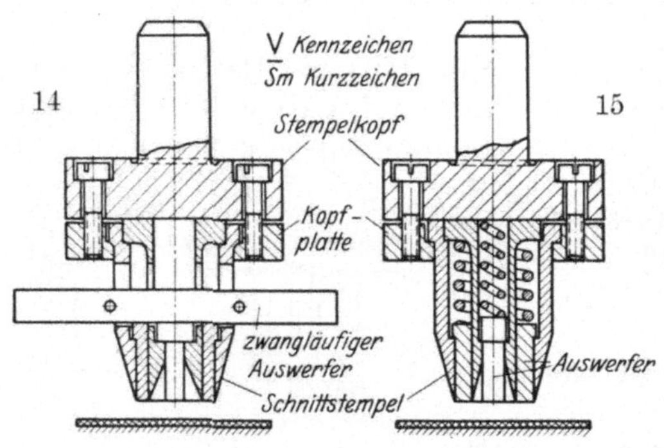

Abb. 14 und 15. Messerschnitte.

Für weiche Werkstoffe genügt zum Auswerfen der Teile der Federauswerfer (Abb. 12, 13 und 15), für festeren Werkstoff z. B. zum Schneiden von Leder, angewärmtem Hartgummi usw. muß ein zwangsweiser Auswerfer angewendet werden (Abb. 14).

Die größeren Messerschnitte der Papier-, Textil- und Lederindustrie bestehen vielfach nur aus dem Schnittstempel. Dieser ist aus Profilstahl oder zugeschärften Stahlblechen entsprechend den erforderlichen Formen zusammengestellt bzw. gebogen.

Unterteil. Das Unterteil des Messerschnittes besteht aus einer ebenen Preßspan-, Hartholz- oder Fiberplatte, auf die der Messerschnitt hart aufsetzt.

Der Freischnitt.

Mit der Bezeichnung „Freischnitt" ist eindeutig die Art eines Werkzeuges gekennzeichnet, das ohne jede Stempelführung seine Arbeit verrichtet. Notwendig ist aber die Verwendung einer Presse mit guter Schlittenführung, wenn einwandfreie Teile damit geschnitten werden sollen. Unter den Freischnitten nimmt der Scheibenschnitt mit runder Umrißform den ersten Platz ein, weil dieser für viele Zwecke zur Anwendung kommt. Aus Gründen der Wirtschaftlichkeit wird für die Schnittplatte des Freischnittes ein Einspannfrosch benutzt, der z. B. auch zum Einspannen anderer Schnittplatten für kleinere oder größere Platinen verwendet werden kann. Bei Anfertigung von runden Lochscheiben, wobei der Außen- und Innendurchmesser sich ständig ändern kann, wird bei geringen Stückzahlen zuerst die Platine und dann nach Werkzeugausführung Abb. 16 das Mittelloch ausgeschnitten.

Der Freischnitt wird vielfach bei kleinen Stückzahlen verwendet, wenn sich die Herstellung eines Führungsschnittes nicht lohnt. Bei runden Schnitten über 100 mm Durchmesser oder einer diesem Durchmesser entsprechenden Schnittfläche bei anderen Umrißformen des Durchbruches wird der Freischnitt fast allgemein angewendet.

Oberteil. Bei Schnitten bis ungefähr 25 mm Durchmesser wird der Schnittstempel entweder mittels einer Kopfplatte am Stempelkopf befestigt oder aber es werden Schnittstempel und Einspannzapfen aus einem Stück gefertigt. Im ersten Falle ist für die Befestigung des Zapfens am Stempelkopf Abb. 41 zu beachten. Damit der Schnittstempel sich nicht in den Stempelkopf einschlägt und dadurch lockert,

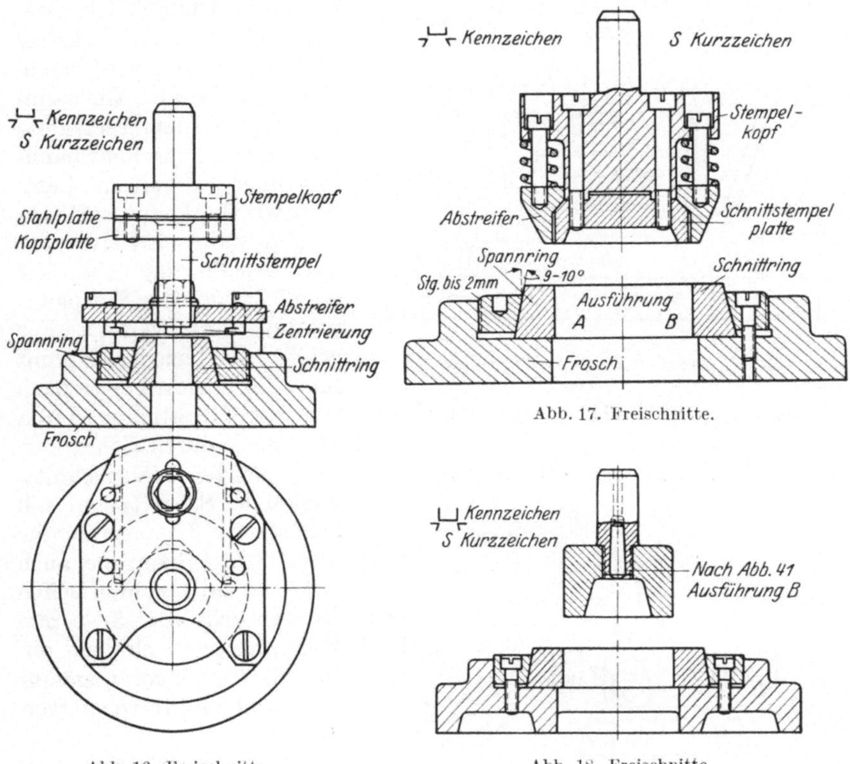

Abb. 16. Freischnitte.

Abb. 17. Freischnitte.

Abb. 18. Freischnitte.

wird zwischen Stempelkopf und Kopfplatte eine ungefähr 2 mm starke, gehärtete Stahlplatte gelegt (s. Abb. 16).

Bei Schnitten über 25—60 mm Durchmesser wird der Einspannzapfen an den Schnittstempel angedreht (hierzu Abb. 17).

Bei Schnitten über 60—150 mm Durchmesser wird der Einspannzapfen in den Schnittstempel, wie Abb. 18 zeigt, eingeschraubt.

Bei Schnitten über 150—300 mm Durchmesser wird der Einspannzapfen in einer Stempelkopfplatte nach Abb. 41 eingeschraubt und der Schnittstempel als Ring an dieser befestigt (s. Abb. 19).

Bei Schnitten über 300 mm Durchmesser fällt der Einspannzapfen fort. Das Oberteil wird mit Klauen unmittelbar am Pressenstößel befestigt. Bei den Ausführungen nach Abb. 17 und 18 erhalten die

Schnittstempel unten eine Eindrehung, um das Nachschleifen zu erleichtern. Die Einspannzapfen bestehen aus geschmiedetem Stahl St. 42. 11 nach Din 1611. Die Schnittstempel sind im allgemeinen für Bleche über 1 mm Stärke gehärtet; für geringe Blechstärken bleiben sie weich. Stehen jedoch Maschinen mit guter Stößelführung zur Verfügung, so empfiehlt es sich, alle Schnittstempel, ohne Rücksicht auf den zu schneidenden Werkstoff, zu härten.

Unterteil. Die Schnittplatte besteht ebenfalls aus gehärtetem Werkzeugstahl. Um möglichst wenig hochwertigen Werkstoff zu verbrauchen, wird sie in eine gußeiserne Einspannplatte (Frosch) eingesetzt und durch einen konischen Spannring in ihr gehalten. Letzterer wird bei kleineren Werkzeugen wahlweise entweder nach Ausführung Abb. 17*A* oder 17*B* mit der Einspannplatte verschraubt. Für größere Werkzeuge kommt nur die Befestigung nach

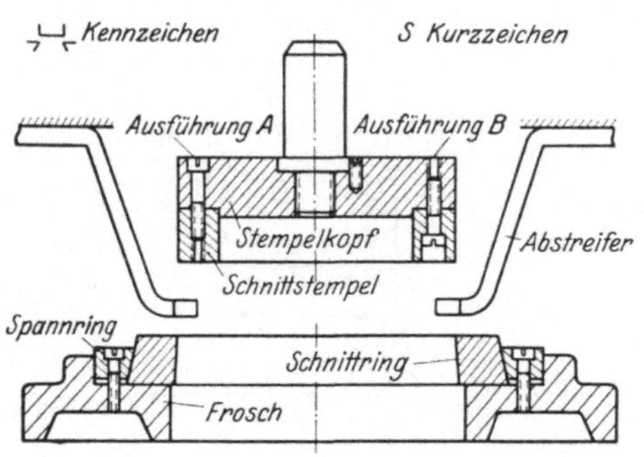

Abb. 19. Freischnitte mit Maschinenabstreifer.

Ausführung Abb. 17*B* in Betracht. An Stelle der Befestigung durch einen konischen Ring kann die Schnittplatte auch durch Schrauben und Paßstifte auf der Einspannplatte befestigt werden. Der Schnittwinkel der Schnittplatte soll höchstens 0,5° sein; die Schnittplatte kann aber auch mit einem zylindrischen Durchbruch von 3—5 mm Höhe, an den sich nach unten ein Winkel von ungefähr 3° anschließt, versehen werden.

Der Durchbruch der Schnittplatte ist an der Schnittkante um das 0,05

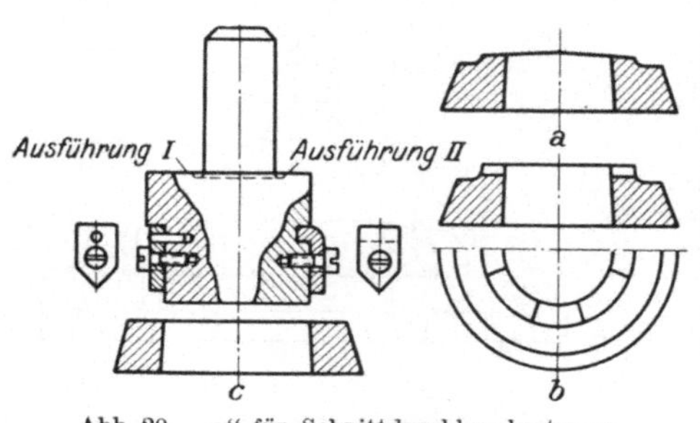

Abb. 20. „*a*" für Schnittdruckherabsetzung, „*c*" für Abfalltrennung.

bis 0,1fache der Werkstoffstärke größer zu wählen als der Schnittstempel. Das Nennmaß hat beim Lochen der Schnittstempel, beim Ausschneiden von Teilen die Schnittplatte.

Bei größeren Profilen werden Schnittstempel und Schnittplatte aus einzelnen Segmenten oder Schnittleisten zusammengesetzt.

Ausführungen für besondere Zwecke. Zum Schneiden großer oder starker Teile empfiehlt es sich, die Schnittplatte bzw. den Schnittstempel dachförmig anzuschleifen (Abb. 20a) oder mit Auskehlungen zu versehen (Abb. 20b). Dabei ist zu beachten, daß beim Ausschneiden von Teilen der Schnittstempel, beim Lochen von Teilen die Schnittplatte eben sein muß. Die durch eine derartige Ausbildung des Werkzeuges verursachte Unterteilung des Schnittvorganges setzt den notwendigen Schnittdruck herab, Maschinen und Werkzeuge werden geschont, ein ruhiges Arbeiten wird erzielt. Dabei bleibt die Schnittarbeit die gleiche, weil sich der kleinere Schnittdruck über einen längeren Weg erstreckt.

Wird der Freischnitt als Randabschnitt vorgezogener Gefäße oder als Abgratschnitt für Preßteile benutzt, so können Abfalltrenner angewendet werden. Sie werden am Schnittstempel festgeschraubt (Abb. 20c) oder, falls eine Kopfplatte vorhanden ist, in dieser befestigt. Die Abfalltrenner werden aus Werkzeugstahl angefertigt und gehärtet.

Abstreifer für Freischnitte.

Die beiderseits befestigten Abstreifer nach Abb. 21 *B* und *D* sind beim Schneiden stärkerer Bleche gegenüber den nur einseitig befestigten

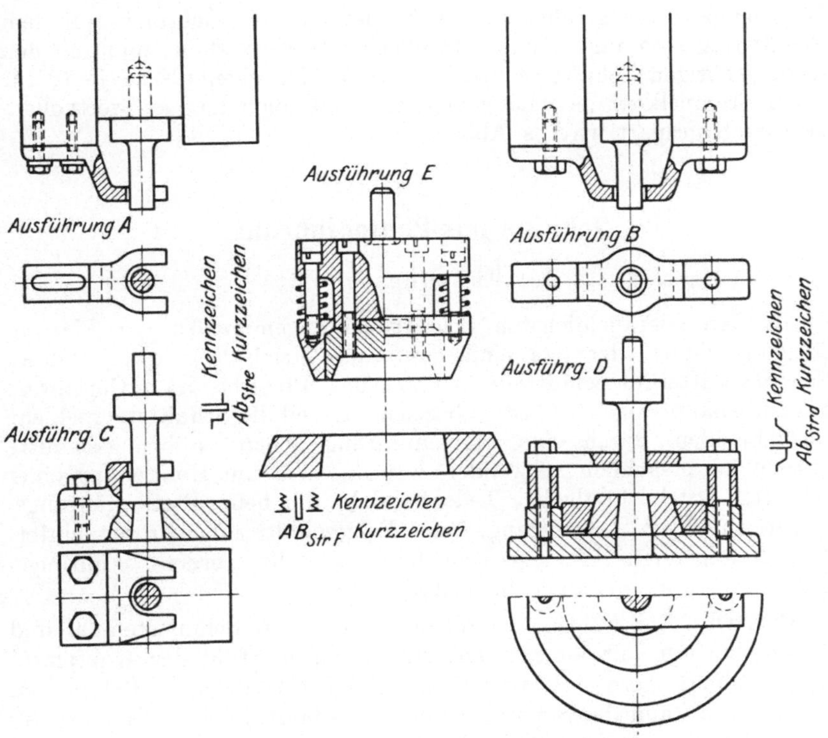

Abb. 21 A bis E. Abstreiferausführungen.

nach Abb. 21 *A* und *C* vorzuziehen. Der in Ausführung Abb. 21 *E* dargestellte Federabstreifer ist nur beim Schneiden dünnerer Bleche zu verwenden.

Bei den am Maschinenkörper befestigten Abstreifern Abb. 21 *A* und B sowie auch beim Federabstreifer Abb. 21 E ist das Schneiden aus Tafeln möglich, während die Ausführungen Abb. 21 C und D nur eine von der Ausladung des Abstreifers abhängige Werkstoffbreite zulassen, also nur beim Schneiden aus Bändern oder Streifen verwendet werden können.

Die Höhenverstellung bei den Ausführungen Abb. 21 A bis D erfolgt durch Unterlegen von Scheiben bzw. Flacheisenstücken.

Richtmaße für Einspannfrösche, Schnittringe und Stempel.

Um so wenig wie möglich Werkzeugstahl zu verwenden, werden die Schnittringe nach Möglichkeit so gestuft, daß die kleineren aus den größeren herausgestochen werden können. Je zehn dieser Ringe erhalten gleiche Außendurchmesser, damit sie in einem bestimmten Einspannfrosch, der aus Gußeisen besteht, eingebaut werden können. Nach Bedarf des Betriebes werden letztere in verschiedenen Größen in der Werkzeugausgabe geführt und auch dort vor dem Gebrauch mit dem Schnittring zusammengesetzt. In gleicher Weise verfährt man mit den dazu gehörigen Schnittstempeln; diese werden ebenfalls zu je 10 für einen Stempelkopf passend gemacht, damit auch hier an wertvollem Werkstoff gespart wird (s. Abb. 48).

Schnitte mit Plattenführung.

Der Führungsschnitt.

Zu den gebräuchlichsten Schnittwerkzeugen gehört der Plattenführungsschnitt, der das einfachste und gleichzeitig das solideste Schneidemittel für Schnitteile ist und seinen Platz bis in die Gegenwart hinein behauptet hat. Er ist so bezeichnet, weil die Schnittstempel, ehe sie schneiden, durch eine Plattenführung gehen. Führungsschnitte werden hauptsächlich verwendet, wenn es sich um Herstellung einer größeren Stückzahl flacher Teile handelt, die beim Plattenführungsschnitt in einem Arbeitsgang, beim Folgeschnitt in mehreren hintereinanderfolgenden Arbeitsgängen fertig gestellt werden. Führungsschnitte vermindern auch die Unfallgefahr.

Oberteil. Bei Führungsschnitten werden die Schnittstempel und Seitenschneider mit konisch angestauchtem Kopf in der Kopfplatte befestigt und diese mit dem Stempelkopf verschraubt. Bei großen Werkzeugen kann der Schnittstempel vorteilhaft auch unmittelbar am Stempelkopf angeschraubt werden.

Werkzeuge mit kleinen Lochstempeln erhalten zwischen Kopfplatte und Stempelkopf eine Zwischenplatte aus hartem Stahlblech (s. Abb. 24). Diese Zwischenplatte wird dann erforderlich, wenn der auf die Flächeneinheit bezogene Druck zwischen Stempel und Stempelkopf die zulässige Größe überschreitet. Ist D der Stempeldurchmesser, δ die Stärke des zu schneidenden Werkstoffes und k_z seine Zugfestigkeit (wird allgemein an Stelle der Scherfestigkeit in Rechnung eingesetzt), dann ist der Schnittdruck in kg

$$P = D \cdot \pi \cdot \delta \cdot k_z$$

Er wird an der Stempelkopfplatte aufgenommen von der Fläche

$$F = \frac{D^2 \cdot \pi}{4}$$

so daß sich die Flächenpressung ergibt zu

$$p = \frac{P}{F} = \frac{4 \cdot D \cdot \pi \cdot \delta \cdot k_z}{D^2 \cdot \pi} = \frac{4 \cdot \delta \cdot k_z}{D}$$

Diese Flächenpressung p muß kleiner sein als die zulässige Druckspannung. Da in obiger Rechnung die Durchmesservergrößerung durch das Anstauchen des Kopfes vernachlässigt ist, sowie auch mit Rücksicht darauf, daß die Lebensdauer eines Werkzeuges auch bei guter Ausnutzung verhältnismäßig kurz ist, kann die zulässige Beanspruchung ziemlich hoch angenommen werden. (Für Stahl St. 42. 11 dürften 2000—2500 kg/cm² angemessen sein.)

Bei normalem, nicht zu hartem Werkstoff soll eine Zwischenplatte im allgemeinen dann angewendet werden, wenn der Stempeldurchmesser das Dreifache der Werkstoffstärke zu unterschreiten beginnt. Die Stärke der Zwischenplatte ist zweckmäßig gleich der Werkstoffstärke, mindestens jedoch 2 mm und nicht größer als 5 mm.

Der Zapfen des Stempelkopfes soll im Schwerpunkt sämtlicher Schnittlinien (Umrißlinien der Schnittstempel) angeordnet sein. Befestigungsarten siehe S. 36 Abb. 41.

Es empfiehlt sich, dünne Stempel unter 2 mm Durchmesser (zweckmäßig unter Verwendung eines Füllstiftes nach Abb. 26a) und solche darüber bis zu 5 mm Durchmesser durch Stempelrohre (Docken, Abb. 26b) zu verstärken, wenn ihr Durchmesser das 1,5fache der Werkstoffstärke unterschreitet.

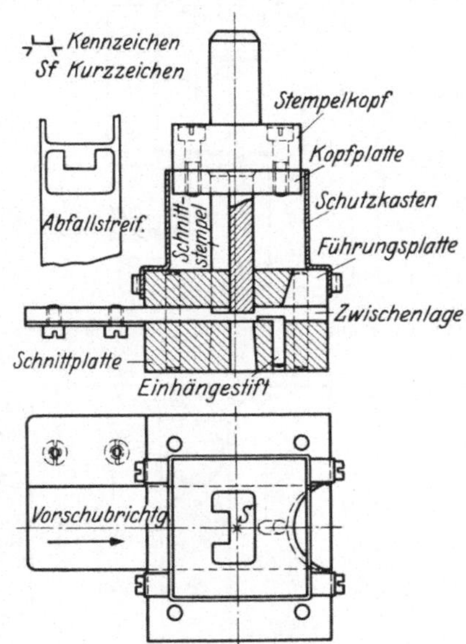

Abb. 22. Führungsschnitt mit Einhängestift.

Unterteil. Das Unterteil (Schnittkasten) ist bei den Beispielen Abb. 22 bis 25 durch zylindrische Stifte zusammengehalten. Es wird beim Einspannen des Werkzeuges, wobei die Spannklauen auf die Führungsplatte gelegt werden, zusammengespannt. Soll das Einspannen unmittelbar auf der Schnittplatte oder durch einen Frosch erfolgen, so ist außer dem Zusammenhalten durch die Stifte noch ein Verschrauben der Führungsplatte mit der Schnittplatte notwendig (Abb. 26c).

Der Durchbruch in der Schnittplatte soll sich nach unten unter einem Winkel von höchstens 0,5° erweitern. Die Schnittplatte kann aber auch, insbesondere bei Arbeitsteilen mit unregelmäßigen Umrissen, mit einem zylindrischen Durchbruch von 4,5—5 mm Höhe versehen werden, an den sich nach unten eine Erweiterung unter einem Winkel von ungefähr 3° anschließt. Der Durchbruch ist an der Schnittkante

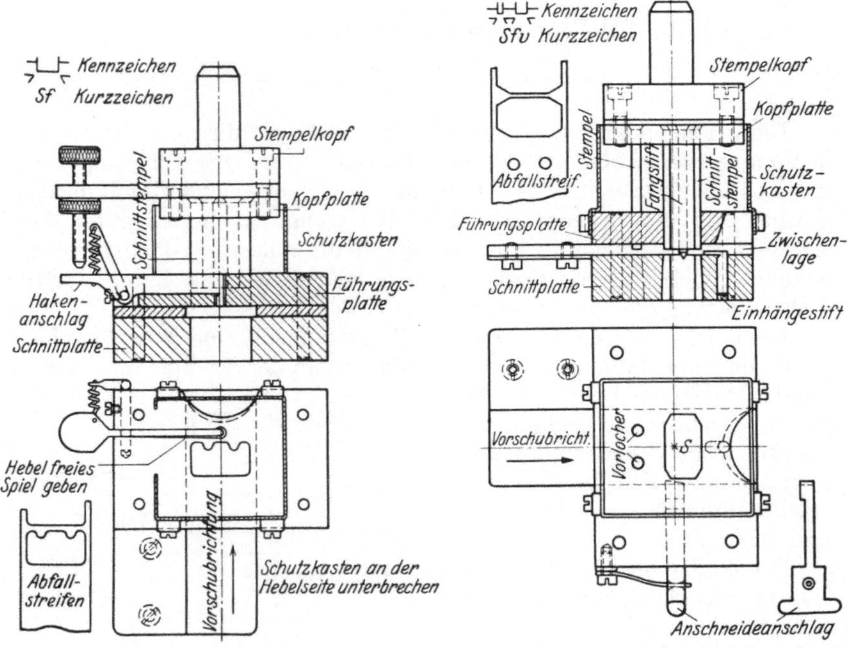

Abb. 23. Führungsschnitt mit Hakenanschlag.   Abb. 24. Führungsschnitt mit Vorlocher und Anschneideanschlag.

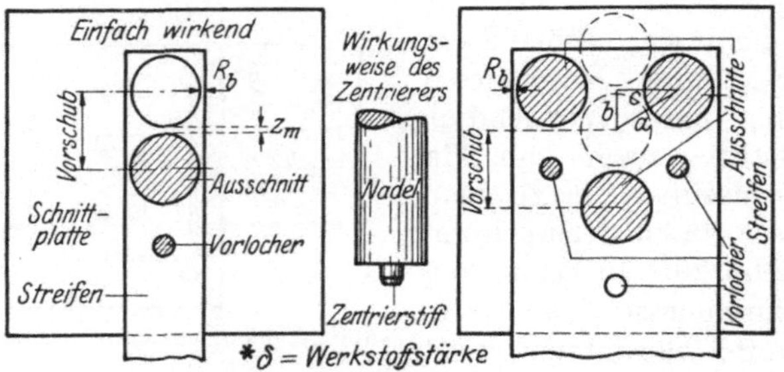

Abb. 24a. Prinzip des Einfach- oder Mehrfachschneidens.

um das 0,05—0,1fache der Werkstoffstärke größer zu wählen als der Schnittstempel. Das Nennmaß hat beim Lochen der Schnittstempel, beim Ausschneiden von Teilen die Schnittplatte.

Das Schneiden paßgerechter Teile mit Führungsschnitten ist zu erreichen, wenn der für das Eindringen des Schnittstempels in den Durchbruch der Schnittplatte erforderliche Luftspalt zur Blechstärke in einem bestimmten Verhältnis steht. Als weitere Vorbedingung kommt noch hinzu, daß der zurückbleibende Werkstoff des Abfallstreifens nicht zu klein gewählt sein darf, weil sonst das ausgeschnittene Teil größer wird als der Durchbruch in der Schnittplatte. Dieser Vorgang findet seine Erklärung darin, daß sich der Blechstreifen beim Schneiden durchbiegt und die ausgeschnittenen Teile in ihre ursprünglich ebene Lage zurückfedern und dadurch größer werden (siehe Abb. 26f). Führungsschnitte mit Vorlocher bedingen, soweit kein Bandwerkstoff zur Verarbeitung gelangt, auf Längenmaß geschnittene Streifen, um am Ende derselben keine

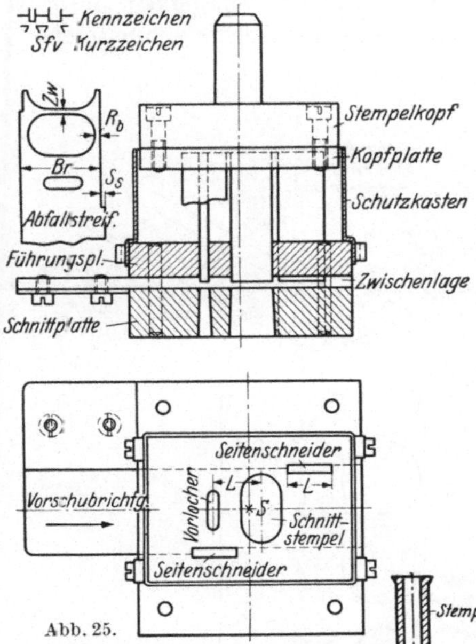

Abb. 25.
Führungsschnitt mit Seitenschneider.

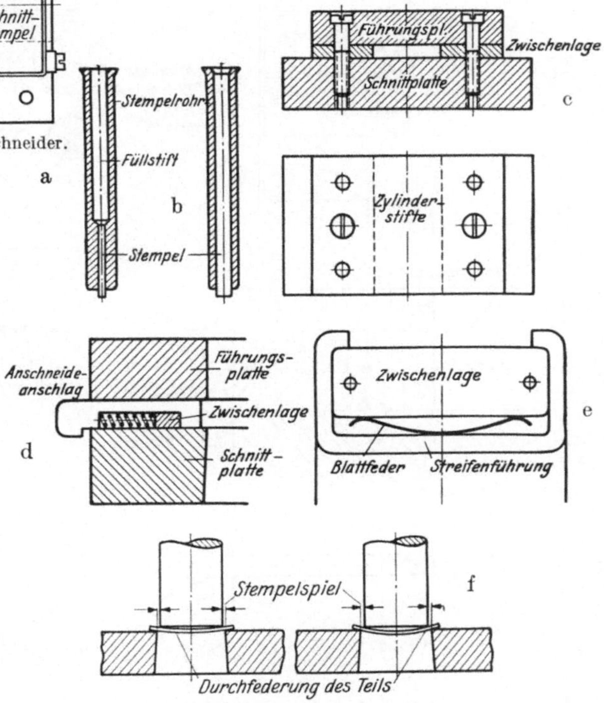

halben Teile zu schneiden; für den Anschnitt des Streifens ist im Werkzeug ein Anschneideanschlag vorzusehen (Abb. 26 d).

Vorschub. Der Vorschub des Werkstoffes wird begrenzt durch Einhängestift, Hakenanschlag oder Seitenschneider. Der Einhängestift wird vorwiegend beim Schneiden aus Streifen und bei verhältnismäßig kleinen

Abb. 26 a bis f. Werkzeugbestandteile.

Stückzahlen, der Hakenanschlag (Abb. 23) beim Schneiden aus Bändern und bei hohen Stückzahlen angewendet. Seitenschneider (Werkzeugausführungen, Abb. 25) werden in der Hauptsache bei Folgeschnitten verwendet und zwar beim Schneiden genauer Teile.

Führungsschnitt mit Einhängestift. Die einfachste Ausführung unter den Plattenführungsschnitten ist der Führungsschnitt mit Einhängestift (Abb. 22). Er wird bei Teilen, die keiner großen Genauigkeit unterworfen sind, angewendet. In vielen Fällen handelt es sich dabei um solche

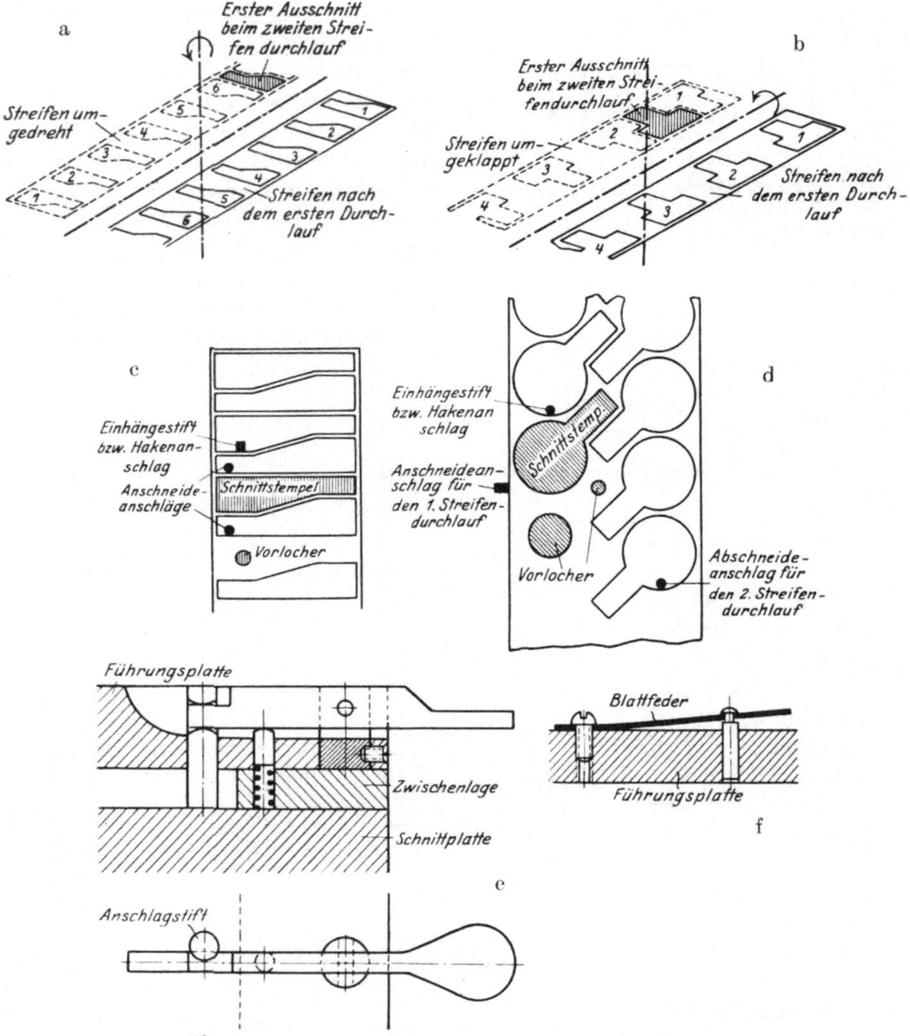

Abb. 27 a bis f. Streifenschnitte und deren Anschnittanschläge.

Teile, bei denen keine Ausschnitte im Schnitteil vorhanden sind. Werden Teile mit Ausschnitten bei Verwendung dieses Werkzeuges hergestellt, so können sie dadurch ungenau werden, daß der von Hand vorgenommene Streifenvorschub nicht genau genug erfolgt.

Führungsschnitt mit Hakenanschlag. Bei Verwendung von Schnitten mit Hakenanschlag ist darauf zu achten, daß der Hakenanschlaghebel in der Führungsplatte seitlich Spiel hat, damit er, wenn der Vorschub des Streifens erfolgt, gegen die dem Stempel abgekehrte Seite des Schlitzes gedrückt werden kann. Mit dem Aufsetzen des Schnittstempels auf den Werkstoff setzt zu gleicher Zeit die am Stempelkopf befestigte Stellschraube auf den Hakenanschlaghebel auf und hebt

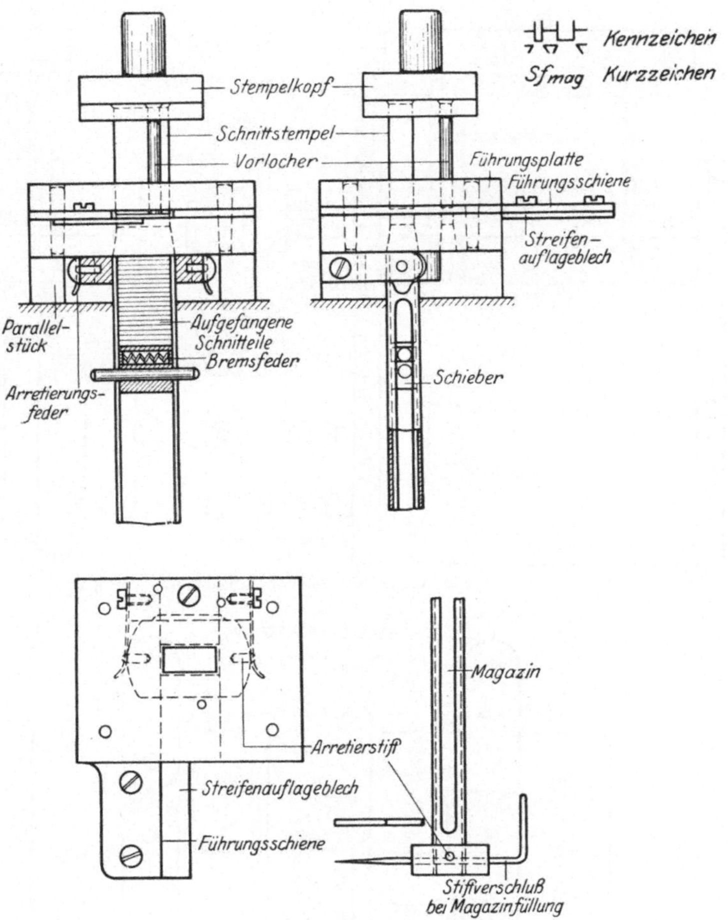

Abb. 28. Führungsschnitt mit Füllmagazin.

ihn während des Schneidens aus dem Streifen heraus. Er legt sich dabei gegen die dem Stempel zugewandte Seite des Schlitzes, setzt sich während der Aufwärtsbewegung des Schnittstempels auf den Steg zweier benachbarter Ausschnitte und kann beim nächstfolgenden Vorschub über die Stegbreite hinweg in den neuen Ausschnitt einfallen.

Folgeschnitt mit Such- und Einhängestift. Die Fertigung von brauchbaren Schnitteilen hängt in den meisten Fällen von der Geschicklichkeit

der Arbeiterin ab. Um weniger darauf angewiesen zu sein, wird eine
Sicherheitsmaßnahme getroffen, die darin besteht, im Schnittstempel
(Abb. 24) Suchstifte anzuordnen. Diese bringen den Streifen vor dem

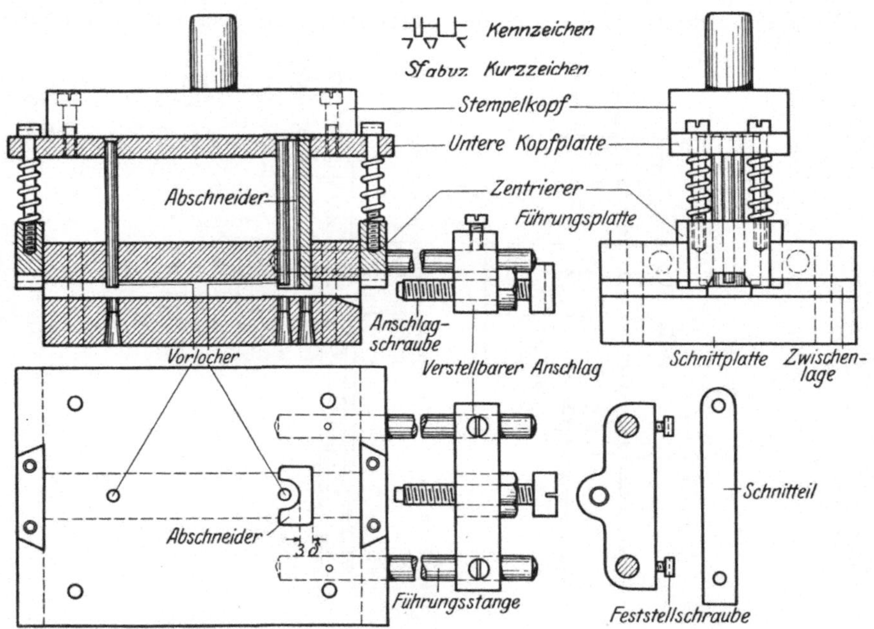

Abb. 29. Führungsschnitt mit Abschneider mit Vorlocher.

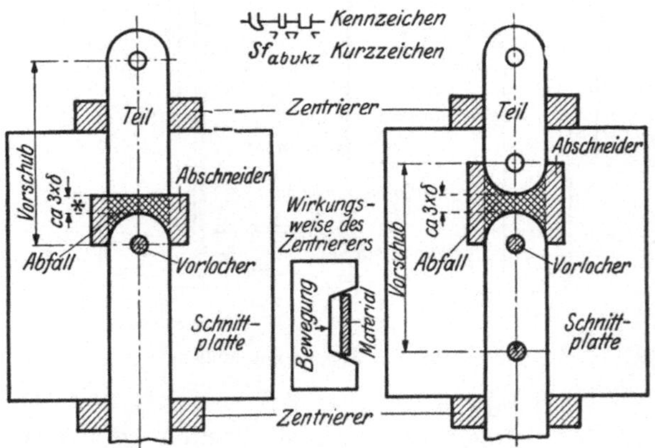

Abb. 30. Schnittanordnung.

Ausschneiden in die richtige Stellung; dadurch erhält man einwandfreie Teile. Wenn irgend möglich, sollte man dem Schnittstempel
zwei Suchstifte geben, weil mit einem die Zentrierung des Werkstoffstreifens nicht präzise erfolgt.

Folgeschnitt mit Seitenschneider. Der Verwendung von zwei Seitenschneidern in einem Werkzeug sollte man stets den Vorzug geben, von denen der eine vor und der andere hinter dem Schnittstempel anzuordnen ist; hierdurch wird der Werkstoffstreifen restlos ausgenutzt. Die Länge L des Seitenschneiders ist gleich dem notwendigen Vorschub des Werkstoffstreifens, also gleich dem Teilmaß 1 in Richtung des Vorschubes zuzüglich der Stegbreite (Abb. 25). Beim Verarbeiten von Bändern, die größere Breitenunterschiede aufweisen, werden Werkzeuge mit Federleisten vorzugsweise angewendet. Als Richtwerte für die Be-

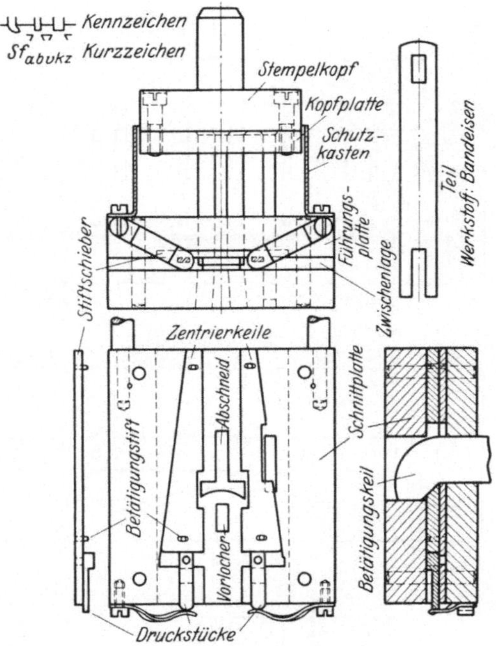

Abb. 31. Führungsschnitt mit Keilzentrierung.

messung des Werkstoffes im Abfallstreifen, insbesondere des Abschnittes für Seitenschneider, gelten die Werte des Diagrammes auf S. 168 Abb. 155 unter Kostenbestimmung. Für Werkstoffe, wie Leder, Textilien, Papier, Preßspan usw. können die Werte des erwähnten Diagrammes verdoppelt werden. Der Abstand der beiden Zwischenlagen ist für Werkstoffstreifen, die nur einmal durch das Werkzeug gehen: Sollmaß des Streifens plus 0,5 mm.

Führungsschnitt mit Füllmagazin. Unter den Führungsschnitten gibt es eine Sondergruppe, bei der die geschnittenen Teile unterhalb des Werkzeuges in einem Magazin aufgefangen werden. Diese Anordnung ist aus dem Grunde getroffen, damit mehrere Pressen von einer Arbeiterin bedient und die Teile auf mechanischem Wege weiter bearbeitet werden können. Übersteigt die spezifische Flächenpressung von geformten Teilen nicht den höchstzulässigen Schnittdruck der

Presse, so können auch Stanzungen an der Exzenterpresse vorgenommen werden. Zur Erreichung eines gleichmäßigen Arbeitstaktes können die von der Transmission aus angetriebenen Pressen durch Stufenvorlage so geregelt werden, daß in derselben Zeit, welche die eine Maschine für die Füllung des Magazins braucht, auch die Entleerung an einer anderen Maschine vorgenommen werden kann (Abb. 28 und 71).

Folgeschnitt (Abschneider mit Vorlocher). Der Absc\'neider, der für Band- und Stangenwerkstoff in Betracht kommt, wi d angewendet,

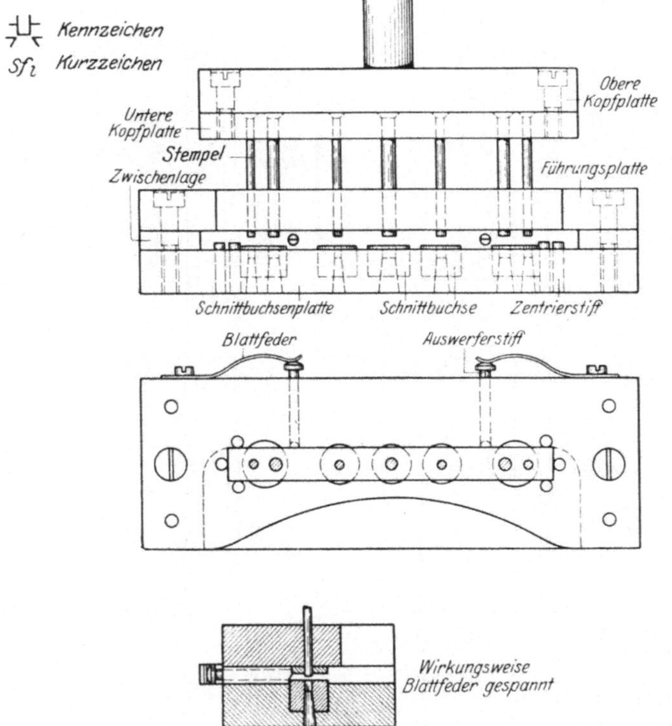

Abb. 32. Führungslocher mit Teilauswerfer.

wenn es sich um lange, gestreckte Teile, die mit Löchern oder Ausklinkungen versehen sein können, handelt, und deren Breite nicht beschnitten wird.

Bei Verwendung von gezogenen Stangen ist keine seitliche Werkstoffzentrierung nötig, während bei Bandeisen, dessen Breite sehr verschieden ist, eine Zentrierung unbedingt angewendet werden muß. Im Gebrauch haben sich bis jetzt zwei Konstruktionen von Werkstoffzentrierungen als brauchbar erwiesen und zwar nach Ausführung Abb. 29 und 31. Mit diesen Werkzeugen, die stets mit verstellbarem Anschlag gebaut werden, ist man in der Lage, verschieden lange Teile zu schneiden. Häufig treten Fälle ein, daß der Vorlocher sehr nahe an den Abschneider zu stehen kommt, und darum ist es ratsam, dem Abschneider gegenüber dem Vorlocher eine Voreilung von $0,6 \cdot \delta$ mm zu geben; hierdurch werden während des Schneidens die auftretenden Biegespannungen in der Schnittplatte zum großen Teil vermieden. Speziell bei halbrunden Abschnitten kommt es oft vor, daß bei dem vorstehenden Teil zwischen Vorlocher und Abschneider infolge gleichzeitigen Schneidens der Stem-

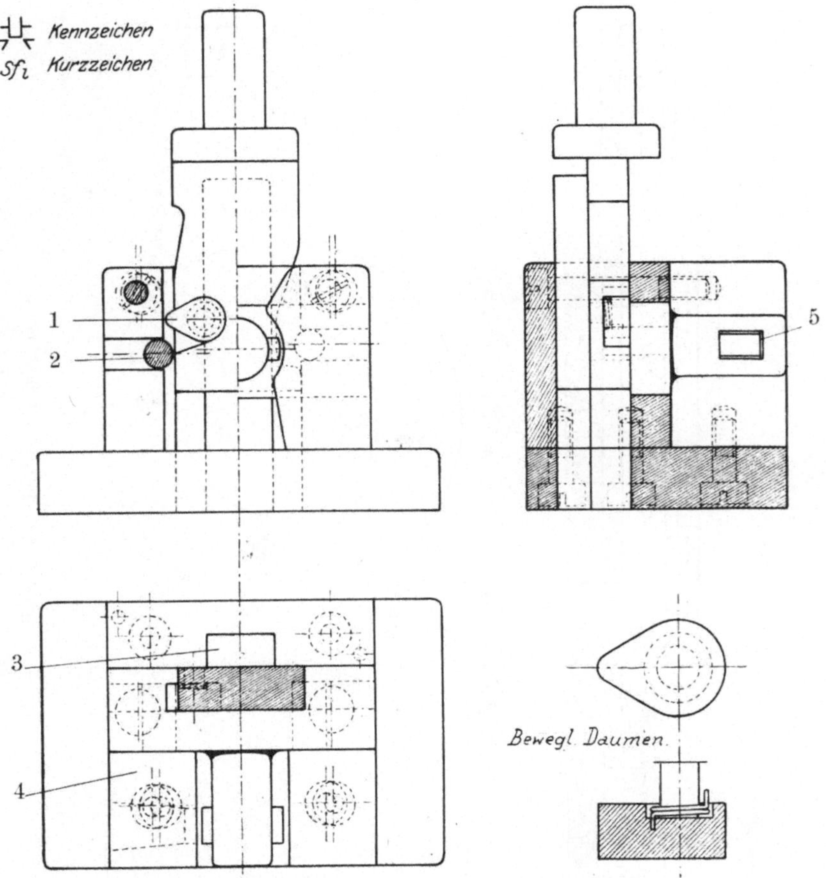

Abb. 33. Führungslocher von innen her schneidend.
1 Bewegl. Daumen, 2 Schieber, 3 Führung, 4 Schnittbacke, 5 Schnittmesser.

pel Schnittplattenbruch entsteht. Die Größe des Abfallwerkstoffes wird so bemessen, daß er im Durchschnitt $3 \cdot \delta$ mm ist, aber nicht unter 5 mm und nicht über 10 mm gemacht wird (siehe Abb. 30).

Schneidemethoden für Streifenwerkstoff. Die günstige Werkstoffausnutzung erfordert es, bei manchen Schnitteilen das Schneiden auf Umschlag des Streifens vorzunehmen und diesen zweimal durch das Werkzeug gehen zu lassen. Grundsätzlich ist zu beachten, daß bei symmetrischen Teilen, deren Symmetrieachse senkrecht zur Vorschubrichtung steht, ein einfaches Umklappen des Streifens nach Abb. 27b um

eine seiner Längskanten notwendig ist, während er bei allen un-
symmetrischen Teilen oder bei winklig zur Vorschubrichtung stehender
Symmetrieachse nach Abb. 27a gedreht werden muß. Das Schneiden

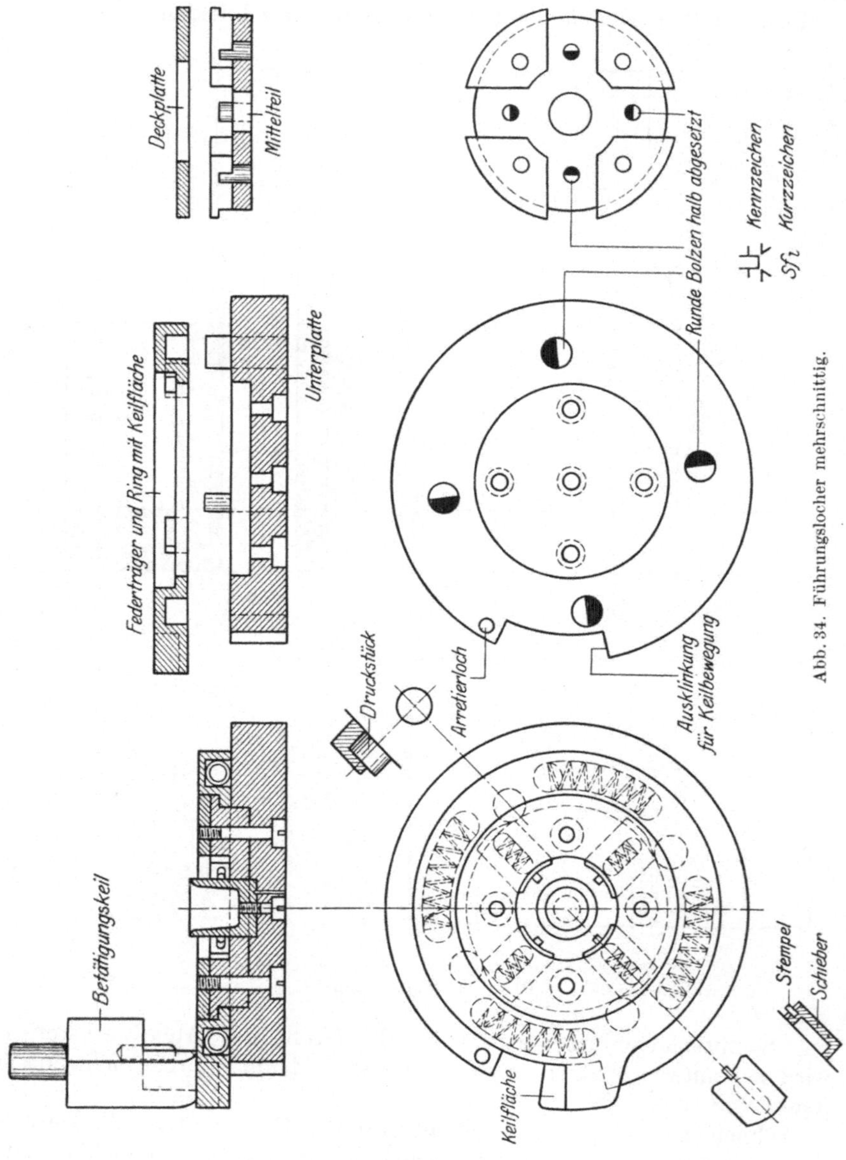

Abb. 34. Führungslöcher mehrschnittig.

auf Umschlag des Streifens erfordert im Werkzeug zwei Anschneideanschläge und einen Einhängestift bzw. einen Hakenanschlag (siehe
Abb. 27d). In dem Falle, wo die Anschneideanschläge nach dem Umdrehen des Streifens in die vorher ausgeschnittenen Ausschnitte ein-

setzen müssen, ist die in Abb. 27e gezeigte Ausführung die geeignetste; für geringe Stückzahlen wähle man die Konstruktion nach Abb. 27f. Diese hat den Nachteil, daß der Anschlag durch zufälliges Herausfallen von Teilen überdeckt wird, unbeabsichtigt in Wirksamkeit treten kann, und zu Störungen Veranlassung gibt; die Ausführung nach Abb. 27e ist besser und betriebssicher. In den Abb. 27a—d sind einige Beispiele für das Schneiden des Streifens auf Umschlag mit Angabe der nötigen Anschläge dargestellt.

Einfacher Führungslocher. Führungslocher (Abb. 32) werden angewendet, wenn bei Verwendung eines Folgeschnittes die Vorlocher so ungünstig angeordnet werden müssen, daß dadurch die Festigkeit der Schnittplatte leidet; ferner dann, wenn der Schnittgrat von Loch und Außenrand an nur einer Seite des Teiles erwünscht ist, oder wenn es sich um das Lochen gebogener, langgestreckter oder anderer nicht ebener Teile handelt. Außer denjenigen Lochern, die man für die Weiterbearbeitung flacher oder gebogener Teile benutzt, kommen noch Loch-

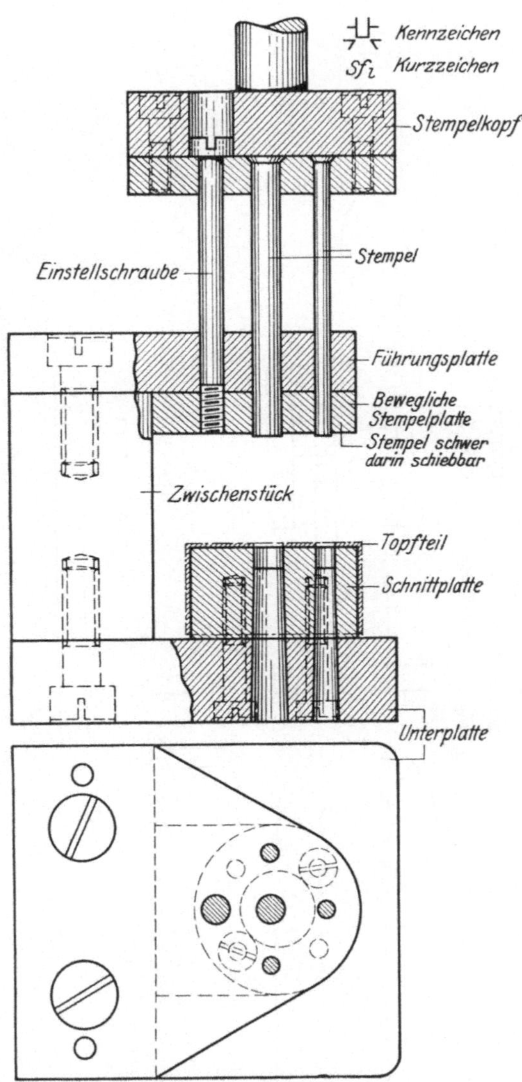

Abb. 35. Führungslocher für Hülsenboden.

werkzeuge für Hohlkörper in Frage. Man unterscheidet bei letzteren solche, die von innen nach außen, und andere wieder, die Hohlteile von außen nach innen lochen oder Formen ausschneiden (Abb. 33—34). Sollen Ausschnitte beliebiger Art in Seitenwände eckiger Kappen gemacht werden, so wende man die Ausführung nach Abb. 37 an, weil andere Werkzeugkonstruktionen zu groß und im Gewicht zu schwer werden.

Doppelt- bzw. mehrschnittige Führungslocher. Haben runde Hohlteile im Mantel einander gegenüberliegende symmetrische Durchbrüche,
so locht man sie vorteilhaft von innen nach außen in einem Arbeitsgang.

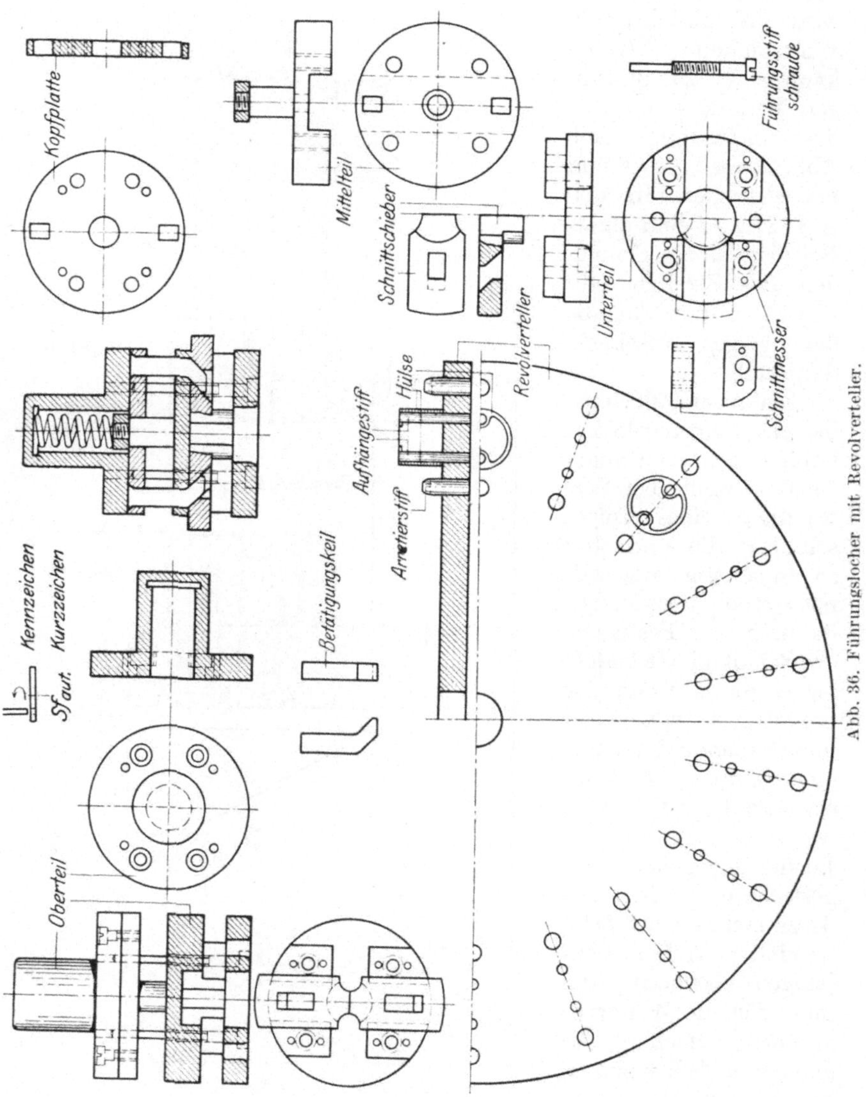

Abb. 36. Führungslocher mit Revolverteller.

Abb. 33 zeigt ein derartiges Werkzeug, dessen Arbeitsweise der Schil-
derung entspricht.

Für die Anwendung eines mehrfachschneidenden Lochers, der unter
den Führungsschnitten eine Ausnahme bildet (Abb. 34), ist eine höhere
Stückzahl der zu fertigenden Teile, Voraussetzung. Ist dies der Fall,
so können alle Ausschnitte in einem Hohlteil auf einmal ausgeschnitten

werden. Durch Keilbetätigung werden alle Schnittstempel, wie aus Abb. 34 ersichtlich, zwangläufig vorwärts bewegt und durch Federkraft wieder in ihre Anfangsstellung zurückgebracht; zum größten Teil besteht das Werkzeug aus Drehteilen, wodurch viel Handarbeit gespart wird.

Bodenlocher für Hülsen. Der Bodenlocher für Hohlteile, der für Lochungen weniger Teile in Frage kommt, bietet, nach Abb. 35 ausgeführt, den Vorteil, daß er einfach in der Konstruktion ist und einwandfrei arbeitet. Der lange Weg, den die Schnittstempel hierbei zurückzulegen haben, hängt von der Teilhöhe ab und erfordert für die Stempel (auch Nadel genannt) eine bewegliche Stempelplatte. Bei der Bewegung des Stempelkopfes nach unten wandert die bewegliche Nadelplatte bis auf den Boden des Hohlteiles und läßt

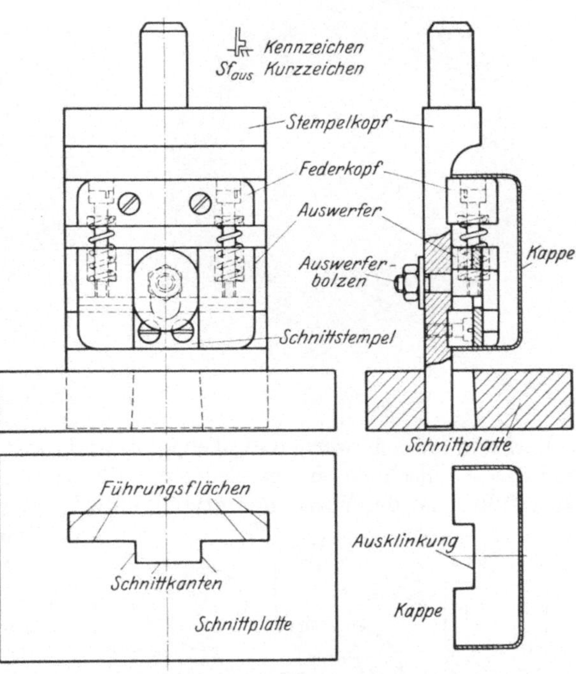

Abb. 37. Führungslocher (Ausschnitt für Kappen).

keine Abweichung der Schnittstempel während des Eindringens in den Werkstoff zu.

Führungslocher mit Revolverteller. Um Ausschnitte in gezogenen Hülsen bei größeren Mengen halb automatisch ausschneiden zu können, bedient man sich einer Revolverpresse als Schnittpresse. Der Erfolg, den man auf diese Weise erzielt, ist bedeutend. Er hängt nicht, wie in gewöhnlichen Fällen, von der Arbeiterin ab, sondern die Arbeiterin wird von der Presse zur Behändigkeit angehalten. Die Arbeitsweise mit diesem Werkzeug ist so, daß die Arbeiterin gezwungen ist, stets eine Hülse nach der anderen ohne Unterbrechung auf die hervorstehenden Stifte des ständig ohne Pause rotierenden Revolvertellers zu hängen. Mit jedem Niedergang des Stößels wird das im Schlitten eingespannte Werkzeug über die aufgehängte Hülse geführt und erhält beim Aufsetzen auf den Revolverteller durch zwei Arretierstifte eine vollkommen feste Lage. Hat die Fixierung des Werkzeuges stattgefunden, so werden durch eine weitere, aber nur kleine Bewegung des Führungsschlittens nach unten zwei Schnittmesser mittels zweier Betätigungskeile nach außen bewegt und schneiden auf diese Art zwei Seitenstücke aus der Hülse heraus. Alles Nähere ist aus der Abb. 36 ersichtlich.

Nachschnitt für starken Werkstoff. ⎸Beim Schneiden starker Teile (Abb. 38), deren Schnittflächen besonders glatt und deren Kanten

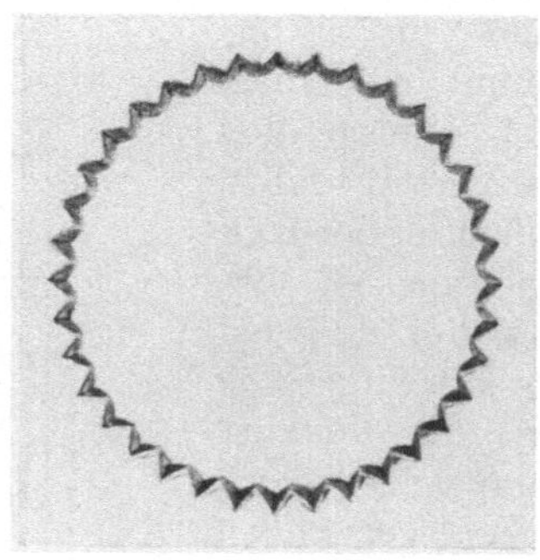

Abb. 38. Nachschnitt für starken Werkstoff.

scharf sein müssen, werden die Teile vor- und nachgeschnitten. Als Norm für das Nachschneiden der Teile, um die vorerwähnten Bedingungen zu erfüllen, ist der Vorschnitt etwa $2 \cdot 0{,}1\,\delta$ mm größer als das Sollmaß zu machen. Das Nachschneiden erfolgt in entgegengesetzter Richtung wie beim Vorschneiden des Teiles. Es ist besonders darauf zu achten, daß der Schnittplattendurchbruch gut auspolierte Flächen hat.

Zusammensetzung von Schnittstempeln. Fast jeder Schnittstempel läßt sich je nach seiner Umrißform aus rechteckigen, runden und

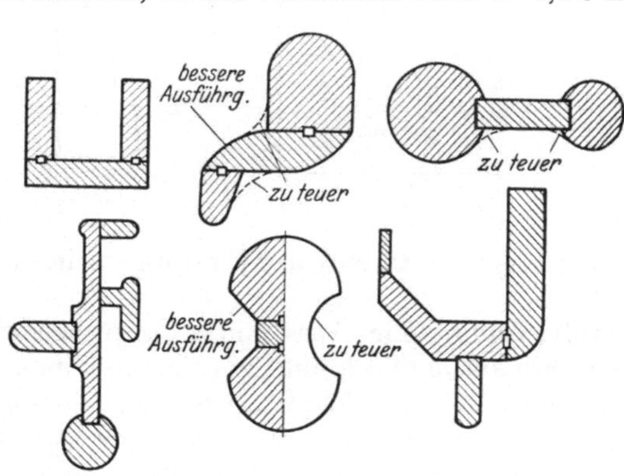

Abb. 39. Zusammensetzung von Schnittstempeln.

halbrunden Teilen zusammenfügen. Seine Gliederung ist vorteilhaft so vorzunehmen, daß jedes Teil auf maschinelle Weise hergestellt und in gehärtetem Zustande auf genaues Maß geschliffen werden kann. Alle geschwungenen Linien in der Form des Stempels sind möglichst zu vermeiden, weil er sonst, aus einem Stück gefertigt, zu teuer wird. Wenn dies trotzdem unvermeidbar ist, wende man bei den Übergangsstellen stumpfe Ecken an. Die Stempelunterteilung wird stets am vorteilhaftesten so vorgenommen, daß sie aus wenigen Stücken besteht, die durch Arretierleisten verankert sind (siehe Abb. 39a—f).

Untersuchung eines Führungsschnittes.

Folgen einer unrichtigen Werkzeugeinspannung. Die gehärteten Werkzeugbestandteile setzen als Ganzes eine sorgfältige Behandlung des gebrauchsfähigen Werkzeuges voraus. Die wenigsten Werkzeugeinrichter wissen nicht, wie sich der Schnittdruck auf die Schnittplatte auswirkt. Es ist nicht gleichgültig, ob der Schnitt lang oder quer eingespannt ist, ob er so oder so bequemer sich handhaben läßt — seine Festigkeit spielt dabei eine große Rolle, und davon hängt alles andere ab. Ein Beispiel möge zeigen, wie es möglich ist, eine Schnittplatte zum Durchbrechen zu bringen, trotz genügender Abstützung mittels Parallelstücken. Bei einem Werkzeug, dessen Schnittplatte in Abb. 40 gezeigt

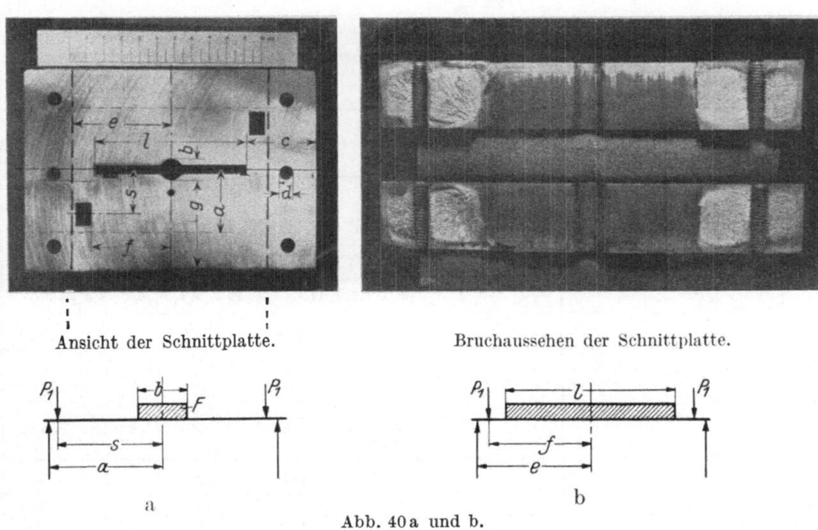

Ansicht der Schnittplatte.   Bruchaussehen der Schnittplatte.

a   b

Abb. 40a und b.

ist, wurde 2 mm starkes Messingblech geschnitten. Die Schnittplatte brach nach wenigen Stücken. Eine eingehende Untersuchung dieses Falles ergab folgendes: Zunächst sei noch vorausgeschickt, daß der eingespannte Schnitt hier als ein Balken auf zwei Stützen betrachtet wird; unter Stützen sind die beiden Parallelstücke, auf denen das Werkzeug ruht, anzusehen.

1. Ermittlung des Schnittdruckes (Abb. 40a und b).

Umfang des Schnitteiles . . . . 200 mm
Stärke des Schnitteiles . . . . 2 mm
Werkstoff: Messingblech mit $k_z =$ . . . . 30 kg/cm²
Schnittfläche $F = 200 \cdot 2 =$ . . . . 400 mm²
Schnittdruck $P = F \cdot k_z = 400 \cdot 30 =$ . . . . 12000 kg
Schnittlänge des Seitenschneiders . . . . 14 mm
Schnittfläche des Seitenschneiders $14 \cdot 2 =$ . . . . 28 mm²
Schnittdruck des Seitenschneiders $P_l = 28 \cdot 30 =$ . . . . 840 kg

Der Vorlocher wurde nicht berücksichtigt.

3*

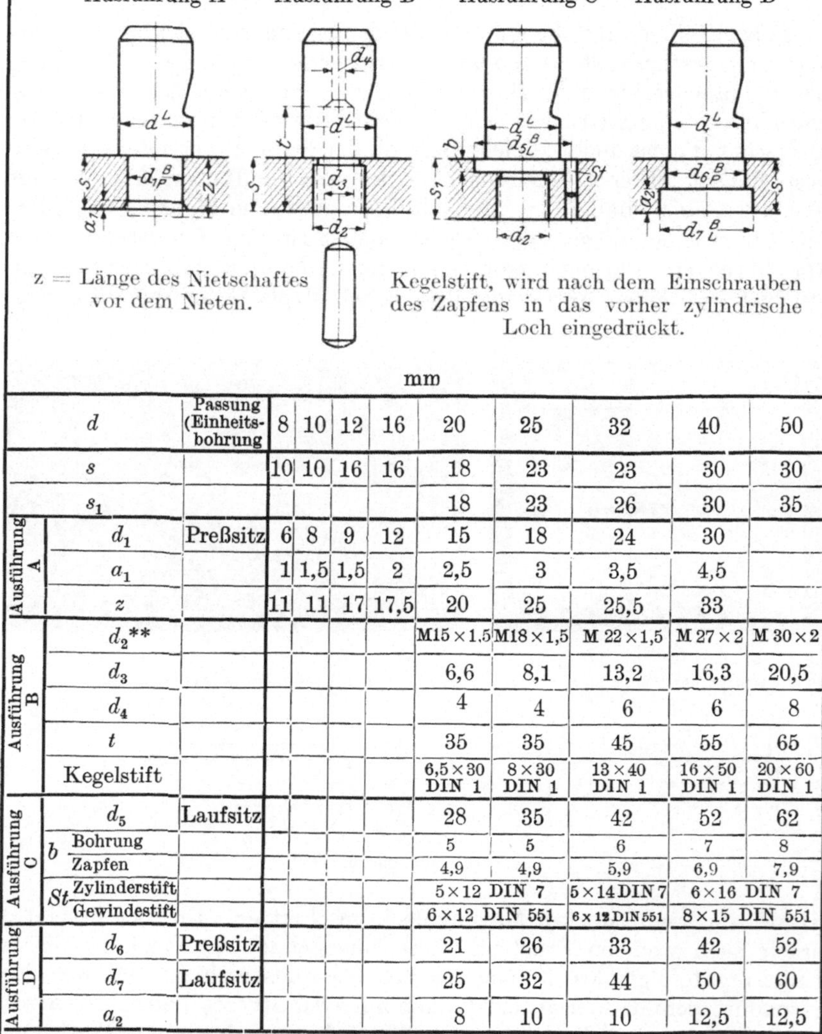

Ausführung		Passung (Einheitsbohrung)	8	10	12	16	20	25	32	40	50
	d		8	10	12	16	20	25	32	40	50
	s		10	10	16	16	18	23	23	30	30
	s_1						18	23	26	30	35
A	d_1	Preßsitz	6	8	9	12	15	18	24	30	
A	a_1		1	1,5	1,5	2	2,5	3	3,5	4,5	
A	z		11	11	17	17,5	20	25	25,5	33	
B	d_2**						M15×1,5	M18×1,5	M 22×1,5	M 27×2	M 30×2
B	d_3						6,6	8,1	13,2	16,3	20,5
B	d_4						4	4	6	6	8
B	t						35	35	45	55	65
B	Kegelstift						6,5×30 DIN 1	8×30 DIN 1	13×40 DIN 1	16×50 DIN 1	20×60 DIN 1
C	d_5	Laufsitz					28	35	42	52	62
C	b Bohrung						5	5	6	7	8
C	b Zapfen						4,9	4,9	5,9	6,9	7,9
C	St Zylinderstift						5×12 DIN 7		5×14 DIN 7	6×16 DIN 7	
C	St Gewindestift						6×12 DIN 551		6×12 DIN 551	8×15 DIN 551	
D	d_6	Preßsitz					21	26	33	42	52
D	d_7	Laufsitz					25	32	44	50	60
D	a_2						8	10	10	12,5	12,5

* Anschlußmaße für die Pressen nach DIN 810.
** Gewinde nach DIN 242, Gewinderille nach DIN 76.

Diese Zapfenbefestigungsarten sind anzuwenden, wenn die Rücksicht auf Niedrighaltung der Herstellungskosten oder auf vorhandene Betriebsmittel die Fertigung aus einem Stück, also durch Andrehen oder Anschmieden des Zapfens, sowie auch das Anschweißen des Zapfens an die Stempelkopfplatte verbietet.

Als Richtlinie für die Anwendung gelte:

Ausführung A: für kleine Werkzeuge,
Ausführung B u. C: für mittlere Werkzeuge,
Ausführung D: für schwere Werkzeuge.

Ausführung A darf nicht gewählt werden bei gußeiserner Stempelkopfplatte. Die Sicherung gegen Drehung wird erhöht, wenn die Aussenkung in der Platte vor dem Einnieten des Zapfens mit mehreren Kerben versehen wird.

Bei Ausführung C kann der Zylinderstift auch durch einen Gewindestift ersetzt werden.

Abdruck der Normenblätter des Deutschen Stanzereiausschusses. Verbindlich für die vorstehenden Angaben bleiben die Dinnormen. Normenblätter sind durch den Beuth-Verlag, G. m. b. H., Berlin S 14, Dresdner Str. 97, zu beziehen.

Abb. 41.

Eckige Stempelköpfe   Runde Stempelköpfe

Zapfenanschlußmaße nach DIN 810, Befestigungsarten des Einspannzapfens im Stempelkopf nach AWF 502

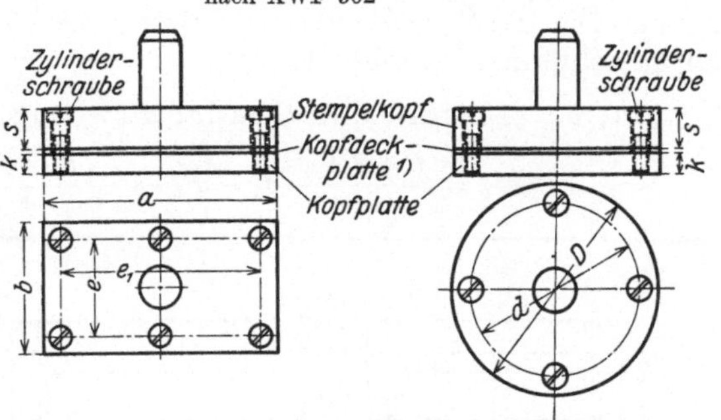

Die beiden mittleren Schrauben nur bei den unterhalb des starken Striches stehenden Abmessungen für e_1. Bei ◣ noch je 1 Schraube in die Mitte der Seite b.

Bezeichnung eines eckigen Stempelkopfes mit den Abmessungen b = 38 mm, a = 60 mm:

Stempelkopf 38 × 60 AWF 526

Bezeichnung eines runden Stempelkopfes mit dem Durchmesser D = 38 mm:

Stempelkopf 38 ⌀ AWF 526

Eckige Stempelköpfe

b	38	48	57	77	97	117	146	176	196
s	18	18	18	23	23	23	23	23	23
k	8	10	10	12	12	12	17	17	17
e	26	32	41	61	81	101	126 ◣	156 ◣	176 ◣

a	e_1								
40	28								
50		34							
60	48	44	44						
80	68	64	64	64					
100	88	84	84	84	84				
120	108	104	104	104	104	104			
140			124	124	124	124	120		
160					144	144	140		
180						164	160	160	
200						184	180	180	180
225							205	205	
500								230	230
Zylinder-Schrauben	M 6 × 22 DIN 84	M 8 × 22 DIN 84		M 8 × 30 DIN 84			M 10 × 35 DIN 84		

Runde Stempelköpfe

D	38	48	63	78	98	123	158
s	18	18	18	23	23	23	23
k	8	10	10	12	12	12	17
d	26	36	47	62	82	107	138
Zylinderschrauben — Stück	3	3	3	4	4	4	6
Zylinderschrauben — Bzchng.	M 6 × 22 DIN 84	M 8 × 22 DIN 84		M 8 × 30 DIN 84			M 10 × 35 DIN 84

¹) Kopfdeckplatte nur bei Werkzeugen mit dünnen Stempeln (vgl. AWF 514).

Werkstoffe: Stempelkopf: Geschmiedeter Stahl St. 50 · 11 DIN 1611
Kopfplatte: Geschmiedeter Stahl St. 50 · 11 DIN 1611
Kopfdeckplatte: Blauhartes Gußstahlblech, planparallel geschliffen.

Abb. 42.

2. Berechnung der auftretenden Biegespannungen.

A. Die Parallelstücke hatten in der Abbildung durch schwarze gestrichelte Linien gekennzeichnete Lagen.

Annahme: Die Kraft greift über die Breite des Schnitteiles gleichmäßig an (gleichförmig verteilte Last)

$$a = 35\,\text{m/m}; \quad b = 12\,\text{m/m}; \quad c = 40\,\text{m/m}; \quad d = 8\,\text{m/m}; \quad s = 26\,\text{m/m}$$

$$M_b = \frac{P + 2\,P_l}{2} \cdot a - P_l \cdot s - \frac{P \cdot b}{2 \cdot 4}$$

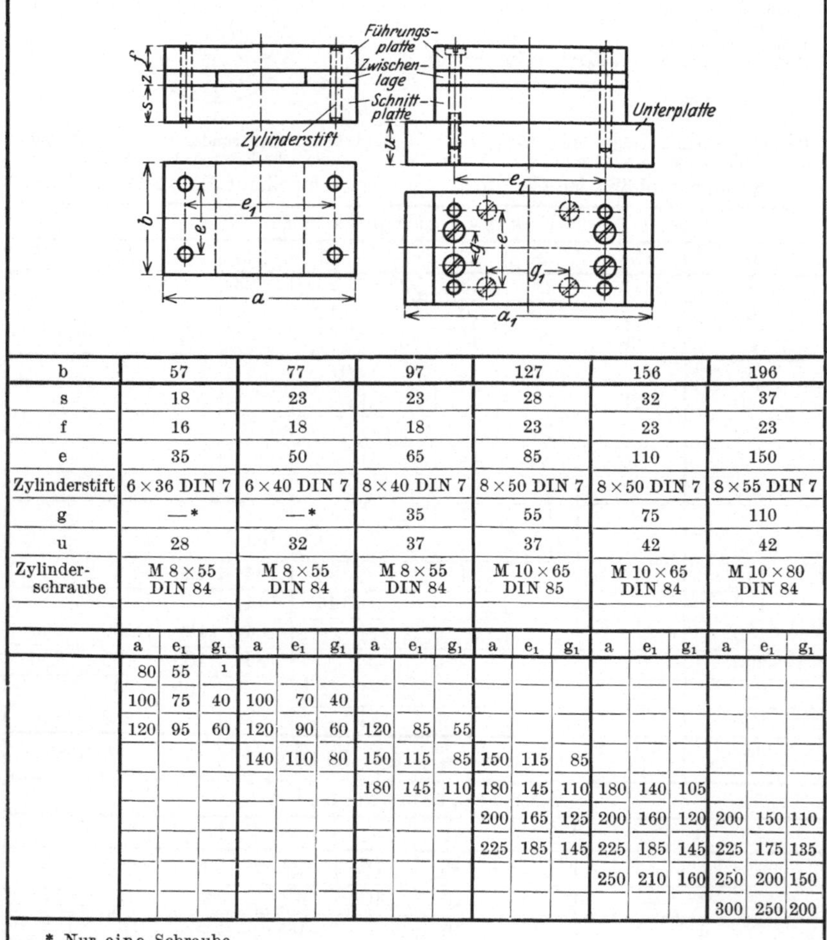

b	57	77	97	127	156	196
s	18	23	23	28	32	37
f	16	18	18	23	23	23
e	35	50	65	85	110	150
Zylinderstift	6×36 DIN 7	6×40 DIN 7	8×40 DIN 7	8×50 DIN 7	8×50 DIN 7	8×55 DIN 7
g	—*	—*	35	55	75	110
u	28	32	37	37	42	42
Zylinderschraube	M 8×55 DIN 84	M 8×55 DIN 84	M 8×55 DIN 84	M 10×65 DIN 85	M 10×65 DIN 84	M 10×80 DIN 84

a	e_1	g_1	a	e_1	g_1	a	e_1	g_1	a	e_1	g_1	a	e_1	g_1	a	e_1	g_1
80	55	1															
100	75	40	100	70	40												
120	95	60	120	90	60	120	85	55									
			140	110	80	150	115	85	150	115	85						
						180	145	110	180	145	110	180	140	105			
									200	165	125	200	160	120	200	150	110
									225	185	145	225	185	145	225	175	135
												250	210	160	250	200	150
															300	250	200

* Nur eine Schraube.

Die Stärke der Zwischenlagen ist dem Werkstoff anzupassen; im allgemeinen dürften 4 mm für Schnitte mit Seitenschneidern und solche mit Hackenanschlag, 6 mm für Schnitt mit Einhängestiften ausreichen.

Die Anordnung der Zwischenlagen kann sowohl lang als auch quer sein.

Werkstoffe: Schnittplatte: Werkzeugstahl.
Führungsplatte: St. 50 · 11 DIN 1611.
Zwischenlage: St. 50 · 11 DIN 1611.

Abb. 43. Normale Schnittkästen.

$$M_b = \frac{12000 + 2 \cdot 840}{2} \cdot 3,5 - 840 \cdot 2,6 - \frac{12000 \cdot 1,2}{2 \cdot 4} = 16\,300 \text{ cm/kg}$$

$$W_x = \frac{2 \cdot (c-d) \cdot h^2}{6} = \frac{2 \cdot (4-0,8) \cdot 2,8^2}{6} = 8,4 \text{ cm}^3$$

$$k_b = \frac{M_b}{W_x} = \frac{16\,300}{8,4} = 1940 \text{ kg/cm}^2$$

Normale Stempel

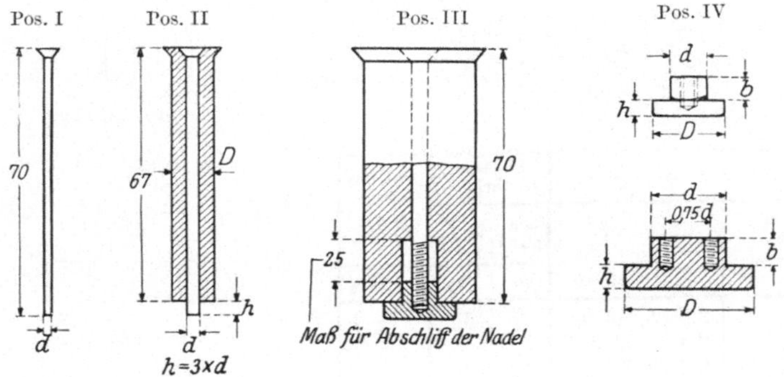

Stempeldurchmesser												Stempelrohre		Zentrierzapfen					
S. J.-Gewinde				Löwenherz-Gew.				Whitworth-Gew.				d	D	d	D	b	h	Schrb.	Dinorm.
Ø	Gewinde-Bohrung		Durchgang	Nr.	Gewinde-Bohrung		Durchgang	Ø	Gewinde-Bohrung		Durchgang	von bis	min. Ø		max Ø				
mm	Eis.	Mess.			Eis.	Mess.		Zoll	Eis.	Mess.									
1	0,75	0,65	1,1	1	0,75	0,65	1,1	$^1/_4$	4,95	4,85	6,55	1—1,5	4	20	30	10	4	1	
1,2	0,95	0,85	1,3	1,2	0,95	0,85	1,3	$^5/_{16}$	6,35	6,25	8,15	1,6—2	6	30	40	10	4	1	
1,4	1,1	1	1,5	1,4	1,1	1	1,5	$^3/_8$	7,8	7,75	9,75	2,1—2,5	7	40	50	10	4	1	
1,7	1,3	1,2	1,8	1,7	1,3	1,2	1,8	$^7/_{16}$	9,25	9,05	11,35	2,6—3	9	50	60	10	5	2	
2	1,55	1,45	1,2	2	1,55	1,45	2,1	$^1/_2$	10,32	10,22	12,9	3,1—3,5	10	60	80	10	5	2	
2,3	1,85	1,75	2,5	2,3	1,85	1,75	2,5	$^5/_8$	13,42	13,22	16,1	3,6—4	12	80	100	10	5	2	
2,6	2,1	2	2,8	2,6	2,1	2	2,8	$^3/_4$	16,55	16,35	19,25	4,1—4,5	13						
3	2,45	2,35	3,2	3	2,45	2,35	3,2	$^7/_8$	19,28	19,08	22,42	4,6—5	15		Ausführung in S.M.Stahl und im Einsatz gehärtet					
3,5	2,8	2,7	3,7	3,5	2,8	2,7	3,7	1	22,21	22,01	25,6	5,1—5,5	16,5						
4	3,2	3,1	4,2	4	3,2	3,1	4,2	$1^1/_8$	24,9	24,73	28,8	5,6—6	18						
4,5	3,6	3,5	4,7	4,5	3,6	3,5	4,7	$1^1/_4$	28,1	27,9	32	6,1—7	19,5						
5	4	3,9	5,2	5	4	3,9	5,2	$1^3/_8$	30,64	30,44	35,22	7,1—8	21						
6	4,7	4,6	6,2	5,5	4,4	4,3	5,7	$1^1/_2$	33,82	33,62	38,3	8,1—9	23						
7	5,6	5,5	7,2	6	4,7	4,6	6,2	$1^5/_8$	34,87	35,07	41,5	9,1—10	25		Für größere Ausschnitte Freischnitte verwenden					
8	6,5	6,4	8,2	7	5,6	5,5	7,2	$1^3/_4$	39,24	39,04	44,65	10,1—11	27						
9	7,4	7,25	9,2	8	6,5	6,4	8,2	$1^7/_8$	41,8	41,6	47,85	11,1—12	29						
10	8,3	8,1	10,2	9	7,4	7,25	9,2	2	45	44,77	51	12,1—13	30						

Pos. I. Stempel über 4 mm Ø aus Gußstahl gehärtet und geschliffen, unter 4 mm Ø aus Silberstahl und gehärtet. Pos. II. Stempel d wird über 4 mm Ø als Suchzapfen und das Stempelrohr als Schnittstempel angewendet.

Bemerkung: Löcher in der Schnittplatte 0,1 × Materialstärke δ groß machen.

Abb. 44.

Richtwerte für Stempelgegenlagen in Führungs- und Kopfplatten.

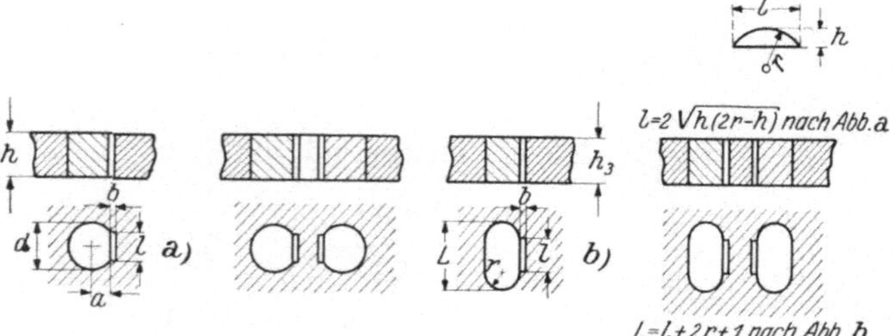

Gegenlage Abb. a						Platten-stärke		Ausführung nach Abb. b	
vorge-arbeitet						Kopf-platte	Füh-rungs-platte		
∅	h	d	a	l	b	h_1	h_2	r	h_3
6	9	6	2,5	3,31	0,5	8	17	3	9
	13		2,4	3,60	0,6				13
	17		2,3	3,85	0,7	12	18		17
	18		2,2	4,04	0,8				18
	19		2,1	4,29	0,9	16	24		19
	24		2	4,47	1				24
8	9	8	3,5	3,87	0,5	8	17	4	9
	13		3,4	4,30	0,6				13
	17		3,3	4,55	0,7	12	18		17
	18		3,2	4,80	0,8				18
	19		3,1	5,05	0,9	16	24		19
	24		3	5,28	1				24
10	9	10	4,5	4,36	0,5	8	17	5	9
	13		4,4	4,70	0,6				13
	17		4,3	5,11	0,7	12	18		17
	18		4,2	5,43	0,8				18
	19		4,1	5,71	0,9	16	24		19
	24		4	6	1				24
12	9	12	4,5	4,80	0,5	8	17	6	9
	13		5,4	5,24	0,6				13
	17		5,3	5,63	0,7	12	18		17
	18		5,2	5.98	0,8				18
	19		5,1	6,32	0,9	16	24		19
	24		5	6,62	1				24
15	9	15	7	5,39	0,5	8	17	7,5	9
	13		6,9	5,88	0,6				13
	17		6,8	6,32	0,7	12	18		17
	18		6,7	6,74	0,8				18
	19		6,6	7,01	0.9	16	24		19
	24		6,5	7,48	1				24

Sonderausführungen

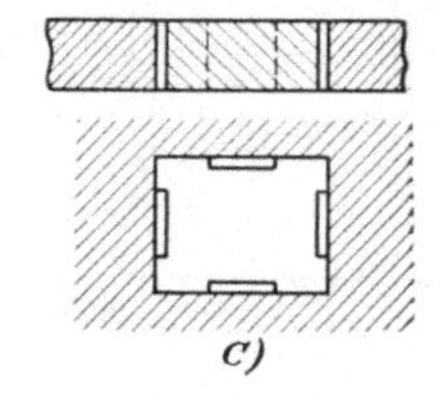

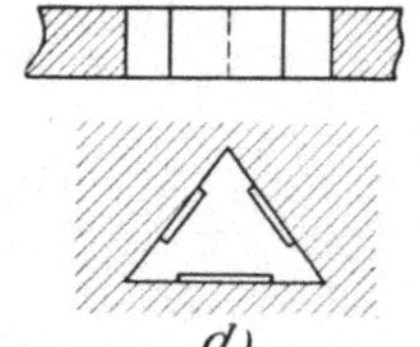

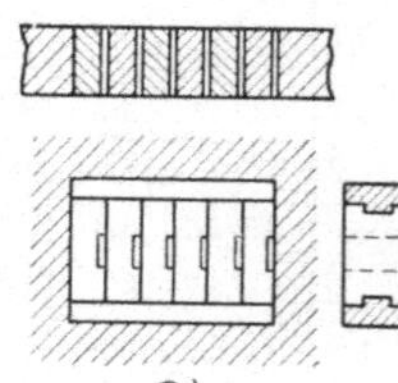

Bemerkung: Nach Abb. I ist b das Kleinste und l das größte Maß. Nach Abb. II muß für einen gegebenen Stempel nach Formel II entschieden werden.

Abb. 45.

B. Nachprüfung der Biegespannung, wenn Parallelstücke senkrecht zu der in A. vorhandenen Lage gelegt worden wären (stark gestrichelt)

$$e = 55 \; \text{m/m}; \; f = 46 \; \text{m/m}; \; l = 86 \; \text{m/m}; \; g = 50 \; \text{m/m}$$

$$M_b = \frac{P + 2\,P_l}{2} \cdot e - P_l \cdot f - \frac{P \cdot 1}{2 \cdot 4}$$

$$M_b = \frac{12\,000 + 2 \cdot 840}{2} \cdot 5,5 - 840 \cdot 4,6 - \frac{12\,000 \cdot 8,6}{2 \cdot 4} = 20\,800$$

$$W_y = \frac{2 \cdot g \cdot h^2}{6} = \frac{2 \cdot 5 \cdot 2,8^2}{6} = 13,1 \; \text{cm}^3; \; k_b = \frac{M_b}{W_y} = \frac{20\,800}{13,1} = 1590 \; \text{kg/cm}^2$$

Richtwerte für geteilte Schnittbuchsen.

Nr.	Werkstoff	r	h	l	b	A	Bemerkung
1		3	10,5	bis 2,5	bis 0,5	bis 6	Präzisionsstahl
2		4	10,5	„ 3,5	„ 0,6	„ 8	verwenden.
3	DIN 175	5	10,5	„ 4,5	„ 0,7	„ 10	Buchsenhalbteile
4		6	10,5	„ 6,5	„ 0,8	„ 12	nach Grenz-
5		7,5	10,5	„ 9	„ 1	„ 15	kaliber arbeiten.

* Wenn Schlitzentfernung „A" kleiner als 15 mm ist, dann Sonderausführung anwenden.

Abb. 46.

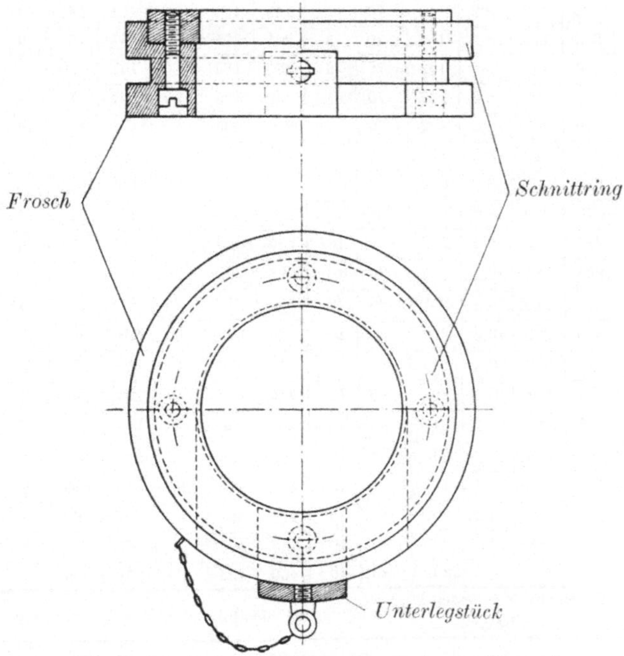

Abb. 47. Schnittring mit Einspannfrosch (gr. Ausführung).

Aus diesem Vergleich ergibt sich, daß die Einspannung des Werkzeuges ungünstig war.

Anschließend sei noch hervorgehoben, daß man nicht verabsäumen sollte, die Art der Einspannung für das Werkzeug im Konstruktionsbureau festzulegen, weil jedes Werkzeug individuell behandelt sein will.

Berechnung des Schnittdruckes für Schnitteile. Unter Schnittdruck versteht man diejenige Kraft, die erforderlich ist, um ein Teil oder mehrere zugleich in einem Schnitt ausschneiden zu können. Er wird gefunden durch die Formel $P = U \cdot \delta \cdot K_s$, wo unter $P =$ Schnittdruck, $U =$ Umfang aller Schnittkanten im Werkzeug, $\delta =$ Werkstoffstärke und $K_s =$ Scherfestigkeit in Kilogramm je Quadratmillimeter ausgedrückt, zu verstehen ist. Für Messing, Zink und ähnliche Metalle setze man einen Durchschnittswert von 30 kg/mm², für Stahl die jeweilige Festigkeitszahl, die sich zwischen 35—90 kg je mm² bewegt, ein.

| | Frösche | | | | | | | Schnittringe | | | h | | Schrb. | Dinorm 84 |
Nr.	a	b	c	d	e	f	g	b	c	i	von	bis		
1	180	145	115	8,2	92	70	5	145	115	30	81	90	4	8 · 60
2	190	155	125	8,2	102	70	5	155	125	30	91	100	4	8 · 60
3	200	165	135	8,2	112	70	5	165	135	30	101	110	4	8 · 60
4	210	175	145	8,2	122	70	5	175	145	30	111	120	4	8 · 60
5	220	185	155	8,2	132	70	5	185	155	30	121	130	4	8 · 60
6	230	195	165	8,2	142	70	5	195	165	30	131	140	4	8 · 60
7	240	205	175	8,2	152	70	5	205	175	30	141	150	4	8 · 60
8	260	220	185	8,5	162	70	5	220	185	30	151	160	4	8 · 60
9	270	230	195	8,2	172	70	5	230	195	30	161	170	4	8 · 60
10	280	240	205	8,2	182	70	5	240	205	30	171	180	4	8 · 60
11	290	250	215	8,2	192	70	5	250	215	30	181	190	4	8 · 60
12	390	260	225	8,2	202	70	5	260	225	30	191	200	4	8 · 60
13	320	275	240	8,2	212	80	10	275	240	30	201	210	4	8 · 60
14	330	285	250	10,2	222	80	10	285	250	30	211	220	5	10 · 70
15	340	295	260	10,2	232	80	10	295	260	30	221	230	5	10 · 70
16	350	305	270	10,2	247	80	10	305	270	30	231	245	5	10 · 70
17	360	325	290	10,2	262	80	10	325	290	35	246	260	5	10 · 70
18	390	340	300	10,2	277	80	10	340	300	35	261	275	5	10 · 70
19	410	355	318	10,2	292	80	10	355	318	35	276	290	5	10 · 70
20	430	385	336	10,2	317	80	10	385	336	35	291	315	5	10 · 70
21	450	400	364	10,2	332	80	10	400	364	35	316	330	5	10 · 70
22	470	415	372	10,2	347	80	10	415	372	35	331	345	5	10 · 70
23	490	430	390	10,2	362	80	10	430	390	35	346	360	5	10 · 70
24	510	445	408	10,2	377	80	10	445	408	35	361	375	5	10 · 70
25	530	460	425	10,2	392	80	10	460	425	35	376	390	5	10 · 70

Ist $x =$ Scheibendurchmesser und $\delta =$ Materialstärke, dann ist der Stempeldurchmesser $= x - 0{,}1 \cdot \delta$

Zu Abb. 48.

Ist z. B.
$$\left.\begin{array}{r} U = 200\ \text{mm} \\ \delta = \quad 2\ \text{mm} \\ \text{Werkstoff: Messing}\ K_s = 30 \end{array}\right\}\ \text{so folgt}\ \left\{\begin{array}{l} P = U \cdot \delta \cdot K_s \\ 200 \cdot 2 \cdot 30 = 12\,000\ \text{kg.} \end{array}\right.$$

Normale runde Plattenschnitte

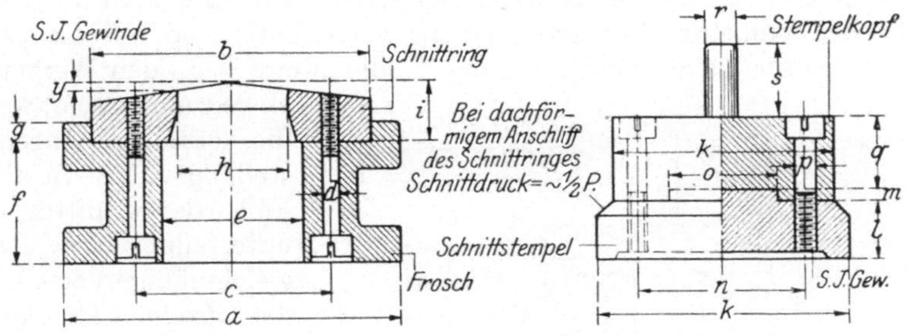

Stempelköpfe									Schnittstempel					
k	m	n	o	p	q	r	s	Schrb.	k von	k bis	l	m	n	Schrb.	Dinorm 84
80	5	57	50	8	30	19,5	35	4	81	90	30	5	57	4	8 · 50
90	5	67	50	8	30	19,5	35	4	91	100	30	5	67	4	8 · 50
100	5	77	60	8	35	19,5	35	4	101	110	30	5	77	4	8 · 55
110	5	87	60	8	35	19,5	35	4	111	120	30	5	87	4	8 · 55
120	5	97	70	8	40	26	45	4	121	130	30	5	97	4	8 · 60
130	5	107	70	8	40	26	45	4	131	140	30	5	107	4	8 · 60
140	5	117	80	8	45	26	45	4	141	150	30	5	117	4	8 · 65
150	5	127	80	8	45	26	45	4	151	160	30	5	127	4	8 · 65
160	5	137	90	8	50	30	50	4	161	170	30	5	137	4	8 · 70
170	5	147	90	8	50	30	50	4	171	180	30	5	147	4	8 · 70
180	5	157	100	8	55	30	50	4	181	190	30	5	157	4	8 · 75
190	5	167	100	8	55	30	50	4	191	200	30	5	167	4	8 · 75
200	5	177	110	8	60	40	65	4	201	210	35	5	177	4	8 · 85
210	8	184	110	10,2	60	40	65	5	211	220	35	8	184	5	10 · 85
220	8	194	120	10,2	65	40	65	5	221	230	35	8	194	5	10 · 90
230	8	204	120	10,2	65	40	65	5	231	245	35	8	204	5	10 · 90
245	8	219	135	10,2	70	45	75	5	246	260	35	8	219	5	10 · 95
260	8	234	135	10,2	70	45	75	5	261	275	35	8	234	5	10 · 95
275	8	249	155	10,2	75	45	75	5	276	290	35	8	249	5	10 · 100
290	8	264	155	10,2	75	45	75	5	291	315	35	8	264	5	10 · 100
315	8	289	170	10,2	80	50	85	5	316	330	35	8	289	5	10 · 105
330	8	304	170	10,2	80	50	85	5	331	345	35	8	304	5	10 · 105
345	8	319	185	10,2	85	50	85	5	346	360	35	8	319	5	10 · 110
360	8	334	185	10,2	85	50	85	5	361	375	35	8	334	5	10 · 110
375	8	349	200	10,2	90	55	93	5	376	390	35	8	349	5	10 · 115

Abb. 48.

Kommen Werkzeuge in Betracht, die große und starke Teile von hoher Festigkeit zu schneiden haben, so unterteile man den Schnittdruck in zwei oder mehrere Schnittfolgen. Bei einem zweifach unterteilten Schnittdruck ist es zweckmäßig, die erste Schnittstempelgruppe in die halbe Werkstoffstärke eindringen zu lassen, um dann nach zurückgelegtem halben Wege die zweite folgen zu lassen. Erachtet man aber eine dreifache Schnittdruckunterteilung als vorteilhafter, so soll die erste Stempelgruppe beim Schnittvorgang $^2/_3$, die zweite $^1/_3$ in den Werkstoff eingedrungen sein, wenn die letzte in Angriffsstellung steht. In allen Fällen der Schnittdruckunterteilung ist auf gleichmäßige Verteilung der einzelnen Drücke zu achten, wobei zu beiden Seiten die außenliegenden Stempel mit dem Schneiden beginnen und ·die in der Mitte des Schnittes liegenden das Schneiden beenden. Die Schnittdruckunterteilung kommt in Frage, wenn der höchstzulässige Druck der Presse überschritten wird, ferner dann, wenn beim Schneiden die Schnitt-

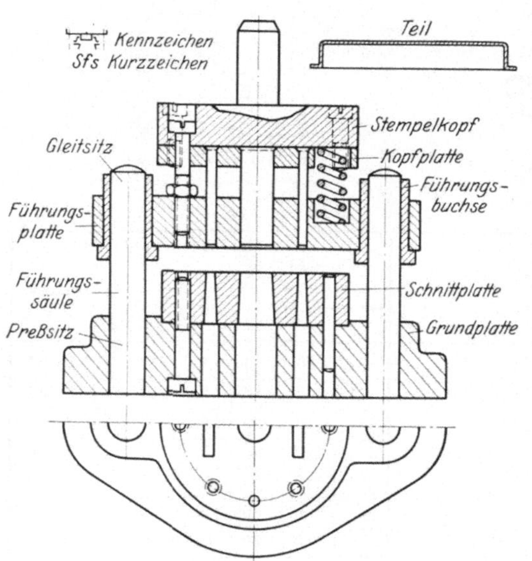

Abb. 49. Hülsenbodenlocher mit Säulenführung.

platte zu große Biegungsspannungen auszuhalten hat, die Bruch zur Folge haben können. Alles weitere siehe Richtlinien für Schnitte S. 20.

Normalien.

Genormte Werkzeuge sowie deren Bestandteile fördern die wirtschaftliche Fertigung um ein Vielfaches. Sie ermöglichen je nach ihrem Ausbau den idealen Betrieb, der jeder Situation gewachsen und auch immer leistungsfähig ist. Für die Aufstellung von Normen kommen zunächst Schnittkästen, Stempelköpfe, dünne Rundstempel, sowie Stempelrohre, Schnittbuchsen und dann Plattenschnitte in Betracht. Die verwendeten Werkstoffe müssen handelsüblichen Lagergrößen angepaßt sein, so daß hinsichtlich der Beschaffung keine Schwierigkeiten bestehen. Bei der Verwendung von genormten Schnittkästen und Stempelköpfen wird es vorkommen, daß eine Größe für das in Frage kommende Schnitteil zu klein, die nachfolgende dagegen zu groß ist. In solchen Zweifelsfällen ist stets das letztere zu wählen. Der durch diese Wahl entstandene größere Werkstoffverbrauch für das Werkzeug gewährleistet trotzdem eine wirtschaftliche Fertigung, weil die Einzelfertigung eines Werkzeuges mit seinen Bestandteilen längere Zeit in Anspruch nimmt und dadurch viel zu teuer wird.

Richtwerte für Stempelgegenlagen. Für dünne rechteckige Schnittstempel unter 2 mm Stärke sind die Durchbrüche in Kopf- und Führungsplatte in runder und bei Stempelbreiten über 7,5 mm in länglicher

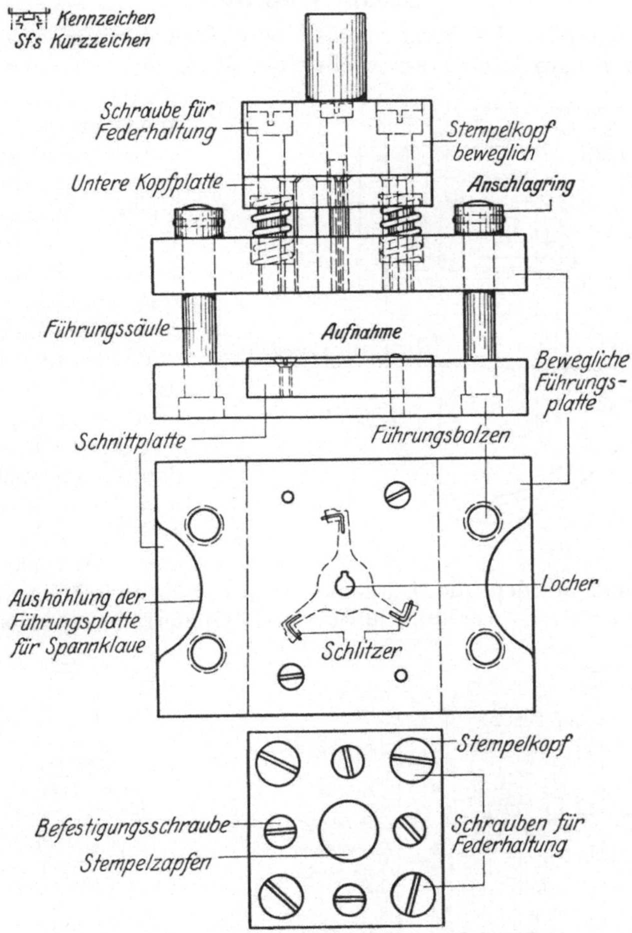

Abb. 50. Locher mit beweglicher Führungsplatte und Säulenführung.

Form mit den dazu passenden Stempelgegenlagen auszuführen (siehe Abb. 45). Formstempel setze man grundsätzlich aus mehreren Teilen zusammen, weil dadurch im Falle einer Ergänzung keine großen Kosten entstehen.

Richtwerte für Plattenschnitte. Bei der Normung der Plattenschnitte werden zweckmäßig die äußeren Durchmesser der Schnittringe so festgelegt, daß für je 10 Schnittringe ein Frosch verwendet werden kann, ebenso sind je 10 Schnittstempelplatten für einen Stempelkopf passend zu machen. Bei der Fertigung der Schnittringe verfahre man so, daß

ein Ring aus dem anderen entsteht und dadurch der Verbrauch an teurem
Werkstoff wesentlich herabgemindert wird.

Nachgeschliffene Ringe, die im Laufe der Zeit größer geworden sind,
verwerte man für passende größere Dimension.

Gesamtschnitte.

Schnittgestell. Als Schnittgestell bezeichnet man im allgemeinen
die zusammengesetzten Bestandteile eines Werkzeuges ohne die Schnitt-

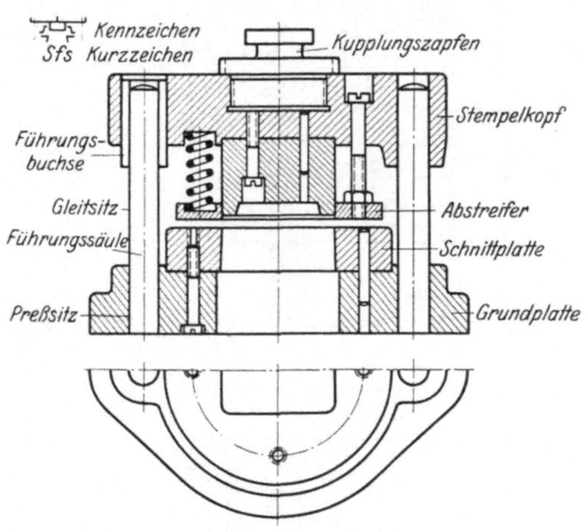

Abb. 51. Gesamtschnitt.

organe. Es besteht also
aus Oberteil, Führungs-
säulen bzw. Führungs-
körper und Führungs-
buchse (Plunger) und
Unterteil. Beim Gesamt-
schnitt mit Säulenfüh-
rung werden die Füh-
rungssäulen im Unterteil
mit Preßsitz befestigt
und im Oberteil mit
Gleitsitz eingepaßt, was
man durch Überschleifen
derselben erreicht. Da-
mit beim Zusammen-
setzen des Werkzeuges
keine Beschädigungen
vorkommen, werden die Durchmesser der Führungssäulen ungleich
stark gemacht. — Gesamtschnitte mit Zylinderführung erhalten im

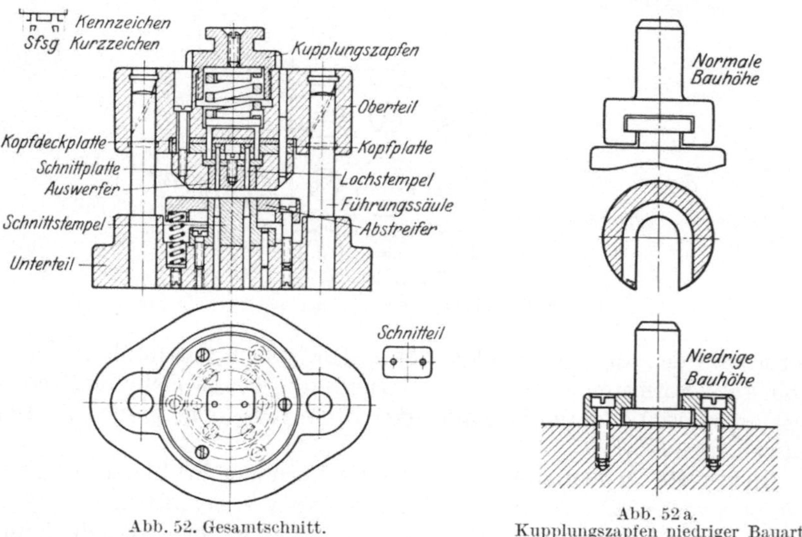

Abb. 52. Gesamtschnitt.

Abb. 52 a.
Kupplungszapfen niedriger Bauart.

Oberteil als Sicherung gegen Drehung Längsnuten, die beim Ausgießen
der Führungsbuchse ausgefüllt werden.

Schnitte mit Einspann- bzw. Kupplungszapfen. Säulenführungsschnitte werden wegen ihrer präzisen Stempelführung zur Fertigung von genauen Schnitteilen benutzt. Sie werden aber auch bei nicht einwandfreier Schlittenführung der Presse angewendet, weil diese Werkzeuge, mit einem Kupplungszapfen ausgerüstet, unabhängig von der Maschine genaue Teile schneiden.

Oberteil. Die Schnittstempel werden bei größeren Werkzeugen am Stempelkopf angeschraubt, bei kleineren dagegen wie beim Plattenführungsschnitt mit einer Kopfplatte am Stempelkopf befestigt. Alle Werkzeuge mit dünnen Stempeln erhalten zwischen Kopfplatte und Stempelkopf eine Zwischenplatte aus hartem Stahlblech; sie werden in dieser Hinsicht genau so behandelt wie die Plattenführungsschnitte (Abb. 16 und 24). Der Zapfen für den Stempelkopf soll im Schwerpunkt sämtlicher Schnittlinien (Umrißlinien der Schnittstempel) angeordnet sein. Wenn er als Kupplungszapfen ausgebildet wird, ist ein Zwischenkopf (Abb. 52 a) erforderlich. Werden Stempelköpfe nach Abb. 51

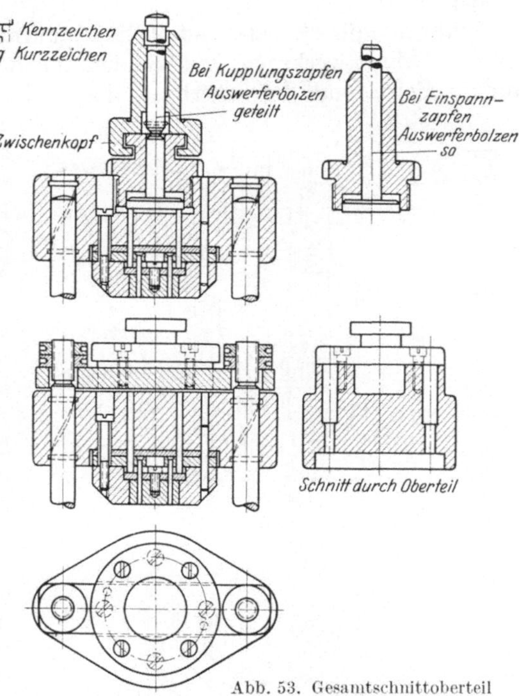

Abb. 53. Gesamtschnittoberteil (mit Kupplungszapfen und zwangläufigem Ausstoßer).

aus geschmiedetem Stahl St. 42.11 hergestellt, so ist es sehr vorteilhaft, harte und geschliffene Führungsbuchsen einsetzen zu lassen, weil dadurch die Lebensdauer des Werkzeuges erhöht wird.

Unterteil. Die Schnittplatte wird mit der Grundplatte verstiftet und verschraubt, wenn angängig soll sie in die Grundplatte ohne Spiel eingelassen werden. Bei runden Schnitten ist die Schnittplatte mit einem Spannring (Abb. 16—19) zu befestigen. Damit Ober- und Unterteil nur in einer bestimmten Stellung zusammengesetzt werden können, was zur Vermeidung von Werkzeugbeschädigungen wichtig ist, sind die Führungssäulen mit verschiedenen Durchmessern auszuführen. Im Unterteil werden die Führungssäulen mit Preßsitz, im Oberteil mit Gleitsitz eingepaßt; die Führungssäulen sind im Einsatz zu härten. Die Durchbrüche für die Schnittplatte sind so wie die der Führungsschnitte

(Abb. 22—31) auszuführen. Zum Schneiden dünner Werkstoffe mit verhältnismäßig dünnen Stempeln, sowie zum Lochen von Hohlteilen kann die Ausführung des Werkzeuges nach Abb. 49 und 50 angewendet werden. In diesem Beispiel ist nicht der Stempelkopf, sondern der Niederhalter durch die Säulen geführt, und die Schnittstempel sind in ihm genau eingepaßt. Der Schneidevorgang geschieht in der Weise, daß der Niederhalter den dünnen Werkstoff plandrückt und dann die Stempel zum Schneiden folgen. Bei der Ausführung muß der Stempelkopf mit dem Einspannzapfen fest in den Pressenschlitten eingespannt werden.

Schnitte mit Säulen- und Zylinderführung. Unter Gesamtschnitt ist ein Schnittwerkzeug mit Säulenführung zu verstehen, das die äußere Form und die innerhalb des Teiles befindlichen Ausschnitte gleichzeitig schneidet. Ungleichmäßiger Streifenvorschub hat auf die Genauigkeit des Teiles keinen Einfluß. Geringe Abnutzung des Werkzeuges erzielt man durch gute Führung des Oberteils; dadurch erhält man auch eine gleichbleibende Genauigkeit der Schnitteile. Die Genauigkeit der Teile, die man mit einem Gesamtschnitt erzielen kann, bewegt sich in den Grenzen von $\pm$ 0,02 mm. Im allgemeinen wird der Gesamtschnitt mit Säulenführung demjenigen mit Zylinderführung vorgezogen, weil seine Herstellungskosten niedriger sind und er in der Bauhöhe wesentlich kleiner gehalten werden kann.

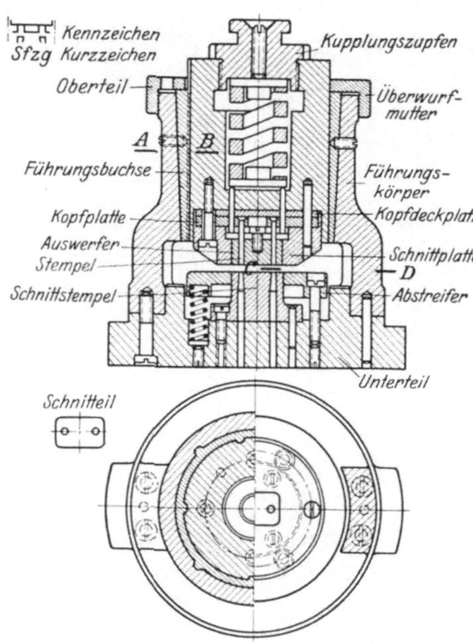

Abb. 54. Gesamtschnitt mit Zylinderführung.

Oberteil. Der Schnittring befindet sich vorwiegend am Oberteil und wird mit diesem verstiftet und verschraubt; runde Schnittplatten werden zweckmäßig in das Oberteil eingelassen. Der Durchbruch in der Schnittplatte ist, wenn Auswerfer angewendet werden, zylindrisch. Alle Stempel, die für Ausschnitte innerhalb des Teils vorgesehen sind, werden nach dem Prinzip des Plattenführungsschnittes in der Kopfplatte befestigt und erhalten als Mittel gegen Stempellockerung eine gehärtete Kopfdeckplatte. In den meisten Fällen wird beim Gesamtschnitt das geschnittene Teil im Oberteil des Werkzeuges festsitzen und muß daher ausgeworfen werden. Bei dünnem Werkstoff, wenn die Gesamtschnittlinie des Werkzeuges nicht besonders groß ist, genügt ein Federauswerfer. Bei großen, starken Schnitteilen unterstütze man den Federauswerfer durch zwangläufigen Ausstoß; nur im Notfalle wende man Gummipuffer an. Sind federnde Auswerfer vorgesehen, so ist es angebracht, nicht eine Zentralfeder zu wählen, sondern mehrere im Kreise angeordnete kleinere Federn, damit eine bessere Druckverteilung eintritt. Zum Nachstellen der Federvorspannung bei Ermüdung der Federn sollen Schrauben vorgesehen werden. Man kann

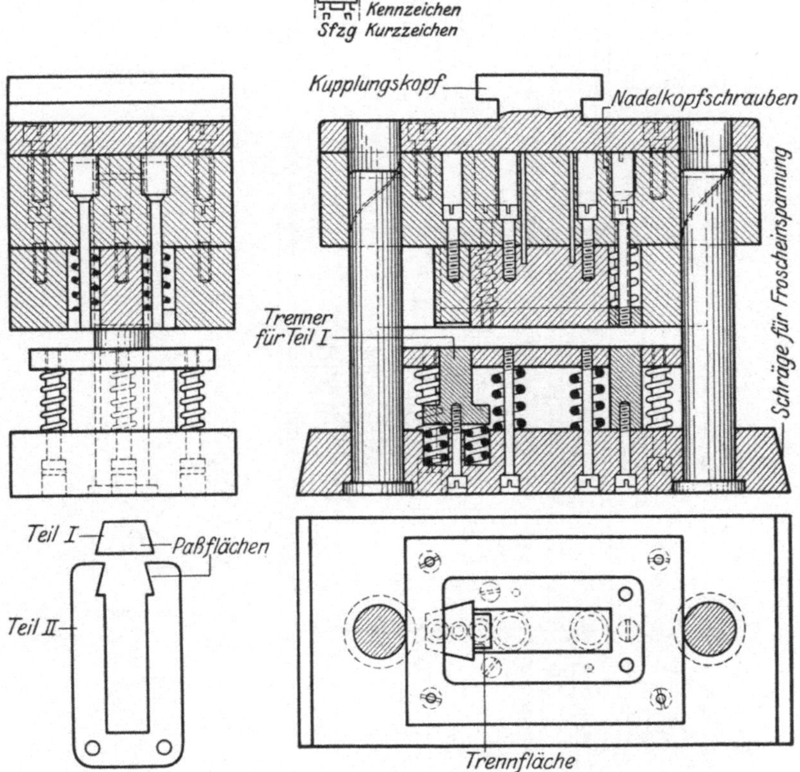

Abb. 55. Gesamtschnitt mit Trenner für Transformatorenbleche.

die Federn aber auch nach Abb. 52 durch Unterlegen von Scheiben nachstellen. Kleine, nicht zusammenhängende Ausschnitte vermeide man prinzipiell im Oberteil des Werkzeuges, weil dadurch der Arbeitstakt beim Schneiden durch Herausfallen der Ausschnitteile auf das Unterteil des Werkzeuges gestört wird und das Entfernen dieser Stücke viel Zeit beansprucht. Zur Begrenzung des Auswerferhubes wird bei runden Teilen der Auswerfer mit einem Bund versehen und bei Formschnitten der leichteren Herstellung wegen mit einer Platte verschraubt (Abb. 52 und 53); statt dieser kann aber auch der Auswerfer gegen Herausfallen durch Schrauben gesichert werden. Zum störungsfreien

Schneiden eines Gesamtschnittes ist es zweckmäßig, entweder die geschnittenen Teile in den Streifen zurückzudrücken oder aus dem Werkzeug herausfallen zu lassen. Im letzteren Falle ist eine Presse mit schwenkbarem Oberkörper zu verwenden, der schräg eingestellt werden

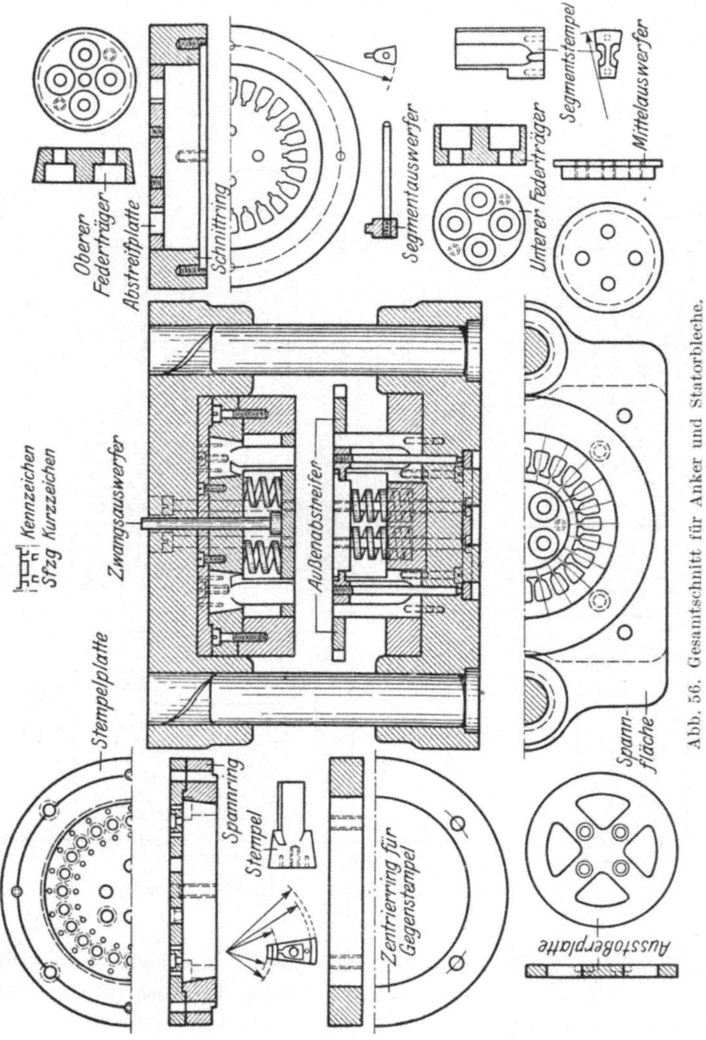

Abb. 56. Gesamtschnitt für Anker und Statorbleche.

muß, um die ausgeworfenen Teile störungsfrei auffangen zu können. Die Verbindung des Werkzeug-Oberteils mit dem Pressenschlitten ist nach Möglichkeit beweglich anzuordnen und wird erreicht durch die Anwendung eines Kupplungszapfens, der in den Schwerpunkt sämtlicher Schnittlinien zu setzen ist. Zur Vermeidung des Zwischenkopfes und zur Erzielung einer niedrigen Bauhöhe des Werkzeuges kann in geeigneten Fällen eine Ausführung nach Abb. 52a gewählt werden.

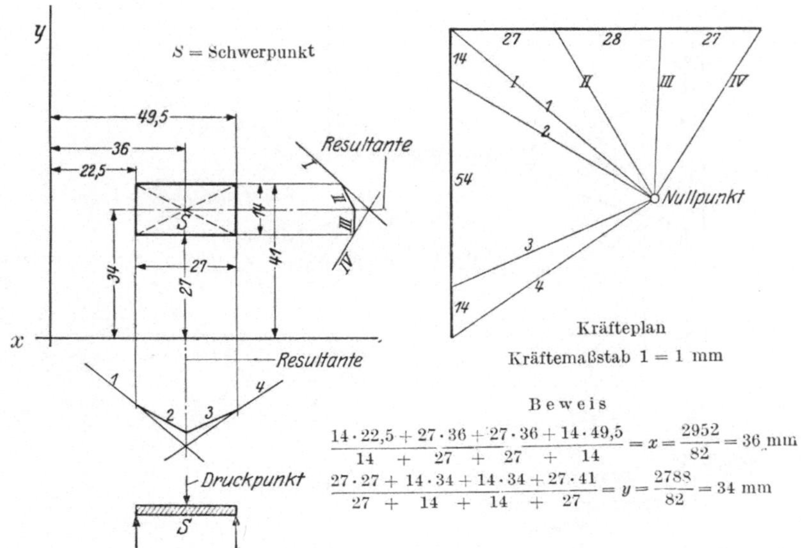

Beweis

$$\frac{14 \cdot 22{,}5 + 27 \cdot 36 + 27 \cdot 36 + 14 \cdot 49{,}5}{14 \;+\; 27 \;+\; 27 \;+\; 14} = x = \frac{2952}{82} = 36 \text{ mm}$$

$$\frac{27 \cdot 27 + 14 \cdot 34 + 14 \cdot 34 + 27 \cdot 41}{27 \;+\; 14 \;+\; 14 \;+\; 27} = y = \frac{2788}{82} = 34 \text{ mm}$$

Wenn Stempelzapfen in der Mitte des Teils, dann Exzentrizität = Null

Abb. 57. Linienschwerpunkt eines Rechteckes.

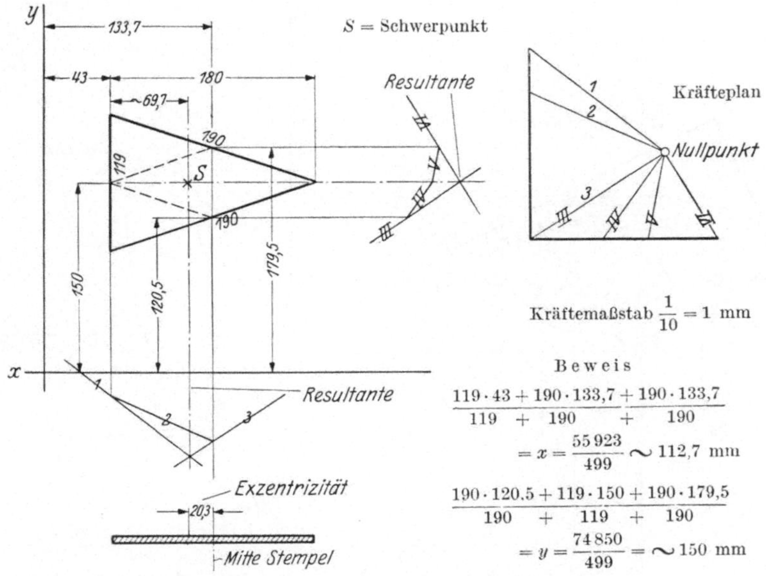

Kräftemaßstab $\frac{1}{10}$ = 1 mm

Beweis

$$\frac{119 \cdot 43 + 190 \cdot 133{,}7 + 190 \cdot 133{,}7}{119 \;+\; 190 \;+\; 190}$$

$$= x = \frac{55\,923}{499} \sim 112{,}7 \text{ mm}$$

$$\frac{190 \cdot 120{,}5 + 119 \cdot 150 + 190 \cdot 179{,}5}{190 \;+\; 119 \;+\; 190}$$

$$= y = \frac{74\,850}{499} = \sim 150 \text{ mm}$$

Abb. 58. Linienschwerpunkt eines gleichschenkligen Dreiecks.

Unterteil. Im Unterteil des Schnittgestells befinden sich vorwiegend die Schnittstempel, welche in der Kopfplatte eingesetzt und mit einer Kopfdeckplatte versehen sind. Beim Schnittaufbau ist besonders darauf zu achten, daß die nicht zusammenhängenden Ausschnitte des Schnitteils

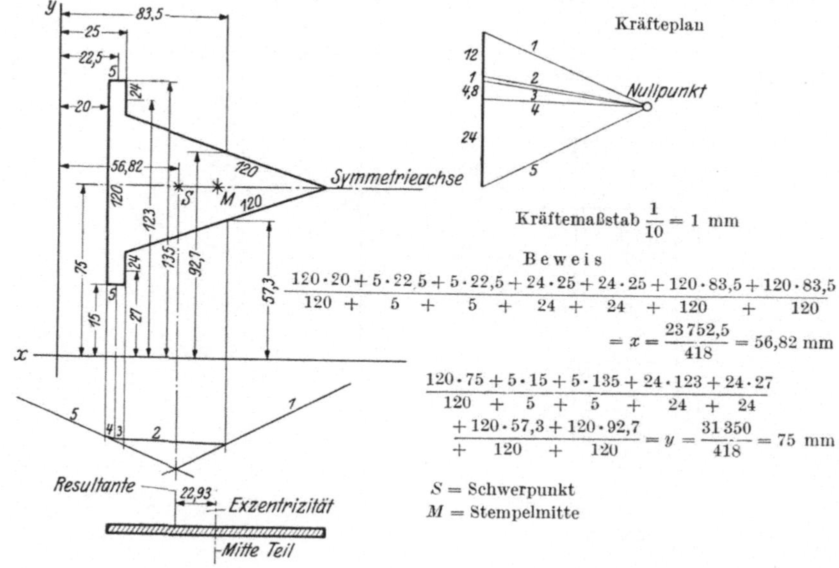

$$\frac{120\cdot 20 + 5\cdot 22,5 + 5\cdot 22,5 + 24\cdot 25 + 24\cdot 25 + 120\cdot 83,5 + 120\cdot 83,5}{120 \;+\; 5 \;+\; 5 \;+\; 24 \;+\; 24 \;+\; 120 \;+\; 120}$$

$$= x = \frac{23\,752,5}{418} = 56,82 \text{ mm}$$

$$\frac{120\cdot 75 + 5\cdot 15 + 5\cdot 135 + 24\cdot 123 + 24\cdot 27}{120 \;+\; 5 \;+\; 5 \;+\; 24 \;+\; 24}$$
$$\frac{+\; 120\cdot 57,3 + 120\cdot 92,7}{+\; 120 \;+\; 120} = y = \frac{31\,350}{418} = 75 \text{ mm}$$

S = Schwerpunkt
M = Stempelmitte

Kräftemaßstab $\frac{1}{10} = 1$ mm

B e w e i s

Abb. 59. Linienschwerpunkt eines Schnittstempels mit einer Symmetrieachse.

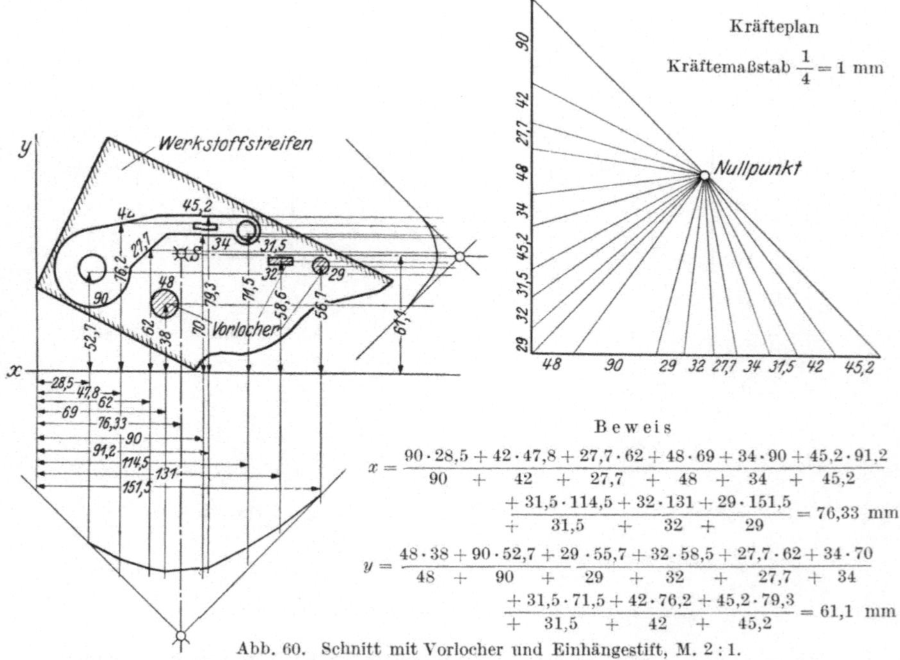

Kräftemaßstab $\frac{1}{4} = 1$ mm

B e w e i s

$$x = \frac{90\cdot 28,5 + 42\cdot 47,8 + 27,7\cdot 62 + 48\cdot 69 + 34\cdot 90 + 45,2\cdot 91,2}{90 \;+\; 42 \;+\; 27,7 \;+\; 48 \;+\; 34 \;+\; 45,2}$$
$$\frac{+\; 31,5\cdot 114,5 + 32\cdot 131 + 29\cdot 151,5}{+\; 31,5 \;+\; 32 \;+\; 29} = 76,33 \text{ mm}$$

$$y = \frac{48\cdot 38 + 90\cdot 52,7 + 29\cdot 55,7 + 32\cdot 58,5 + 27,7\cdot 62 + 34\cdot 70}{48 \;+\; 90 \;+\; 29 \;+\; 32 \;+\; 27,7 \;+\; 34}$$
$$\frac{+\; 31,5\cdot 71,5 + 42\cdot 76,2 + 45,2\cdot 79,3}{+\; 31,5 \;+\; 42 \;+\; 45,2} = 61,1 \text{ mm}$$

Abb. 60. Schnitt mit Vorlocher und Einhängestift, M. 2 : 1.

aus der unteren Schnittgruppe des Werkzeuges herausfallen können,
anderenfalls Störungen in der Schnitteilfertigung auftreten. Alle Schnitt-

lücken im Werkzeugunterteil, soweit sich in ihnen Auswerfer bewegen, sind zylindrisch zu machen, die Durchbrüche dagegen bis höchstens 0,5° nach unten frei zu arbeiten. Der Abstreifer, welcher sich außerhalb des unteren Schnittorgans befindet, ist für schwache Teile federnd

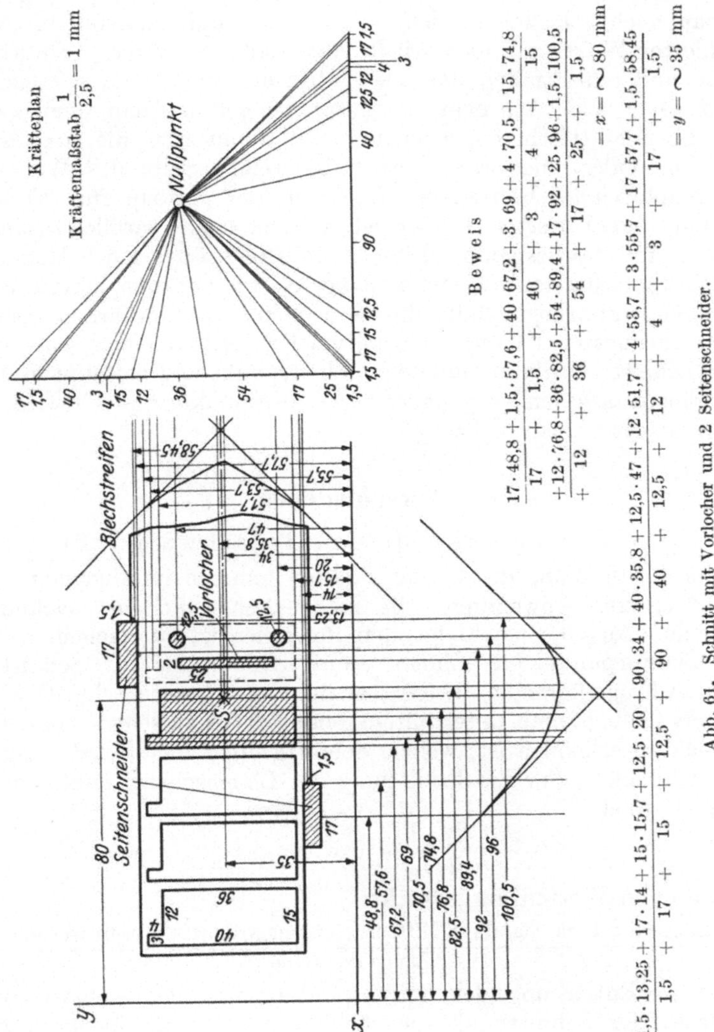

Abb. 61. Schnitt mit Vorlocher und 2 Seitenschneider.

angeordnet wird, beim Schneiden starker Teile durch Stangen, mit dem Oberteil des Werkzeuges verbunden und zwangläufig betätigt.

Richtlinien für die Herstellung des Gesamtschnittes. Der Werdegang eines Werkzeuges mit Säulen oder Zylinderführung beginnt mit der Herstellung sämtlicher Werkzeugbestandteile, die gleichzeitig mit ihrem Auswerfer zusammengepaßt werden. Bei Gesamtschnitten geht man vorwiegend vom Schnittgestell aus, das viele Betriebe in verschiedenen

Größen vorrätig am Lager haben. Alle Werkzeugeinzelteile, die nur für das obere Teil des Schnittgestells bestimmt sind, werden im weichen Zustande zusammengesetzt verschraubt und verstiftet. Mit dem Werkzeugunterteil wird in der gleichen Weise wie beim Oberteil verfahren, nur mit dem Unterschied, daß alle Stempel vor ihrem Einbau noch gehärtet werden. Sind Ober- und Unterteil in der geschilderten Weise so weit fertiggestellt, daß das untere Schnittorgan genau und schnittfähig, das obere aber nur weich und vorgearbeitet ist, werden beide Aggregate so zusammengeführt, daß dem weichen Teil die Schnittform angedrückt wird. Damit sich die angedrückte Form besonders hervorhebt, wird die weiche Seite des Werkzeuges mit Kupfervitriol bestrichen. Nachdem der Aufbau für Werkzeugoberteil und Unterteil erfolgt ist, werden beide parallel zusammengeführt und festgespannt. Diese Arbeitsfolge ist bei der Herstellung von Gesamtschnitten die zweckmäßigste. Im weiteren Verlauf werden beim Säulenführungsschnitt die Säulen eingepaßt, während beim Zylinderführungsschnitt die Führungsbuchse mit Antimon ausgegossen wird. Zuletzt bestimmt man den Schwerpunkt und befestigt in diesem den Einspannzapfen; je genauer der Schwerpunkt ermittelt wird, desto besser arbeitet das Werkzeug.

Verschiedenes.

Die Bestimmung des Linienschwerpunktes.

Zur Bestimmung des Schwerpunktes kommen im allgemeinen zwei Verfahren zur Anwendung, die rechnerische und die zeichnerische Methode. Aus den nachfolgenden Beispielen ist zu ersehen, wie man den Schwerpunkt für Linien ermittelt, die nur für Schnittwerkzeuge in Frage kommen. Unter den Beispielen ist das Schnittbild eines Lochers (Abb. 62) mit unterteiltem Schnittdruck zu sehen, woraus recht deutlich zu erkennen ist, welche Schnittgruppe zuerst und welche zuletzt schneidet. Für die Ermittlung des Linienschwerpunktes gilt folgende Formel:

$$\frac{a \cdot b + c \cdot d +}{a + c} \ \text{usw.} \ldots \ldots = x,$$

sie lautet in Worten ausgedrückt:

$$\frac{\text{Länge der Linie mal ihrer Mittenentfernung von der Koordinatenachse}}{\text{Länge der Linie}}$$

+ usw. = Entfernung des Schwerpunktes von der x- bzw. von der y-Achse; der Schnittpunkt der beiden Geraden, die in der so gefundenen Entfernung parallel zur x- bzw. zur y-Achse laufen, ist der Gesamtschwerpunkt für den Einspannzapfen.

Schnittmusterstreifen.

Durch geeignete Beispiele erfolgt ein schnelleres Einarbeiten des technischen Personals als ohne Unterlagen. Daher werden der Vorkalkulation Schnittmusterstreifen mit richtigen Rechenbeispielen ausgehändigt, die die Werkstoffberechnungen bei denkbar größter Werk-

stoffausnutzung zeigen. Betrachtet man die Schnittmusterstreifen nach
Abb. 63a und b, so ersieht man zwischen beiden Anordnungen einen

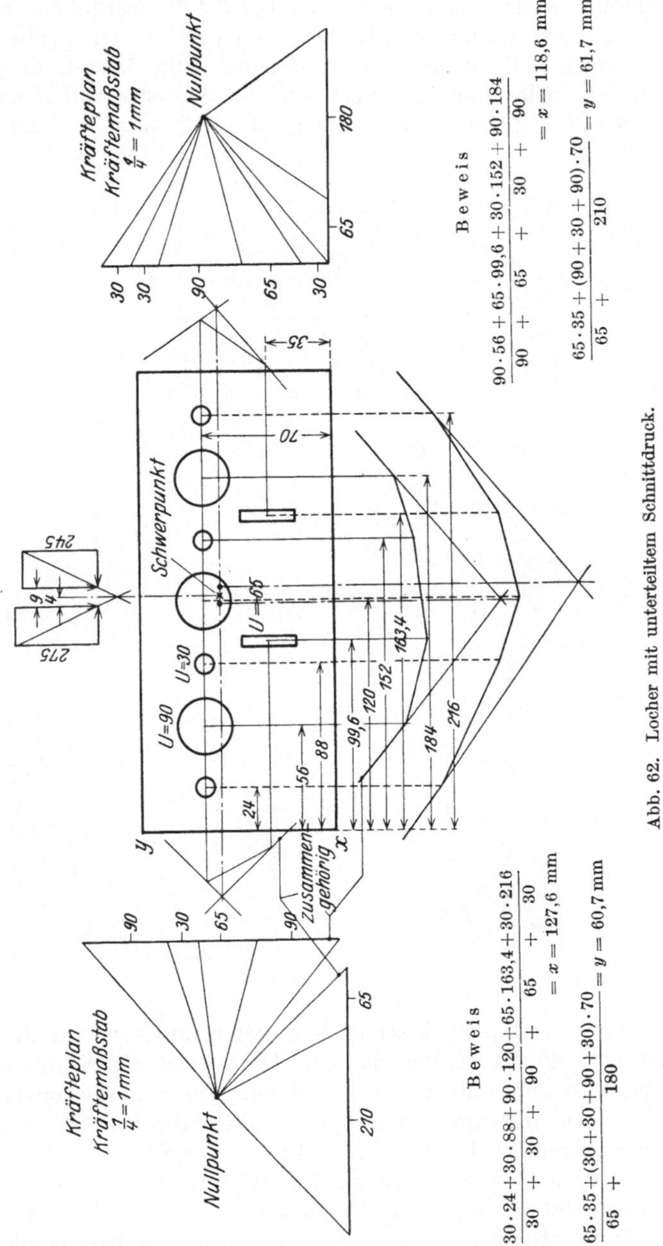

Unterschied im Werkstoffverbrauch von $110 - 64{,}3 = 45{,}7\ \text{mm}^2$ je
Teil, in ähnlicher Weise bei dem zweiten Beispiel Abb. 63c und d einen
Unterschied von $37 - 20{,}2 = 16{,}8\ \text{mm}^2$ je Teil. Da die Unterschiede

im Verhältnis zum Flächeninhalt des Nutzteiles groß sind, das Gewicht mit der Stärke des Bleches (mit δ bezeichnet) zunimmt, so darf das eigene Gefühl in der Beurteilung des Werkstoffverbrauches nie mitsprechen, sondern Zahlen müssen beweisen und ausschlaggebend sein. Ein markanter Fall ist im dritten Beispiel Abb. 63e—h dargestellt. Im ersten Falle beläuft sich der Verbrauch an Werkstoff auf 183,76 mm², im zweiten auf 119,8 mm², im dritten auf 113,25 mm² und im vierten

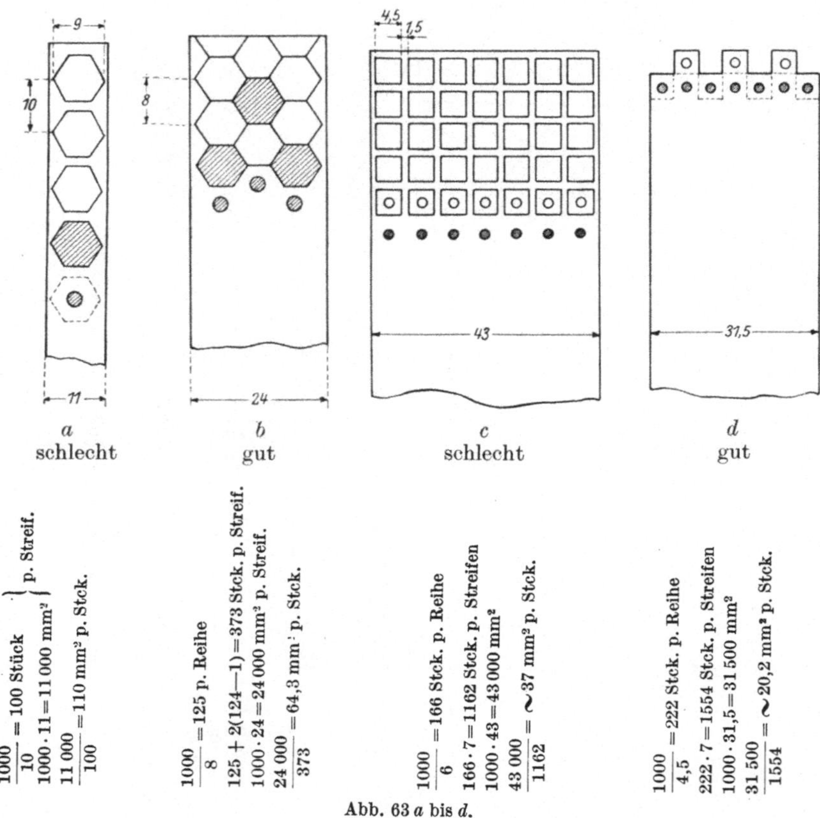

Abb. 63 a bis d.

auf 99,4 mm² je Teil, d. h. zwischen dem ersten und vierten Fall ist eine Ersparnis von 45 vH zu verzeichnen. Der Zweck der Schnittmusterstreifen ist also der, daß er belehrend auf den Kalkulationsbeamten wirkt, und er tut dies um so mehr, je charakteristischere Beispiele ihm die Vorteile zeigen. Im Beispiel Abb. 64a—c ist der Werkstoffverbrauch 404,74 mm², dann 344 mm² und zuletzt 287,5 mm², das sind zwischen erstem und letztem Fall eine Ersparnis von 29 vH. Hier spricht bei der Werkstoffersparnis die richtige Form des Schnitteiles mit. Die konstruktive Form desselben war zuerst eine andere und wurde, um ein Ineinanderschneiden zu ermöglichen, so bestimmt. Ein weiteres interessantes Beispiel zeigt Abb. 64d—f, hier würde man rein gefühlsmäßig urteilen, die Werkstoffausnutzung nach Abb. 64e sei die günstigste. Vergleicht man aber Abb. 64e mit Abb. 64f, so ergibt sich rechnerisch zwischen beiden Anordnungen eine Differenz von 322,7 — 303,03 = 19,67 mm je Teil, das für die letzte Schnittstellung einen Vorteil von 6 vH bedeutet. Auch hier zeigt wieder die Rechnung den richtigen Weg. Diejenigen Schnittgebilde, die große Ausschnitte haben, sind stets große Werkstoffverbraucher. Diese Tatsache zwingt den Kalkulator zur besseren Ausnutzung der Ausschnitte (andernfalls gleich-

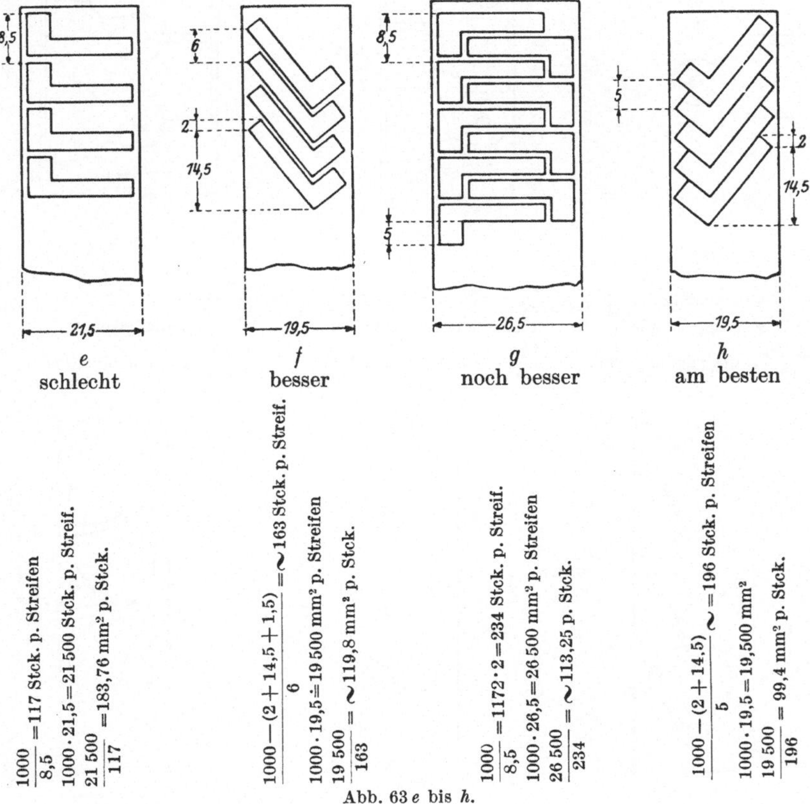

Abb. 63 e bis h.

bedeutend mit Abfallwerkstoff), indem er passende Schnitteile zu finden sucht, die im Monats- oder Jahresbedarf den ersteren annähernd gleichkommen. In diesem Falle werden dann zwei verschiedene Schnitteile in einem Schnittwerkzeug geschnitten. Abb. 65a und 65b zeigen einen solchen Fall, und die sich hier ergebene Ersparnis beläuft sich bei 558 — 452 = 106 mm² auf 19 vH. Es sind demnach nach einmaliger Durchwanderung des Streifens durch das Schnittwerkzeug zwei verschiedene Schnitteile in der Zeiteinheit hergestellt, so daß außer der erwähnten Werkstoffersparnis noch eine Lohnersparnis von 50 vH ermöglicht wird. Erscheint der Bedarf für ein einzelnes herzustellendes Teil nicht lohnend genug, um einen doppelt wirkenden Schnitt dafür zu bauen, so kann man den Streifen unter Benutzung eines einfachen Schnittes zweimal durch die Maschine wandern lassen, wobei der Streifen beim zweitenmal umgedreht wird (siehe Richtlinien für Schnitte S. 14).

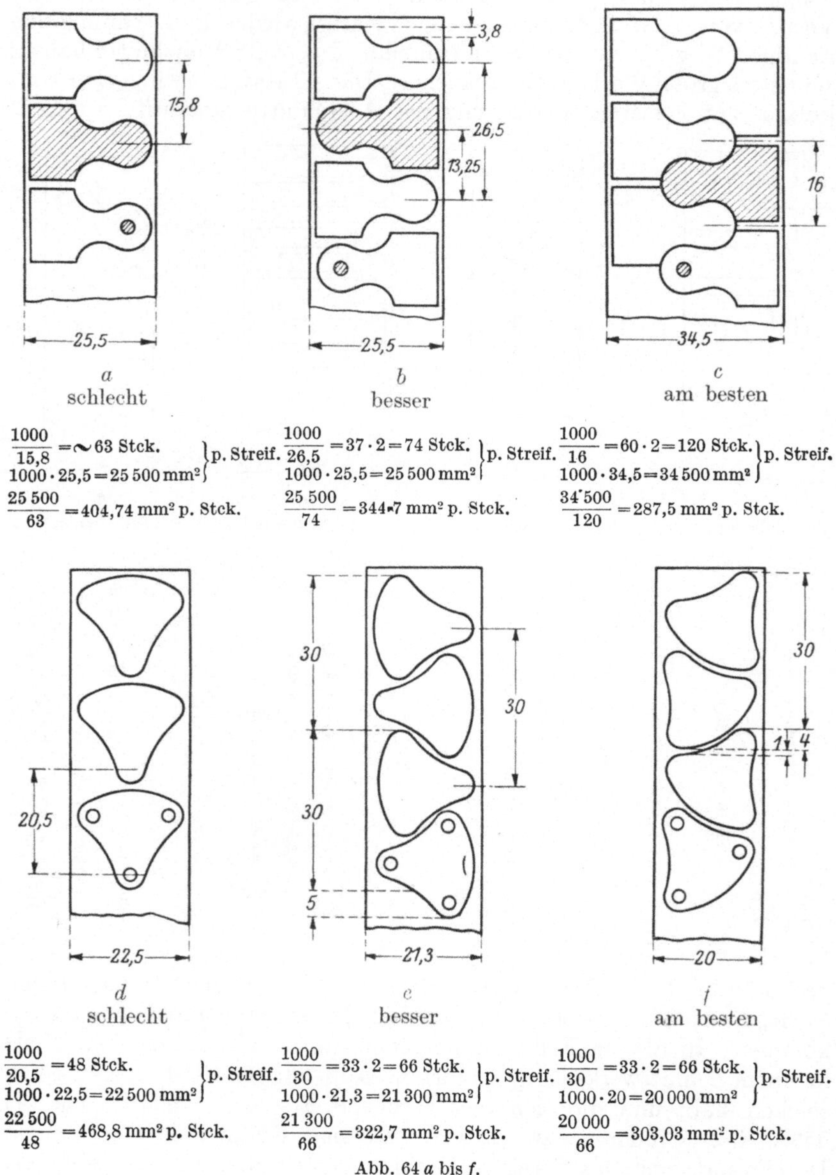

a	b	c
schlecht	besser	am besten

$$\frac{1000}{15,8} = \sim 63 \text{ Stck.} \left.\begin{array}{l} \\ \\ \end{array}\right\} \text{p. Streif.}$$
$$1000 \cdot 25,5 = 25\,500\,\text{mm}^2$$

$$\frac{25\,500}{63} = 404,74\,\text{mm}^2\,\text{p. Stck.}$$

$$\frac{1000}{26,5} = 37 \cdot 2 = 74 \text{ Stck.} \left.\begin{array}{l} \\ \\ \end{array}\right\} \text{p. Streif.}$$
$$1000 \cdot 25,5 = 25\,500\,\text{mm}^2$$

$$\frac{25\,500}{74} = 344,7\,\text{mm}^2\,\text{p. Stck.}$$

$$\frac{1000}{16} = 60 \cdot 2 = 120 \text{ Stck.} \left.\begin{array}{l} \\ \\ \end{array}\right\} \text{p. Streif.}$$
$$1000 \cdot 34,5 = 34\,500\,\text{mm}^2$$

$$\frac{34\,500}{120} = 287,5\,\text{mm}^2\,\text{p. Stck.}$$

d	e	f
schlecht	besser	am besten

$$\frac{1000}{20,5} = 48 \text{ Stck.} \left.\begin{array}{l} \\ \\ \end{array}\right\} \text{p. Streif.}$$
$$1000 \cdot 22,5 = 22\,500\,\text{mm}^2$$

$$\frac{22\,500}{48} = 468,8\,\text{mm}^2\,\text{p. Stck.}$$

$$\frac{1000}{30} = 33 \cdot 2 = 66 \text{ Stck.} \left.\begin{array}{l} \\ \\ \end{array}\right\} \text{p. Streif.}$$
$$1000 \cdot 21,3 = 21\,300\,\text{mm}^2$$

$$\frac{21\,300}{66} = 322,7\,\text{mm}^2\,\text{p. Stck.}$$

$$\frac{1000}{30} = 33 \cdot 2 = 66 \text{ Stck.} \left.\begin{array}{l} \\ \\ \end{array}\right\} \text{p. Streif.}$$
$$1000 \cdot 20 = 20\,000\,\text{mm}^2$$

$$\frac{20\,000}{66} = 303,03\,\text{mm}^2\,\text{p. Stck.}$$

Abb. 64 a bis f.

Nun ist es auch möglich, daß bei zweimaligem Durchwandern des Streifens verschiedene Teile, d. h. bei jedesmaligem Durchlauf ein anderes, geschnitten werden. Einen solchen Fall stellt Abb. 65c und 65d dar. Es ist dies ein vierfach wirkender Klinkenkörperschnitt, der die Teile aus Bandwerkstoff schneidet und hinsichtlich des Werkstoffverbrauches gut ausnutzt. Die zwischen den Schnitteilen sich ergebenden freien Stellen geben Anlaß, nach passenden Teilen zu suchen, um

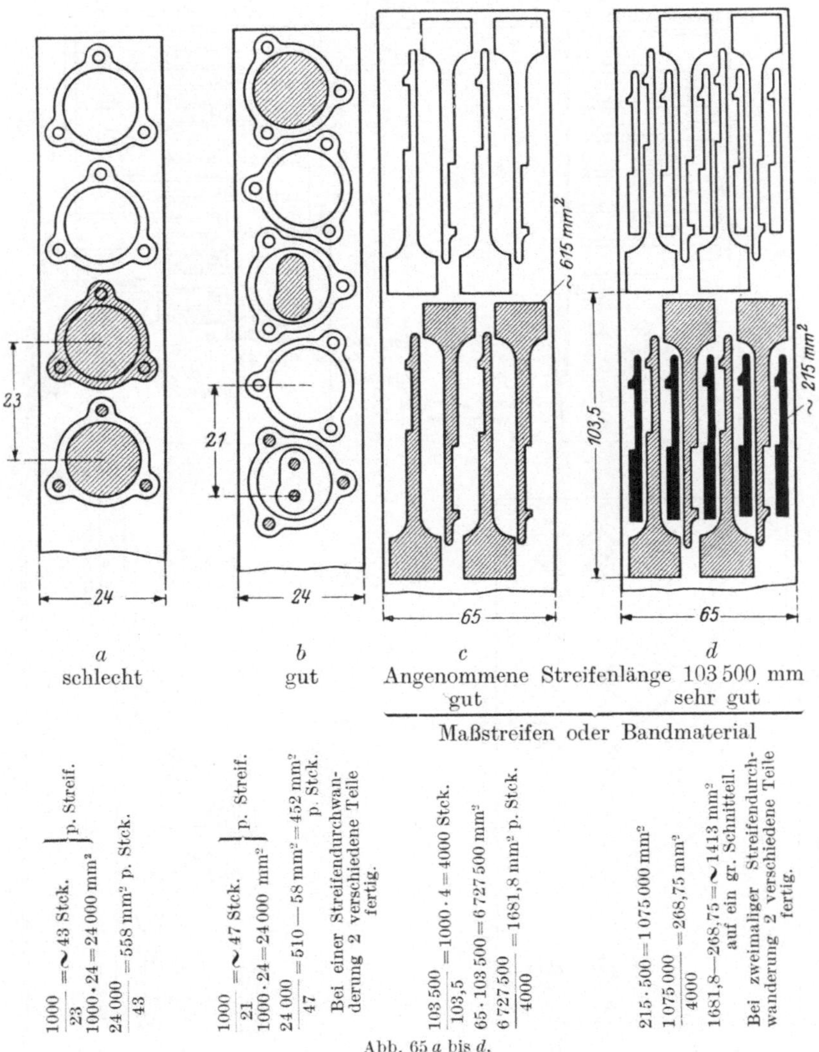

$\dfrac{1000}{23} = \sim 43$ Stck. $\Big\}$ p. Streif.

$1000 \cdot 24 = 24\,000$ mm²

$\dfrac{24\,000}{43} = 558$ mm² p. Stck.

$\dfrac{1000}{21} = \sim 47$ Stck. $\Big\}$ p. Streif.

$1000 \cdot 24 = 24\,000$ mm²

$\dfrac{24\,000}{47} = 510 - 58$ mm² $= 452$ mm² p. Stck.

Bei einer Streifendurchwanderung 2 verschiedene Teile fertig.

$\dfrac{103\,500}{103,5} = 1000 \cdot 4 = 4000$ Stck.

$65 \cdot 103\,500 = 6\,727\,500$ mm²

$\dfrac{6\,727\,500}{4000} = 1681,8$ mm² p. Stck.

$215 \cdot 500 = 1\,075\,000$ mm²

$\dfrac{1\,075\,000}{4000} = 268,75$ mm²

$1681,8 - 268,75 = \sim 1413$ mm² auf ein gr. Schnitteil.

Bei zweimaliger Streifendurchwanderung 2 verschiedene Teile fertig.

Abb. 65 a bis d.

den Bandwerkstoff bei einem etwaigen zweiten Durchlauf nutzbringend zu verwerten. Abb. 65 d zeigt in deutlicher Weise, wie es möglich ist, die noch freien Stellen des Werkstoffes auszunutzen.

Die Schnittanordnungen Abb. 66 a und 66 b sind Schnittmuster von zwei Führungsschnitten mit je zwei Seitenschneidern, wobei das eine Werkzeug einfach und das andere zweifach schneidend wirkt. Letztere

Schnittanordnung bietet in bezug auf Werkstoffverbrauch Vorteile; bei Blattfedern, die in derselben Weise geschnitten werden, muß die

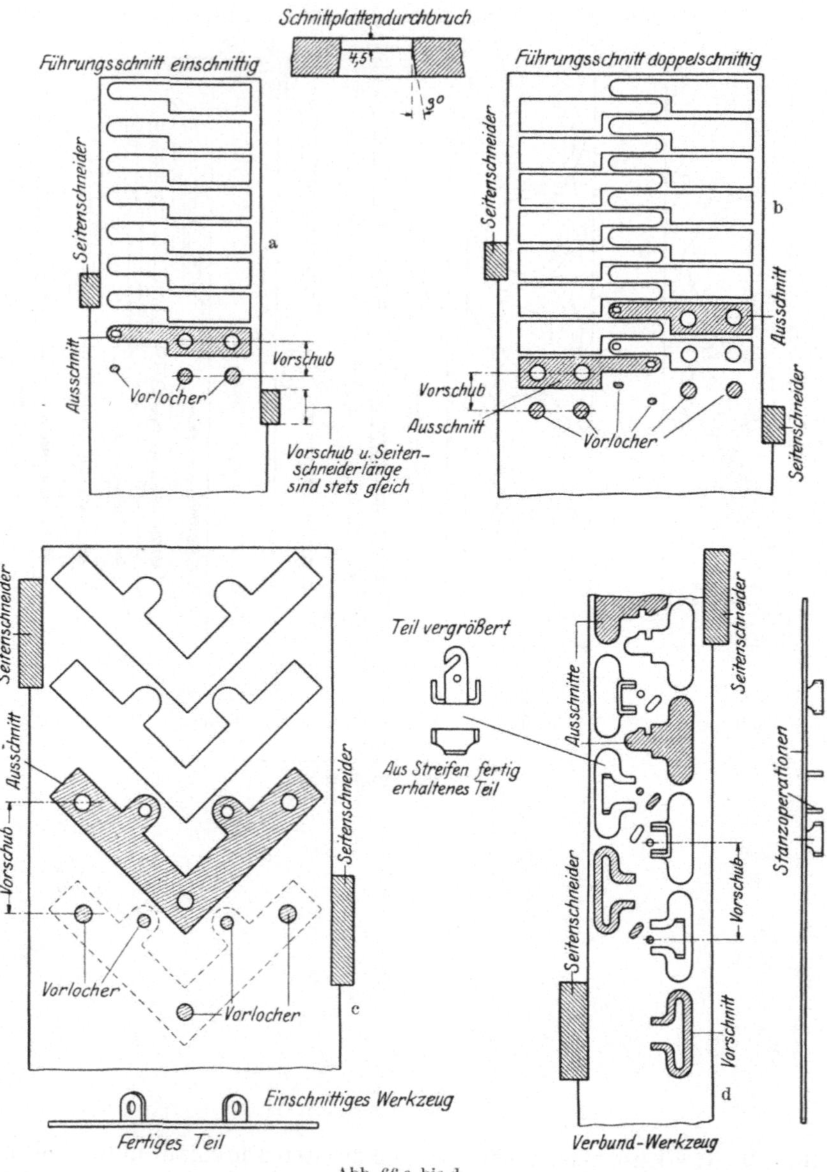

Abb. 66a bis d.

Walzrichtung des Werkstoffes rechtwinklig zum Streifenvorschub sein. In der Abb. 66c ist eine weitere Schnittanordnung von einem Winkelteil mit zwei Seitenschneiderschnitten gezeigt, wobei nichts Werkzeugtechnisches hervorzuheben ist, bei dem aber mit Bezug auf den Werkstoffstreifen einer Hinweisung bedarf, daß der Streifen in der Walzrichtung der Winkelspitze geschnitten werden muß, um beim Biegen der beiden Augen eine Knickung auszuhalten; in Abb. 66d trifft dies ebenfalls zu.

Schnittleistungen.

Mitbestimmend für den Gütegrad der Werkzeuge sind alle in Frage kommenden Schnittplattendurchbrüche, die sich genau mit den Schnittstempeln zu decken haben und nicht durch Hinstemmen paßrecht gemacht sein dürfen. Hiervon hängt die Lebensdauer des Werkzeuges ab, die um so länger oder kürzer sein wird, je mehr die Behandlung des Schnittdurchbruches von dem des bereits Gesagten abweicht. Auch der richtigen Wahl für den Schnittstahl, sowie deren Behandlung bei seiner Verarbeitung und Härtung ist eine große Beachtung zu schenken. Wird sachgemäß zu Werke gegangen und alles das, was unter „richtige Wahl eines Werkzeugstahles" auf S. 157 gesagt ist, berücksichtigt, so kann die Lebensdauer der Werkzeuge wie folgt berechnet werden:

Führungsplattenschnitt. Nach den neuesten Feststellungen können bei Stahlhärten zwischen 70 und 80 Härteeinheiten (Skleroskopmessung) im Durchschnitt 15000—20000 Schnitteile aus Stahl mit einer Festigkeit von $k_z = 30$—$40\ \text{kg}$ je mm² bis zum nächsten Scharfschliff geschnitten werden. Hat z. B. die Schnittplatte einen zylindrischen Durchbruch von $\sim 4{,}5$ mm und wird für jeden Scharfschliff 0,15 mm Verlust für die Schnittplatte gerechnet, so beträgt die Lebensdauer eines solchen Schnittes

$$\frac{4{,}5}{0{,}15} = 30 \text{ Scharfschliffe } a \sim 20000 = 600000 \text{ Schnitteile}$$

für Stahl und Messing gleich.

Für einen Schnitt, bei dem sich der Durchbruch in der Schnittplatte nach unten um 0,5° erweitert und wenn unwesentliche Gradbildung der Schnitteile mit in den Kauf genommen werden kann, folgt:

$$\frac{10}{0{,}15} = \sim 66{,}5 \text{ Scharfschliffe } a \sim 20000 = 1330000 \text{ Schnitteile}$$

für Stahl und Messing gleich.

Daß die Schnittleistungen für Stahl und Messing gleich groß sind, liegt in der Schleifwirkung, die das Metall auf die Schnittorgane ausübt, begründet.

Gesamtschnitt. Rechnet man als Abnutzungshöhe für die schneidenden Teile des Werkzeuges ~ 25 mm und für den Scharfschliff genau so viel wie bei einem Führungsschnitt 0,15 mm (ohne Schnittkantenbruch), so kann bei Verwendung hochlegierten Werkzeugstahles mit Schnittleistungen bis zum nächsten Scharfschliff von 60000 Stück gerechnet werden. Die Lebensdauer des Werkzeuges wäre dann auf

$$\frac{25}{0{,}15} = 166 \text{ Scharfschliffe } a \sim 60000 = \sim 10000000 \text{ Schnitteile}$$

zu veranschlagen.

Diese theoretischen Werte können praktisch noch übertroffen werden, wenn das Werkzeug unter der Obhut eines befähigten Einrichters steht.

D. Stanzwerkzeuge.

Biegestanzen.

Einfache Winkelstanzen. Wie aus den Richtlinien der Arbeitsverfahren für Stanzereitechnik hervorgeht, kommt für Flächenbehandlung der Teile die Stanze in Betracht. Die erste Vertreterin dieser Gattung ist die Biegestanze für Winkel, die trotz ihrer einfachen Konstruktion von der Form und Genauigkeit der Teile abhängig ist und verschieden ausgeführt wird. Maßgebend für die Ausführung des Werkzeuges ist die Stückzahl der zu fertigenden Teile und mit welcher Prä-

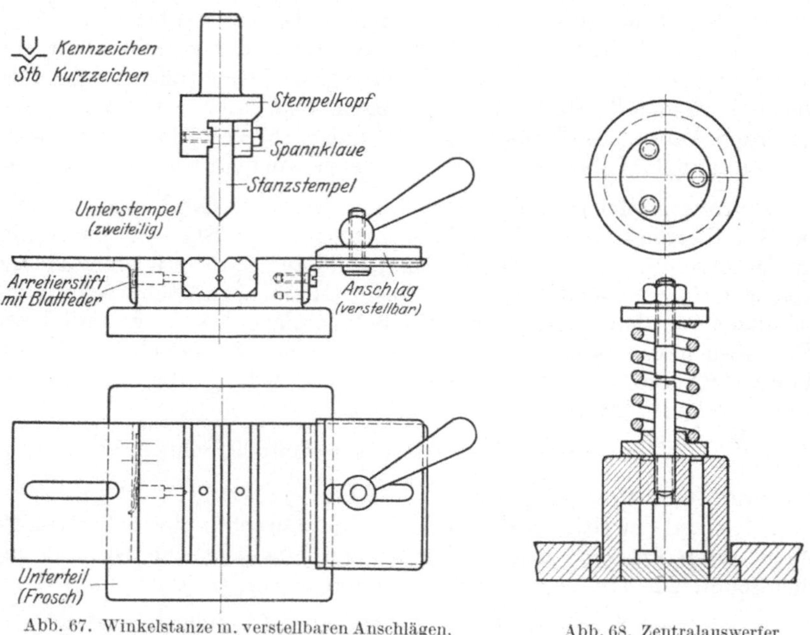

Abb. 67. Winkelstanze m. verstellbaren Anschlägen, Stanzbacken und auswechselbarem Stempel.

Abb. 68. Zentralauswerfer für Stanzen.

zision diese hergestellt werden sollen. Bei kleiner Stückzahlfertigung wird die Winkelstanze ohne Stempelführung vorgesehen, kann aber auch als universelle Winkelstanze für verschiedene Winkelungen nach Abb. 67 gebaut werden. Die in Massen herzustellenden Winkelteile, welche genau sein müssen, sind in Stanzen mit Stempelführungen anzufertigen. Schon aus Gründen der praktischen Einspannung und Zentrierung ist diese vorzuziehen, wobei der Vorteil noch hinzukommt, daß keine Stempelverlagerung stattfinden kann. Soweit es angängig ist, sollte man, um Fingerverletzungen zu vermeiden, jeder Stanze einen Auswerfer geben, damit die gefertigten Teile, sei es durch Feder oder Luftstrahl, mechanisch ausgeworfen werden können. Zu empfehlen ist keinem Stanzwerkzeug eine Feder für den Auswerfer zu geben, sondern sich der zentralen Auswurfvorrichtung nach Abb. 68 zu bedienen, weil man erstens kleinere und billige Werkzeuge erhält und zweitens viel

Platz im Werkzeuglager erspart. Besonders wichtig für die Herstellung
von Stanzen ist die Beachtung der Walzrichtung des Werkzeugstahles
für den Unterstempel, die nicht in der Richtung des sich bewegenden
Oberstempels liegen darf, da sonst Werkzeugbruch auftreten kann.
Das Platzen von Unterstempeln bei Winkelstanzen entsteht, wenn über-
mäßige Flächenpressungen bei Teilen auftreten, wobei der Druck für
Biegung des Teiles weniger ausschlaggebend ist. Ein Beispiel, wie
weit man in der Stanzdruckbemessung gehen soll, um Deformationen
am Teil und Werkzeug zu verhindern, sei wie folgt gegeben. Zunächst
folgende Werte für zulässige Stanzdrucke.

Für Eisen	Messing hart	Messing weich	Aluminium
1050 kg/cm²	800 kg/cm²	700 kg/cm²	600 kg/cm²

Ist z. B. ein Winkel mit gleichen 1,91 cm langen Schenkeln aus Bandeisen 20 × 2 mm herzustellen, so ermittelt sich der Druck

$$W = \frac{b\,h^2}{6} = \frac{2 \cdot 0{,}2^2}{6} = 0{,}0133 \text{ cm}^3$$

$$M_b = \frac{P \cdot a \cdot a_1}{L} = \frac{P \cdot 1{,}8 \cdot 1{,}8}{1{,}8 + 1{,}8} = \frac{P \cdot 3{,}24}{3{,}6}\,.$$

Da nun $M_b = W \cdot k_b$ ist, k_b für Bandeisen 4500 kg je cm² (Bruchfestigkeit) in Frage kommt, so ergibt sich

$$\frac{P \cdot 3{,}24}{3{,}6} = 0{,}0133 \cdot 4500, \text{ und daraus } P = \frac{3{,}6 \cdot 0{,}0133 \cdot 4500}{3{,}24} = \text{rd } 67{,}3 \text{ kg}$$

für Biegung.

Die Flächenpressung wird ermittelt durch die Formel $p = \frac{P_1}{F}$ und

ergibt bei $p = 1050 \text{ kg/cm}^2$ $1050 = \frac{P_1}{2 \cdot 1{,}4}$; $P_1 = 2{,}8 \cdot 1050 = 2940 \text{ kg}$.

Als auseinandertreibende Kraft kommen $P_a = \frac{P_1}{2 \cdot tg\frac{\alpha}{2}} = 1470 \text{ kg}$ in Frage.

Die treibende Kraft, die sich durch die eingeleitete Energie des Oberstempels auf den unteren auswirkt, ist mit dem Schlag eines Beiles
auf Hirnholz zu vergleichen, das sprödes Holz leicht zum Spalten
bringt. In dem vorangegangenen Beispiel stellt

P = die erforderliche Kraft für die Biegung des Teiles,
P_1 = die erforderliche Kraft für den Fertigschlag des Teiles,
P_a = die auftretende Zugspannung im Unterstempel

während der Fertigstellung dar. Bei Winkelstanzen, deren Höhe x
(gefährlicher Querschnitt) verhältnismäßig klein ist, treten außer den
unvermeidbaren Zugspannungen noch Biegespannungen auf, die die
Gefahr zum Platzen des Unterstempels zur Folge haben. In den
Abb. 69a—c sind Biegestanzen veranschaulicht, bei denen man von
Fall zu Fall zu entscheiden hat, welche von ihnen für die Teilfertigung
am zweckdienlichsten ist. Sehr vorteilhaft zeigt sich die Biegestanze
nach Abb. 67, die man für verschiedene Winkelgrößen und Schenkel-
längen benutzen kann; Winkelleisten des Unterstempels brauchen nur
gewendet und der Oberstempel ausgewechselt zu werden. Für die Her-

stellung von quadratischen Hülsen eignen sich Stanzen nach Abb. 70a, die die Teile in zwei Arbeitsgängen fertig machen. In dem ersten Arbeitsgang wird das Blechstück in die Aufnahme des Unterstempels

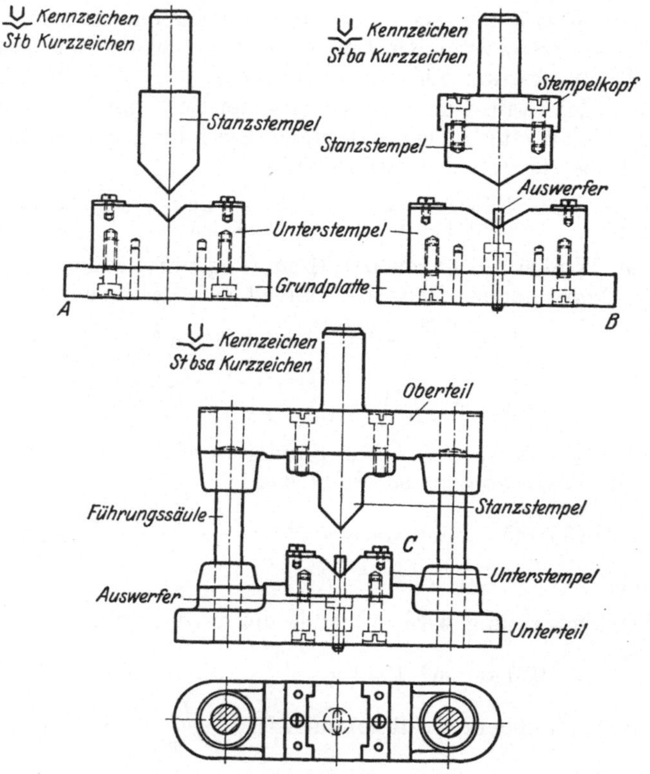

Abb. 69. Einfache Winkelstanze.

gelegt und durch den dachförmigen Oberstempel an drei Kanten gebogen. Für die Vollendung der vorgebogenen viereckigen Hülse ist eine weitere Stanze erforderlich, in der die Fertigstanzung der Hülse um einen viereckigen Handdorn (Abb. 70b) geschieht.

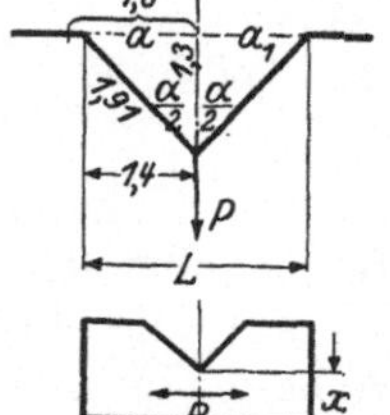

Abb. 69a.

Winkelstanze (automatisch wirkend). Zusammengehörig mit dem Schnitt Abb. 28 ist das automatisch wirkende Stanzwerkzeug Abb. 71, welches die geschnittenen Teile mit einer Doppelwinkelbiegung versieht. Das gefüllte Magazin wird vom Führungsschnitt abgenommen und die offene Seite, damit die Teile nicht herausfallen, mit einem Sperrstift gesichert. Dann wird auf das Stanzwerkzeug das Magazin mit dem federnden Schieber nach oben und der offenen Seite, auf der sich der Sperrstift befindet, nach unten aufgesetzt. Zwei Blattfedern, die je mit einem Loch versehen sind, klinken in die Stifte, die am

Flansch des Magazins herausstehen, und halten das ganze Gestell in
vertikaler Lage fest. Nachdem der Sperrstift entfernt ist, wird die am
Werkzeug angebrachte Traverse mit ihren Fangarmen auf den federnden
Schieber aufgehängt, wodurch die Teile nach unten gedrückt werden.
Der Aufbau der Stanze besteht aus der Unterplatte l, dem Transportschieber c, der Rolle d mit Bolzen, einer Spiralfeder e, die den Transportschlitten bis zur Endhubstellung drückt, dem Betätigungskeil f,
der Niederhaltungsfeder g für die zu transportierenden Teile, dem Stanz-
unterstempel h und den Seitenwangen k.

Wirkungsweise. Der Betätigungskeil, der am Stempelkopf befestigt ist, drückt beim
Niedergehen des Stößels
auf die Rolle, die durch
ihren Bolzen mit dem Transportschieber in Verbindung
steht und letzteren dadurch
eine Bewegung nach links
gibt. Hierdurch werden die
abgeflachten Auflagestifte m
frei, welche im nächsten Moment aber mit einem geschnittenen Teil aus dem Magazin
belegt werden. Macht nun
der Betätigungskeil seine Aufwärtsbewegung, so tritt der
Transportschieber c nach
rechts in Tätigkeit und nimmt
bei dieser Gelegenheit das auf
den Auflagestiften m liegende
Teil mit. Dieses Spiel wiederholt sich stets mit dem Auf-
und Niedergang des Betäti-
gungskeiles, und so schiebt
sich ein geschnittenes Teil nach

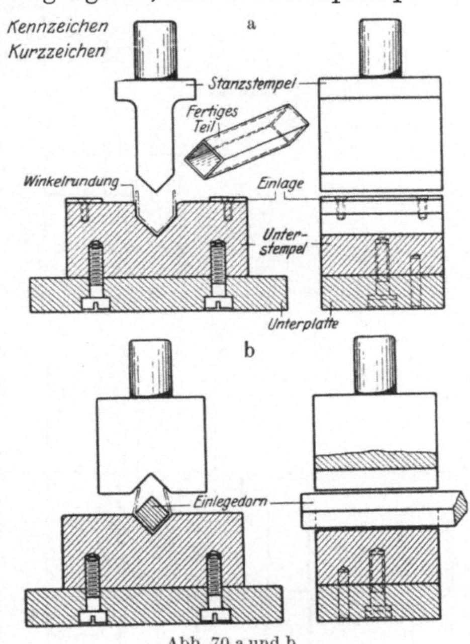

Abb. 70 a und b.
Einfache Winkelstanze für quadratische Hülsen.

dem anderen dem Unterstanzstempel zu. Alle Teile passieren auf
diese Weise die Niederhaltungsfeder und dann den Unterstanzstempel,
wo die Stanzung erfolgt. Hinter dem Unterstanzstempel im Werkzeug
ist noch ein Durchbruch geschaffen, der den fertigen Teilen das Herausfallen gestattet.

Doppelwinkelstanzen. Diese Stanzen werden angewendet, wenn
Teile mit zwei oder mehr Ecken versehen in einem Arbeitsgang gefertigt
werden sollen. Vor allem ist dabei zu erwägen, ob der Werkstoff die in
Frage kommenden Biegungen ohne Schwächung aushalten kann oder
nicht. Die vorgesehene Stellung, bei der die Biegung des Teiles erfolgt,
hat großen Einfluß auf das Werkzeug, und deshalb sind Vorkehrungen
zu treffen, um Werkzeugbruch nach Möglichkeit zu vermeiden. Eine
Biegestanze für ein Doppelwinkelteil ist in Abb. 72 veranschaulicht,
bei der die Stanzung in schräger Stellung erfolgt. Die Maßnahme, die

hier getroffen ist, um eine längere Lebensdauer des Werkzeuges zu erzielen, besteht darin, daß sich der Stempelzapfen im Schwerpunkt der
gestanzten Fläche befindet (siehe Beispiele Abb. 131—133) und ferner
für den Fall, daß am Oberstempel der hervorstehende Teil beim Stanzen

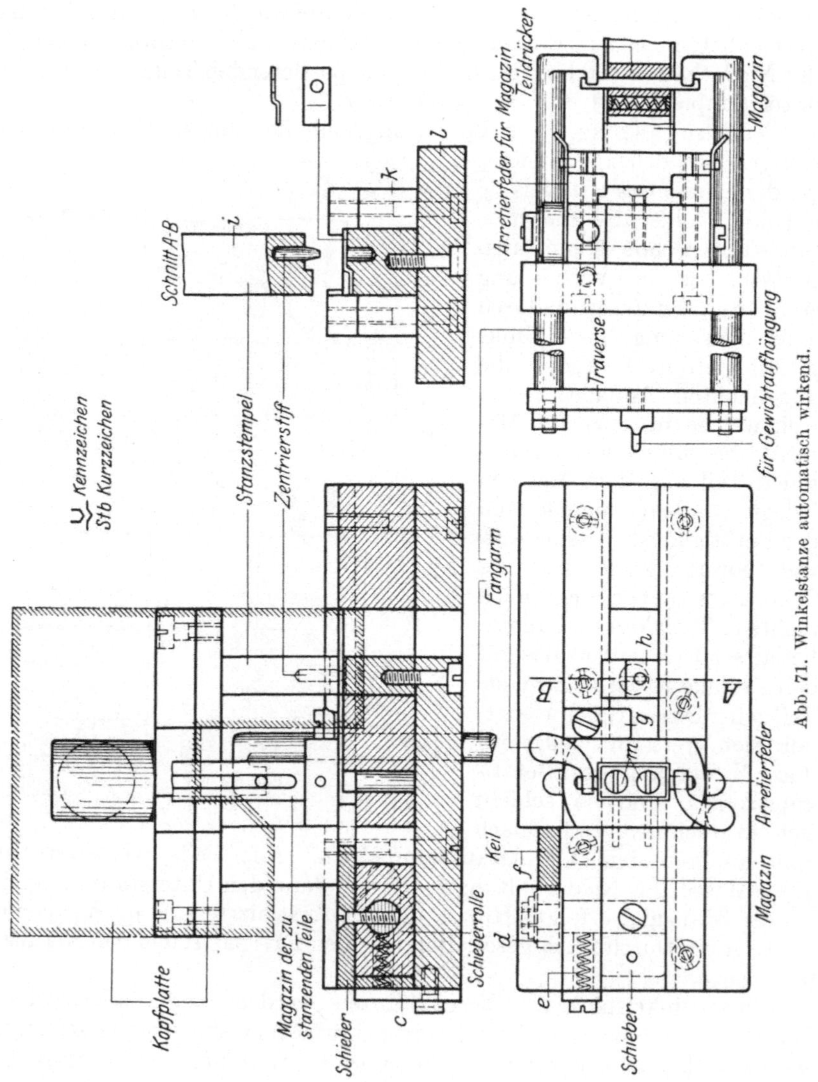

Abb. 71. Winkelstanze automatisch wirkend.

abbrechen sollte, durch Einsatzstück ergänzt werden kann. Damit aber
auch keine Oberstempelverlagerung eintritt, ist das Werkzeug mit
Führungsstiften versehen.

Mit der Biegestanze Abb. 73 können die Enden eines gestreckten
Teiles mit Abrundungen in einem Arbeitsgang gebogen werden; hierbei

ist aber Voraussetzung, daß die zentrale Auswurfvorrichtung Abb. 68 angewendet werden muß. Die Stanze hat sich für derartige Biegungen sehr gut bewährt und kommt nur für dünnen Werkstoff bis höchstens 0,8 mm Stärke in Frage. Der Auswerfer, welcher gleichzeitig Unterstempel ist, trägt vor Beginn der Stanzung das gestreckte Teil und bleibt infolge starker Federkraft solange in oberer Stellung stehen, bis beide Schenkel nach unten gebogen sind. Beim weiteren Niedergehen des Oberstempels werden die nach unten gebogenen Schenkelteile gezwungen, an den schrägen Flächen des Werkzeugunterteils sich nach innen zu bewegen und umgeben bei der Fertigstanzung den Unterstempel.

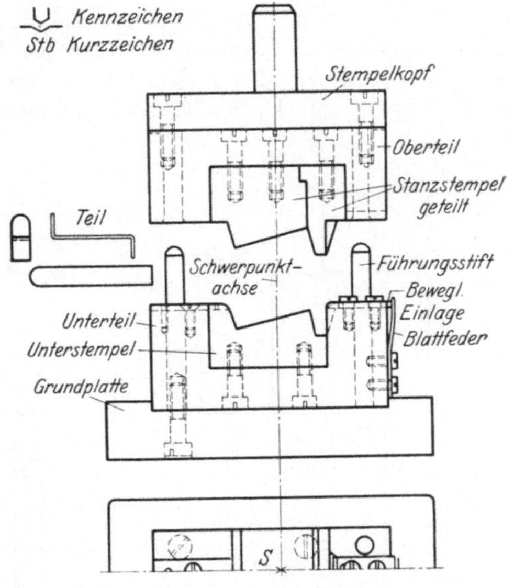

Abb. 72. Winkelstanze mit Einsatzstück.

Hat der Oberstempel seine Anfangsstellung wieder eingenommen, so wird das Stanzteil vom Unterstempel von Hand abgestreift und der Arbeitsprozeß beginnt von neuem.

Doppelwinkelteile mit nach einer Seite hochgebogenen parallelen Schenkeln können mit einer Biegestanze nach Abb. 75 hergestellt werden. Der Unterstempel, der in vielen Fällen aus einem Stück und aus härtbarem Stahl gefertigt wird, gibt aber Anlaß zu Werkzeugbruch. Es unterliegen wohl keine Zweifel, daß bei Verwendung von Blechtafeln, bei Eisen mehr und Messing weniger, Stärkenunterschiede auftreten. Diese verschieden ausfallenden Toleranzen innerhalb der Tafel wirken sich sowohl am Stanzteil wie beim Werkzeug gleichzeitig aus, zumal die Stanzung mit einer Geschwindigkeit erfolgt, in welcher die Werkstoffwanderung nicht gleichen Schritt halten kann. So seltsam dies

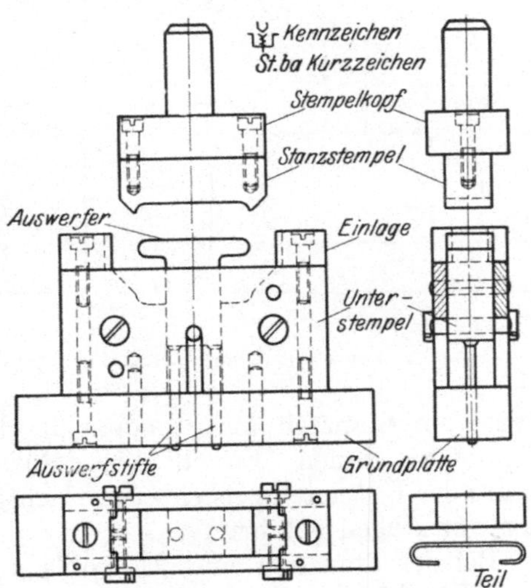

Abb. 73. Winkelstanze mit beweglichem Unterstempel.

auch klingt, man findet es bei Winkelungen bestätigt. Zum Beweise und der besseren Übersicht sind zwei Biegekanten, Abb. 75a und b, gegenübergestellt, wobei die eine Kante eine Abrundung, die andere eine Abschrägung von 45° erhalten hat. Erfolgt eine Doppelbiegung über abgerundete ·Kanten, so wird bei kleiner Bewegung des Oberstempels (Strecke des Ziehradius r) der Schenkel des Teiles schon hochgebogen sein. Diese Geschwindigkeit ist so groß, daß an der äußeren Faser des gewinkelten Teiles infolge Werkstoffträgheit kleine Brüche auftreten, die sich mit steigender Geschwindigkeit des Oberstempels noch vergrößern und schließlich zum gänzlichen Winkelbruch führen. Anders verhält es sich dagegen bei Biegungen über Kanten mit abgeschrägter Fläche nach Abb. 75 Ausführung b. Hier können die Schenkel des Stanzteiles wegen des größeren Hebelarmes leichter als im Falle a gebogen werden, und das plötzliche Biegen wird vermieden, weil der Arbeitsweg durch die schräge Fläche ein längerer geworden ist. Hat der Werkstoff in seiner Stärke ein Übermaß, so tritt nicht wie im Falle a eine Eindrückung der Biegekante am Stanzteil auf, sondern an deren Stelle ist keine Beschädigung zu finden. Ein Beweis dafür, daß die abgerundete Biegekante des Unterstempels eher ein Nachteil als Vorteil ist, sei im folgenden vor Augen geführt.

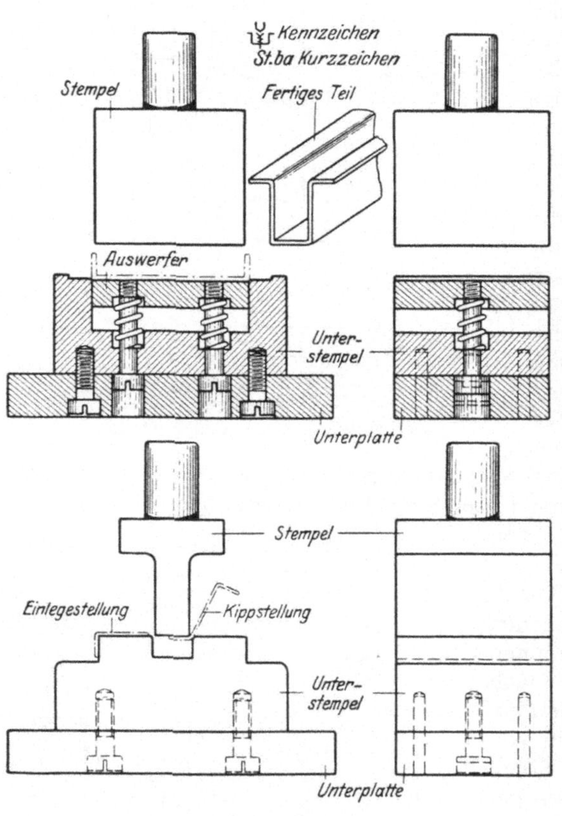

Abb. 74. Doppelwinkelstanze mit und ohne Auswerfer.

Bei der Stanzung eines U-Profils aus Flachstahl $15 \times 1,5$ mm mit einer Bruchfestigkeit von 6000 kg und Anwendung eines Unterstempels mit abgerundeten Biegekanten treten Kräfte auf, wie folgt: Das Widerstandsmoment eines zu biegenden Stanzteiles ist gleich dem Biegemoment mit Bezug auf Bruchfestigkeit zu setzen; in diesem Falle mit 6000 kg je cm² angenommen ist

$$P \cdot l = W \cdot K_b; \quad P \cdot 0,2 = \frac{b\,h^2}{6} \cdot K_b; \quad P \cdot 0,2 = \frac{1,5 \cdot 0,15^2}{6} \cdot 6000$$

und daraus $\quad P = \dfrac{1,5 \cdot 0,15^2 \cdot 6000}{0,2 \cdot 6} = \text{rd } 169 \text{ kg}.$

Da die Winkelbiegung des U-Profils (beide Schenkel zugleich gebogen) doppelt so groß wie „P" ist, so kommt als Gesamtkraft, um den U-Winkel zu biegen, $P_1 = 2 \cdot P = 169 \cdot 2 = 338$ kg in Frage. Übermaßhaltiger Werkstoff zum Stanzen verwendet wirkt aber auf den Unterstempel auseinandertreibend, und diese Kraft bei einer Toleranz von $+$ 0,1 mm ergibt

$$P_a = \frac{P_1}{2 \cdot \mathrm{tg}\,\dfrac{\alpha}{2}} = \frac{338}{2 \cdot 1,066} = \frac{338}{2,132} = \text{rd } 153 \text{ kg}.$$

Je schneller der obere Stanzstempel seine Arbeit verrichtet und je größer das Übermaß vom Werkstoff bei der Stanzung zugelassen wird, desto kürzer wird die Zeit sein, in der Werkzeugbruch eintritt, vorausgesetzt, daß keine Überdimensionierung am Werkzeug vorgenommen ist. Letzteres wäre aber aus wirtschaftlichen Gründen zu verwerfen und unnötig, wenn nach Ausführung Abb. 75 verfahren wird. (Gehärtete Einsatzstücke.)

Bei Biegungen mit abgeschrägter Stanzkante (siehe Abb. 75 b) ist der Hebelarm doppelt so groß wie im Fall a, infolgedessen die Kraft P_1 zu $\dfrac{P}{2}$ wird und 169 kg beträgt; alles andere bleibt in der Rechnung unverändert und zeigt mit großer Deutlichkeit, daß die abgeschrägte Stanzkante die zweckdienlichste ist.

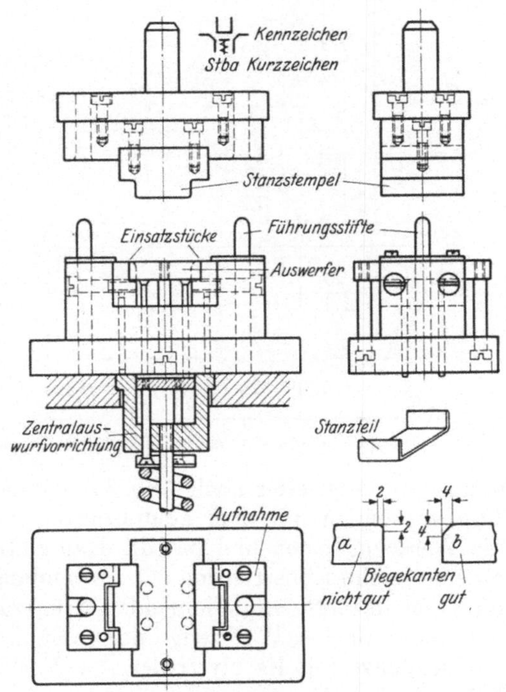

Abb. 75. Doppelwinkelstanze mit eingesetzten Stanzbacken.

Biegestanze mit Keil.

In der Gruppe der Stanzwerkzeuge, bei denen es größere Zug- und Druckkräfte zu überwinden gibt, haben alle kraftausübenden, beweglichen Teile eine zwangläufige Bewegung, d. h. diejenigen auftretenden Stanzbewegungen, die sonst durch Federung hervorgerufen werden können, schalten hierbei vollständig aus. Ein Werkzeug, das den Vorzug hat, die Bewegungen in der geschilderten Weise auszuführen, ist in Abb. 76 dargestellt. Die Stanze besitzt zunächst

zwei Betätigungskeile, die in der Grundplatte geführt sind und nicht
bei ausübendem Keildruck aus ihrer Lage verdrängt werden können.
Mit ihren erhaben ausgearbeiteten Keilflächen greifen sie in die seitlich
eingearbeiteten Flächen der beiden Schieber ein. Damit den Betätigungs-
keilen eine genügende Leerlaufbewegung gegeben ist, während die beiden
Schieber im Stillstand verharren, sind letztere mit Vertikalflächen versehen, an denen die hervorstehenden Keilflächen entlanggleiten. Die
beweglichen Teile des Werkzeuges sind so aufgebaut, daß beim Beginn
des Niedergehens der Betätigungskeile die beiden Schieber in Ruhestellung bleiben. Der Stillstand der Schieber bleibt solange bestehen,
bis der Niederhalter
die Schenkel des
Stanzteiles um die
Schieberkante hoch-
gebogen und den
Auswerfer bis in die
untere Stellung ge-
drängt hat. Hier-
nach treten zuerst
die Schieber in Tä-
tigkeit und biegen
die hochgebogenen
Schenkel um den
profilierten Nieder-
halter, wie es die
dargestellte Form im
ersten Arbeitsgang
des Teiles zeigt. Die
Weiterentwicklung
zum fertigen Teil
entsteht durch Be-
nutzung einer Biege-

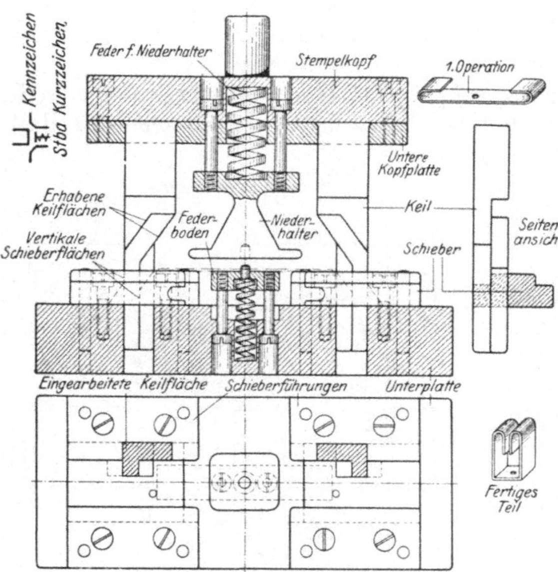

Abb. 76. Doppelwinkelstanze mit Keil und Auswerfer.

stanze mit Auswerfer nach Abb. 75, welche die Fertigbiegung beendet.
Eng verbunden mit dem komplizierten Aufbau des Werkzeuges sind
die Werkzeugkosten und hat die Kalkulation darüber zu entscheiden,
ob eine solche Konstruktion zur Anwendung gelangen kann oder nicht.
Sind die in Betracht kommenden Stückzahlen gering, so ist die Benutzung einfacher Werkzeuge nur ratsam.

Nietstanze mit Revolverteller. Die Verbindung zweier oder mehrerer
Teile miteinander geschieht, wenn man von elektrischen Punktschwei-
ßungen absieht, mittels Vernietungen. Hierzu werden in der Regel
Niethämmer maschineller Bauart angewendet, wobei die Einzelniet-
behandlung im Vordergrunde steht. Eine Befestigung kann aber auch
durch stellenweise Werkstoffverdrängung des einen oder anderen Teiles
erfolgen, die man in der Weise vornimmt, wie aus Abb. 77 hervorgeht.
Um eine sichere gegenseitige Verankerung zu erreichen, muß das eine
Teil in das andere so eingebettet sein, daß stellenweise Werkstoff her-
vorsteht, um eine Vernietung vornehmen zu können (siehe Nietstellen

am Fertigteil). Die Befestigung beider Teile geschieht so, daß man sie zusammensetzt, von Hand in die Aufnahmen des Revolvertellers und dann der Nietstanze zuführen läßt. Wie aus dem Nietteil zu ersehen ist, wird im ersten Arbeitsgang die eingelegte Blattfeder durch den Schieber des Werkzeuges in den hinterfrästen Sperrklinkenkopf (siehe Fertigteil) von a aus eingedrückt. Bei weiterem Stößelniedergang setzen die schräg angeordneten Nietstempel auf die höherliegenden Stellen (schraffiert) auf und drücken nietartige Köpfe, vom Werkstoff des Sperrklinkenkopfes gebildet, über die eingebettete Blattfeder. Es empfiehlt sich, nicht zu hohe, hervorstehende Stellen zum Nieten zu machen, da sonst das Aussehen des zusammengenieteten Teiles darunter leidet. Der Grundgedanke, von dem man sich leiten ließ, nach diesem Prinzip eine Nietung vorzunehmen, liegt einmal in der kontinuierlichen Fertigung begründet, ferner darin, das Lochen bzw. das Bohren der Teile und die Niete selbst zu sparen. Geht man, wie bereits auf S. 63 erwähnt, vom spezifischen Stanzdruck aus, so ist keine Gefahr vorhanden, die Presse zu überlasten.

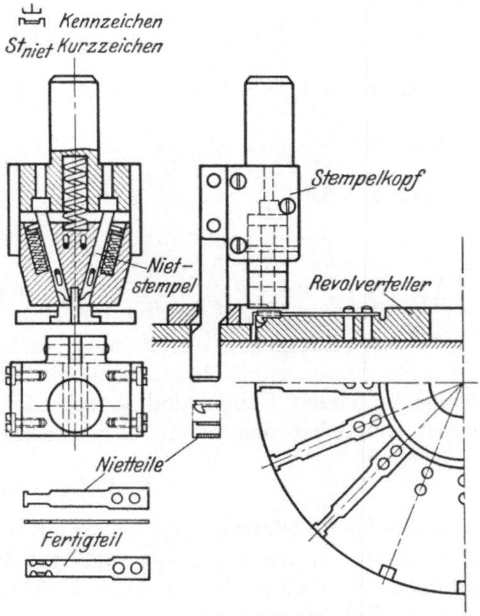

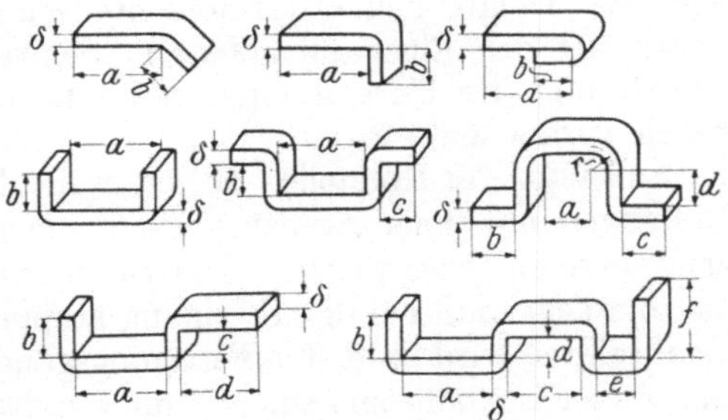

Abb. 77. Nietstanze mit Revolverteller.

Abb. 77a. Winkelbeispiele zur Ermittlung gestreckter Längen.

Gestreckte Längen gestanzter Winkel. Um Winkelteile herstellen zu können, ist zunächst die Ermittlung der Länge des gestreckten Teiles notwendig, weil während des Biegevorganges, insbesondere bei starkem Werkstoff, Veränderungen eintreten. Das Ausprobieren dieser Längen mit dem Werkzeug nimmt sehr große Zeit in Anspruch, so daß man durch Anwendung von Erfahrungswerten schneller zum Ziele gelangen kann. Diese Werte, um die es sich handelt, kommen untenstehend zum Ausdruck, sind aber nur Annäherungswerte und müssen nachgeprüft werden, weil die Werkstoffe zueinander sich verschieden in ihrer Dehnung verhalten. Allgemein wird die Länge eines gestreckten Winkelteiles durch die Summe der Teilstrecken in der Mittelfaser ermittelt, aber diese Längenermittlung ist aus Gründen des Vorerwähnten sehr ungenau. Für die Praxis haben sich folgende Werte nutzbringend erwiesen Abb. 77a):

Fall I. $a + b + \dfrac{\delta}{2}$ . . . . 1 Arbeitsgang für Fertigstanzung

„ II. $a + b + \dfrac{\delta}{2}$ . . . . 1 „ „ „

„ III. $a + b + \dfrac{\delta}{2}$ . . . . 1 „ „ „

„ IV. $a + 2\,b + \dfrac{\delta}{2}$ . . . . 1 „ „ „

„ V. $a + 2\,b + 2\,c + \delta$ . . . . 1 „ „ „

„ VI. $a + 2\,d + b + c + r\,\pi + 1,5\,\delta$ . . 1 „ „ „

„ VII. $a + b + c + d + \delta$ . . . . 2 „ „ „

„ VIII. $a + b + c + 2\,d + 2 + f + 2\,\delta$ . . 2 „ „ „

Es ist nicht gleich, ob ein mehrgewinkeltes Teil winkelweise oder mit allen Ecken zugleich gestanzt wird, die Auswirkungen des Werkstoffes in beiden Fällen sind verschiedene. Das Erstrebenswerte ist, immer möglichst das Stanzteil in einem Arbeitsgang fertigzustellen.

Rollstanzen.

Einfache Rollstanze. Wie aus dem Wortsinn „Rollstanze" hervorgeht, besteht Klarheit darüber, daß mit diesem Werkzeug nur Kantenrollungen an flachen Teilen oder Hohlkörpern vorgenommen werden können. Eine weitere und präzisere Auslegung des mit ihr zu vollziehenden Arbeitsverfahrens ist unter den Begriffsbestimmungen auf S. 7 zu finden. Die einfachste Konstruktion einer Rollstanze ist in Abb. 78 veranschaulicht und wird zur Herstellung von großen Scharnierteilen benutzt. Damit keine Eckmomente während des Rollvorganges auftreten, ist der Einspannzapfen im Schwerpunkt des gerollten Auges gesetzt und der Unterstempel zweiteilig ausgeführt, damit Werkzeugbruch vermieden wird.

Rollstanze für Hohlteile. Soweit es möglich ist, werden an Hohlteilen Rollungen mit einer Stanze vorgenommen, wenn mittels Drückwerkzeug diese zu teuer werden. Um zu einer einwandfreien Kantenrollung zu kommen, muß bei der Fertigung etappenweise vorgegangen werden. Das Hohlteil wird im ersten Fertigungsgang mit einem Flansch gezogen, und dieser ist dann mit einem Rundschnitt auf bestimmtes Maß zu beschneiden. Im nächsten Arbeitsgang erfolgt das Hochziehen des Flansches, damit der Oberstempel die Wulstrollung vornehmen kann. Die Abb. 79 zeigt den Vorgang des Rollens am Hohlteil, mit der Gratseite des hochgezogenen Randes nach der Innenseite, da umgekehrt keine einwandfreie Wulst entsteht. Die ganze Kraft des Oberstempels auf die gerollte Wulst wirken zu lassen, ist nicht ratsam, deshalb ist ein Teil des Druckes von der schrägen Aufschlagfläche des Unterstempels abzufangen.

Rollstanze mit Keil. Diese Bauart findet man überall dort vertreten, wo es sich um Werkstoffverarbeitung bis zu 1 mm Stärke handelt. Um eine gut gerollte Wulst zu erhalten, muß die Kante, an welcher der Rollschieber zuerst angreift, gut angerundet sein. Dies wird zur Ver-

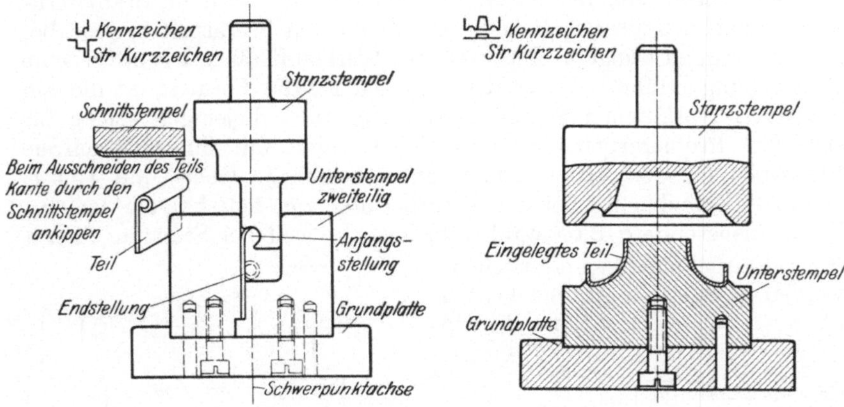

Abb. 78. Rollstanze für flache Teile. Abb. 79. Rollstanze für Hohlteile.

meidung einer besonderen Biegearbeit im Führungsschnitt am Schnittteil vorgenommen. Die Stanze besteht aus dem Stempelkopf, der unteren Kopfplatte, Betätigungskeil für den Rollschieber und dem federnden Niederhalter, alles insgesamt mit Oberteil bezeichnet. Der Unterteil dagegen setzt sich aus Unterplatte, den beiden Schieberführungen, dem Rollschieber, dem Federkolben mit Spiralfeder und den beiden Aufhängestiften, mit denen das Stanzteil gehalten wird, zusammen (siehe Abb. 80).

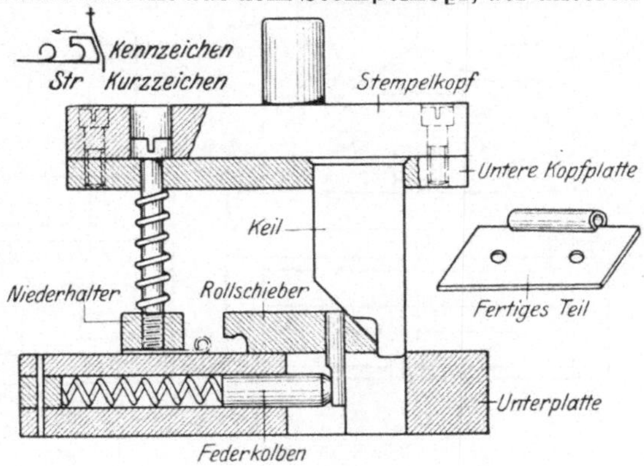

Das zu rollende Stanzteil wird durch die Aufhängestifte in die richtige Lage gebracht, hierauf läßt man eine Bewegung des Werkzeugoberteiles nach unten folgen. Der Niederhalter,

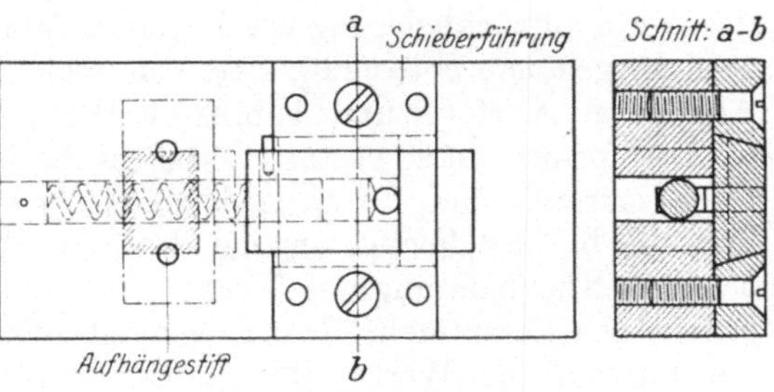

Abb. 80. Rollstanze mit Keil.

der zum Betätigungskeil eine gewisse Voreilung hat, drückt den zu rollenden Teil, ehe die schräge Keilfläche des Schiebers berührt wird, fest auf die Unterplatte und die Rollung wird durch den Schieber vollzogen. Anfang- und Endlage des Rollschiebers sind durch Anschlagstifte begrenzt.

Spezialstanzen.

Formstanze. Mit dem Ausdruck „Formstanze" wird ein Stanzwerkzeug bezeichnet, dessen Aufgabe es ist, flachen Werkstoff in jede beliebige Form zu bringen, ohne daß die Werkstoffstärke irgendwie eine Schwächung erfährt. Unter den Stanzen ist die Formstanze die am häufigsten vorkommende und gleichzeitig auch diejenige, welche für sich viel Probierarbeit beansprucht, ehe man mit ihr einwandfreie Stanzteile fertigen kann. Die richtige Form für Ober- und Unterstempel zu finden ist bei der Verarbeitung von federhartem Bronzeblech, insbesondere Bandstahl, sehr schwer, weil bei Stanzungen mit Werkstoffrückfederungen gerechnet werden muß. An dem Schellenteil (Abb. 82) wird versucht, das Prinzip

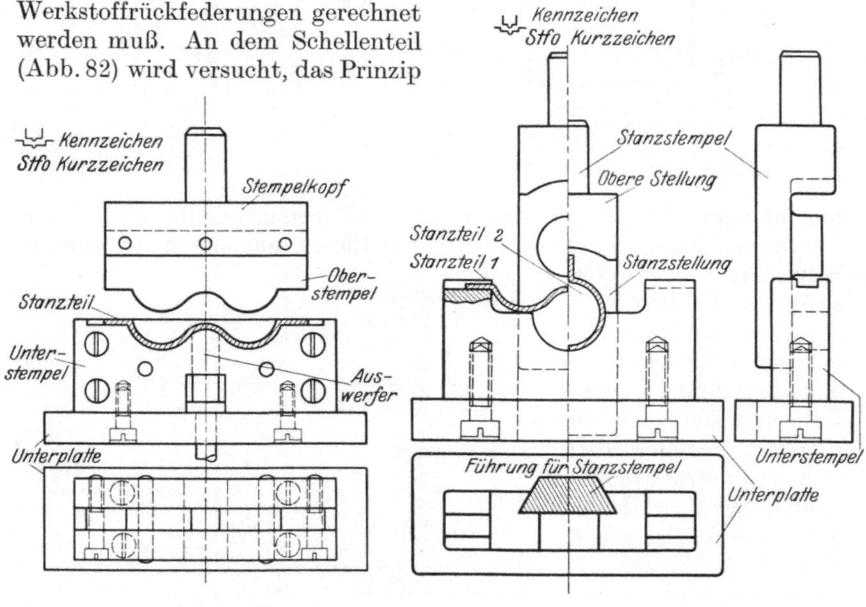

<table>
<tr><td align="center">Abb. 81.
Formstanze für Schellenteil (Vorform).</td><td align="center">Abb. 82.
Formstanze für Schellenteil (Fertigform).</td></tr>
</table>

der Werkstoffrückfederung vor Augen zu führen, das zur Fertigstellung zwei Biegegänge notwendig hat, von denen der erste Arbeitsgang in Abb. 81 als Vorform und Abb. 82 als Fertigform dargestellt ist.

Die Vorform ist so gestaltet, daß in ihr alle Biegungen der Fertigform vertreten sind, die an einer Stelle der Vorform eine Gegenbiegung hat, die bei der Fertigstanzung des Teiles beseitigt wird.

Eine Rückfederung des Werkstoffes ist so zu erklären, daß bei der gedrückten Faser mehr Spannungen als bei der gezogenen auftreten, die innerhalb des Werkstoffes sich nicht ausgleichen können, weil das Teil zu elastisch ist.

Um eine Rückfederung des Werkstoffes zu verhindern, wird bei Stanzteilen eine Gegenbiegung angewendet, die die Faser des Werkstoffes zu beiden Seiten der neutralen Zone gleichmäßig beansprucht.

Die Formstanze kommt auch für gezogene Teile in Frage, wobei die

Formgebung durch hartes Zusammenschlagen des Ober- mit dem
Unterstempel erfolgt. Dieser Arbeitsgang wird mit „Formschlagen"
bezeichnet, und die Anzahl der Schläge vorgeschrieben, mit der die
Form des Stanzteiles erreicht sein muß. Für gezogene Teile, soweit sie
aus Messingblech gefertigt sind, genügt es, den Unterstempel aus Gußeisen und den Oberstempel aus S. M.-Stahl im Einsatz gehärtet herzustellen. Bei runden über 200 mm Durchmesser oder deren Umfang entsprechend nicht runder Teile empfiehlt es sich, den Ober- und Unterstempel aus Stahlguß mit Halbhärte zu versehen, wenn als Werkstoff
doppelt dekapiertes Eisenblech für Hohlteile vorgesehen ist. Abb. 83
veranschaulicht eine Formstanze für
Hohlteile, bei der der Unterstempel
aus Gußeisen, der Oberstempel aus
S.M.-Stahl besteht; damit aber das
Stanzteil nicht im Unterstempel haf-
ten bleibt, ist ein Auswerfer von $^1/_3$ des
Halbkugeldurchmessers notwendig.

Das Gebiet der Formstanzen ist
ein sehr ausgedehntes und erstreckt
sich fast auf alle erdenkliche Formen.
Es würde zu weit führen, die un-
zähligen Verwendungsmöglichkeiten
aufzuführen, da die Elektroindustrie
viele derartige Stanzen verwendet,
speziell zum Formgeben von Fas-
sungsteilen, Lampensockeln, Reflek-
toren und vieles andere mehr.

Wichtig für Stanzteile sind folgende Richtlinien:

Bei Vornahme von winkligen
Biegungen metallischer oder nicht
metallischer Teile muß auf die Walzrichtung des Werkstoffes geachtet

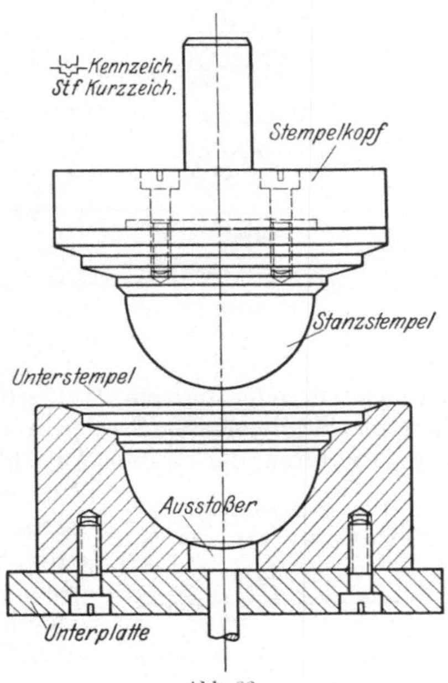

Abb. 83.
Formstanze für Halbkugelteil (Fertigform).

werden, weil rechtwinklige Biegungen zur Walzrichtung des Werkstoffes
erfolgen können, längs der Walzfaser der Werkstoff bricht.

Kommen mehrere Stanzungen, und zwar nach verschiedenen Rich-
tungen hin, an einem Teile vor, so muß die Walzrichtung des Werkstoffes diagonal zu den Biegungen sein. Stanzformen mit scharfen
Knickungen können nur bei weichem Werkstoff angewendet werden,
bei hartem, wie z. B. Bronzeblech, Bandstahl ist dieses nicht angebracht.

Starke, gebogene Flachteile haben an der äußeren Fläche des Winkels
Werkstoffeinschnürungen, die bei Anwendung einer linsenartigen Ver-
stärkung an der Knickungsstelle in Fortfall kommen. Um stabile
Stanzteile zu erhalten, ist es nicht immer notwendig, besonders starken
Werkstoff zu nehmen; bei zweckmäßiger Anordnung eingeprägter
Rippen kann unter Umständen bei dünnerem Werkstoff dieselbe
Fertigkeit erzielt werden.

Flachstanze (Planierstanze). Unebene flache Teile werden am vorteilhaftesten in Planierstanzen mit glatten oder gerauhten Planierstempeln gerichtet, wobei die ersteren weniger zur Anwendung gelangen sollten, weil sie bei weichem Werkstoff nur ihren Zweck erfüllen. Bei

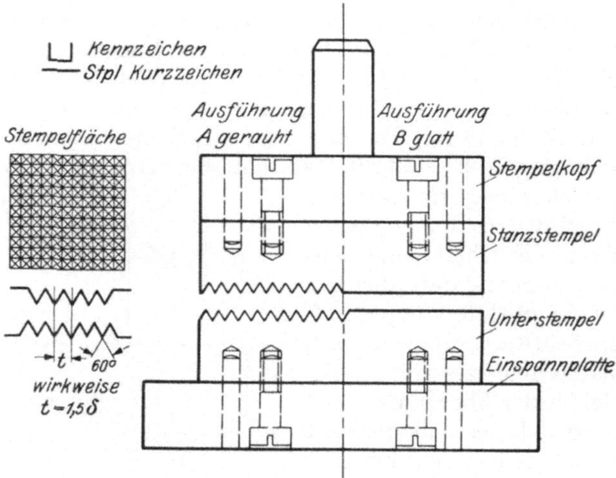

Abb. 84. Planierstanze für glatte und gerauhte Flächen.

halbhartem oder hartem Werkstoff, wie Blankmessing, Bronzeblech, kommt sie mit glatten Stempeln absolut nicht in Frage, ihre Wirkung erreicht durch den festen Aufschlag gerade das Gegenteil, und das Stanzteil bleibt so wie es ist. Der Flachstanze aber mit gerauhten Stanzflächen (Abb. 84) ist in jedem Falle der Vorzug zu geben, da sie restlos ihre Aufgabe erfüllt und dem Stanzteil eine schöne Oberfläche gibt. Fischhautartige Planierungen, die viel bei Stanzteilen vertreten sind, erreicht man, wenn die Stanzrippen der Stempel ineinander greifen, um die vorhandenen Spannungen im Werkstoff während der Stanzung auszugleichen. Ein Mißerfolg in der Planierung mit gerauhten Stanzstempeln ist nur zu erwarten, wenn die erhöhten Stellen des Ober- und Unterstempels sich genau gegenüberstehen, und ferner dann, wenn die Rippenentfernung der Stanzstempel nicht in einem gewissen Verhältnis zur Werkstoffstärke stehen.

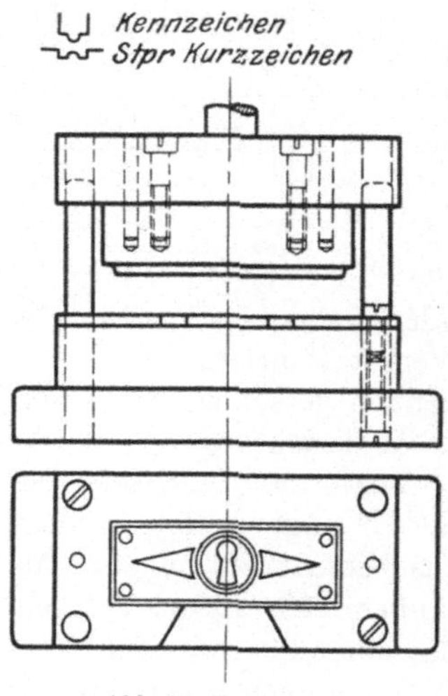

Abb. 85. Prägestanze.

Prägestanze. Ein Werkzeug, zu dessen Funktion es gehört, innerhalb seines Arbeitsbereiches Veränderungen an Oberfläche und Stärke eines Werkstoffes vorzunehmen, heißt Prägestanze. Als weitere Charakteristik kommt bei ihr noch hinzu, daß der Werkstoff vorhandene Vertiefungen in den Stempelflächen durch

Werkstoffwanderung voll auszufüllen hat. Vorherrschend ist die Präge-stanze auf dem Gebiete der Münzenprägung und wird auch dort an-gewendet, wo es sich darum handelt, erhabene Konturen in Massen auf andere Teile zu übertragen. Der aufgewendete Druck für Prägungen entspricht annähernd der Bruchgrenze des jeweiligen Werkstoffes und wird erreicht bei Anwendung von Reibtrieb-, Kniehebel- oder hydrau-lischen Pressen. Zur Erreichung eines einwandfreien Produktes ist der Einspannzapfen im Schwerpunkt der gestanzten Fläche zu setzen.

E. Ziehwerkzeuge.

Einfach-Zug. Stanzereitechnisch wird unter Zug eine Werkzeug-gattung verstanden, die das einfachste Mittel in der Umformung vom Flachteil zum Hohlteil darstellt und aus Ziehring und Ziehstempel be-steht. Jeder Ziehring (Abb. 86) ist während des Ziehvorganges einer großen Beanspruchung ausgesetzt und stellt an den Werkzeugstahl in bezug auf Härte und Zähigkeit die denkbar größten Ansprüche. Sehr geeignet für den Ver-wendungszweck hat der Kohlenstoffstahl sich bewährt, der im harten Zustande eine weiche Kernzone hat und deshalb hohe Widerstandsfähigkeit besitzt. Seine Eigen-schaften besonders für Ziehringe sind so außerordentlich günstig, wovon die Rollen-härtung (trudeln) zu erwähnen ist, die ohne die Güte des Stahles zu beeinflussen oft-mals wiederholt werden kann. Die Rollen-härtung wendet man bei größer gewordenen Ziehringen an und werden im glühenden Zustande durch Randabkühlungen kleiner gemacht. Es empfiehlt sich aus diesem

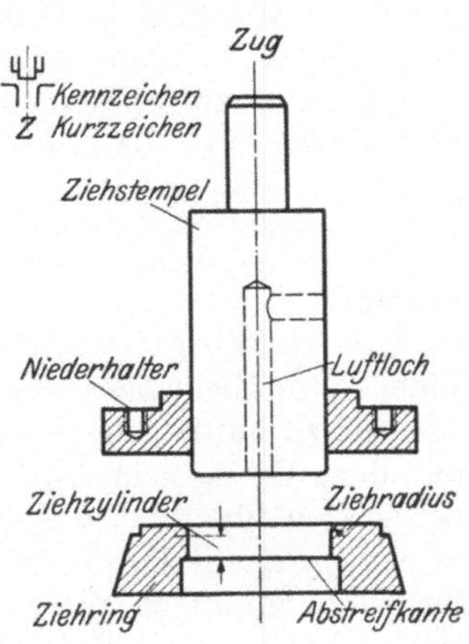

Abb. 86. Einfach-Zug.

Grunde, den Außendurchmesser des Ziehringes höchstens dreimal so groß als den lichten Durchmesser zu machen und ihn mit einem Konus zu versehen. Der Hauptwert eines Ziehringes liegt in der gut polierten Ziehkante, dessen Abrundung dem jeweiligen Werkstoff angepaßt sein muß, und darin, durch Anwendung einer kurzen Ziehfläche die Wärme-entwicklung am Ring und Teil herabzudrücken. Am Ende der Zieh-ringfläche ist der Ziehring mit einer scharfen Kante zu versehen, die dazu dient, daß die gezogenen Teile, welche einer Aufederung unter-worfen sind, sich daran abstreifen können. Bei besonderen weichen Werkstoffen erfolgt die Teilabstreifung an der scharfen Kante des Ziehringes nie einwandfrei, so daß ein zwangweiser Abstreifer zu benutzen das gegebene und sicherste Mittel gegen Störungen ist. Soweit Ziehringe für Revolverpressen in Frage kommen, sind diese mit der an der Ma-schine befindlichen Verschraubung einzuspannen, dagegen bei anderen Pressen für den Ziehring ein Einspannungsfrosch erforderlich ist. Der Ziehstempel ist so groß zu machen, daß er mit dem Werkstoff unter

Berücksichtigung der Minustoleranz den Luftraum zwischen Ring und Stempel ohne jedes Spiel ausfüllt. Er darf nicht scharfkantig gehalten werden, sondern hat die gleiche Abrundung wie die Ziehkante des Ziehringes zu bekommen, vorausgesetzt, daß er nicht der Stempel des letzten Arbeitsganges ist. Damit das Ziehteil sich leicht vom Stempel streifen läßt, ist dem Ziehstempel ein Luftloch zu geben in Größe von ca. $0{,}25—0{,}3 \cdot D$ mm ($D =$ Stempeldurchmesser). Bei besonders dünnem Werkstoff, wo die Gefahr des Einbeulens des Ziehteilbodens während des Abstreifens vom Stempel vorhanden ist, wende man mehrere kleine nach der Mitte des Stempels führende Luftlöcher an, die von einer in der Stirnseite eingedrehten Nute ausgehen.

Zug mit zwangsweisem Niederhalter. Eine Vervollkommnung des einfachen Zuges wird erreicht, wenn man ihm einen Niederhalter gibt, der eine zwangläufige Steuerung von der Maschine erhält. Man unterscheidet zwei Arten von Niederhaltern, flache für den ersten Arbeitsgang, um von Scheibe zum Topf zu gelangen, und zylinderförmige mit angedrehter Schräge von 38°, die dazu dienen, Töpfe auf kleinere Durchmesser zu bringen. Den Vorteil dieses Werkzeugzusatzes erkennt man daran, daß die einziehende Fläche

ohne Niederhalter etwa . . . . 15—20 vH
mit flachem Niederhalter etwa . . . . . . 40—45 vH
mit zylindrischem Niederhalter etwa . . . bis 30 vH

beträgt.

Um ein gutes Resultat im Ziehen zu erreichen, ist es notwendig, die Fläche des Ziehringes wie auch die des Niederhalters gut plan- und rissefrei zu halten, da je feiner die Flächen poliert sind, desto besser es mit dem Erfolg sein wird. Große Ziehringe aus Kohlenstoff-Stahl zu verwenden für Teile, die in der Vorformung sind, ist unwirtschaftlich, es genügt an Stelle des Stahls Gußeisen zu benutzen, weil sich dieses für alle ziehfähigen Werkstoffe sehr gut eignet. Mit besonders gutem Erfolg hat man Guß-Ziehringe für Zink- und Eisenblech verwendet, wobei sich herausstellte, daß ihre Haltbarkeit gegenüber den Stahlringen mindestens gleichgesetzt werden konnte. Auch Ziehstempel aus Gußeisen mit aufgesetztem Stahlkopf sind bei großen Werkzeugen zu empfehlen, da sie billig, haltbar und in jeder Weise ihren Zweck erfüllen. Ausschlaggebend für störungsfreies Ziehen bei wenig vorkommenden Ausschußteilen, das einerseits von der Beanspruchung und Beschaffenheit des Werkstoffes, andererseits von dem Ziehradius des Ziehringes abhängt, ist das von Fall zu Fall zu benutzende Schmiermaterial zum Ziehen. In der Praxis haben sich folgende Schmiermittel bewährt:

Für Eisenblech: 2 Teile Rüböl, 1 Teil Rizinusöl, 1 Teil Talkum,
„ Messingblech: Essenia mit Wasser, Mischverhältnis 1 : 5,
„ Kupferblech Petroleum mit Zusatz von kornfreiem Graphit,
„ Aluminium: Petroleum mit Zusatz von kornfreiem Graphit,
„ Zink: Rüböl mit Zusatz von kornfreiem Graphit,
„ Pappe: 1 Teil Venetianische Seife } 3 Teile Pflanzenwachs / 3 Teile Glyzerinöl / 1 Teil Talkum / 3 Teile Weizenstärke } alle 5 Bestandteile müssen gut verrührt und gekocht werden.

Bestandteile für Zug mit zwangweisem Niederhalter. In einer modernen Stanzerei ist die Normung der Bestandteile für Ziehwerkzeuge eine Vorbedingung. Dieses Grundprinzip gipfelt darin, nur einheitliche Werkzeuge zu schaffen, um einerseits leichtes Einspannen zu ermöglichen, andererseits die Werkzeugbestandteile in größerer Anzahl im Akkord herzustellen und auf Lager zu halten. Abb. 87/88 zeigen ein Beispiel, in welcher Weise man eine praktische Vereinheitlichung im Werkzeugaufbau vornehmen kann. In Abb. 87 ist ein Zug für eine Kurbelziehpresse veranschaulicht, der je nach Vielseitigkeit des Betriebes in drei oder mehreren Größen benutzt wird (große, mittlere und kleine Ausführung). Der gesamte Satz ist so eingerichtet, daß die Höhe h stets die Entfernung von Unterplatte der Presse bis zur tiefsten Stelle des Niederhalters haben muß. Aus diesem Grunde kommen Unterlegstücke zur Ausgleichung der Werkzeughöhe in Fortfall, und eine bessere Einspannung ist gewährleistet. Durch diese Anordnung kommen auch einheitliche Abmessun-

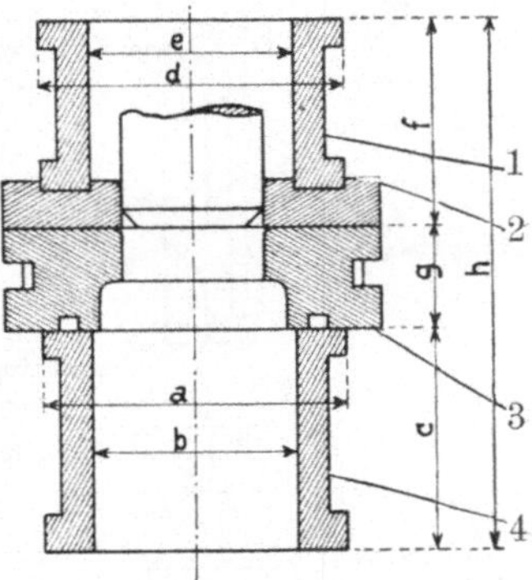

Abb. 87. Werkzeugbestandteile für den ersten Ziehgang.
1 Niederhalterkopf, 2 Niederhalter
3 Ziehring, 4 Frosch.

gen für Zieh- und Niederhalteringe (Ab. 88) in Frage, die ebenfalls in größerer Stückzahl vorgedreht werden können und von Fall zu Fall fertiggestellt zu werden brauchen.

Zug mit federndem Niederhalter. Unter den Ziehmethoden sind zwei Hauptarten hervorzuheben, die im Prinzip das gleiche erreichen, aber in bezug auf ihre Werkzeugbewegungen entgegengesetzt arbeiten. In den meisten Fällen, besonders bei stehenden Pressen, ist der Ziehring in der Ruhestellung (auf dem Pressentisch eingespannt), und der Ziehstempel führt die Bewegung aus, während bei Stoßwerken (liegende Bauart) es

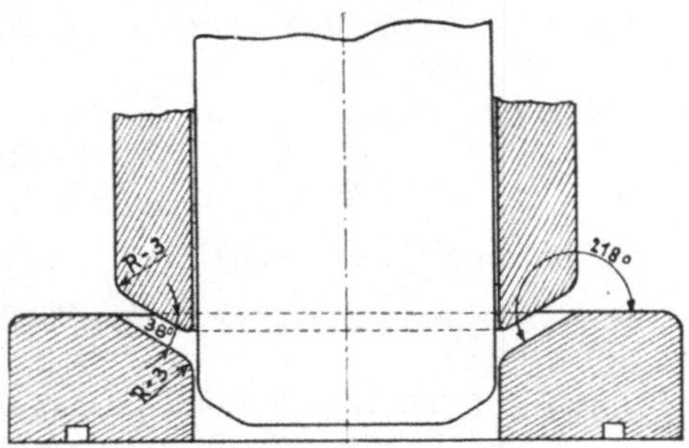

Abb. 88.
Werkzeugbestandteile mit angeschrägtem Niederhalter.

umgekehrt der Fall ist, der Ziehring sich bewegt und der Stempel im Stillstand verbleibt. Der Zweck, den man mit der letzteren Arbeitsweise erreicht, ist der, dem im Ruhestand befindlichen Ziehstempel einen mit langen Federn versehenen Niederhalter zu geben, damit sich kein rapide steigender Flächendruck beim Ziehvorgang entwickelt. Abb. 89 zeigt die Darstellung eines Ziehwerkzeuges mit federndem Niederhalter für Stoßwerke, aus der alles Werkzeugtechnische hervorgeht; die zu ziehende Scheibe ruht hierbei zwischen den Federstiften auf dem Niederhalter.

Zug mit Niederhalter und Luftdruckkissen. Dieses Werkzeug hat, wie aus Abb. 90 hervorgeht, ein Luftdruckkissen, das für die Bemessung eines geeigneten Niederhalterdruckes vorgesehen ist. Der während des Ziehvorganges auftretende Druck wird durch Manometer angezeigt und gestattet zugleich, die zur Auswirkung kommenden Kräfte zu

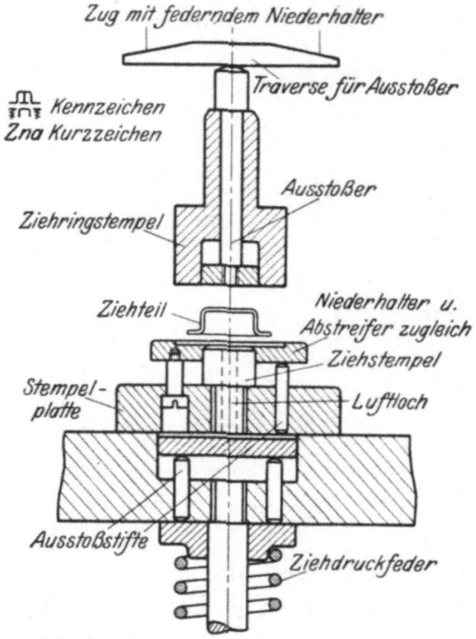

Abb. 89. Ziehwerkzeug für Stoßwerke.

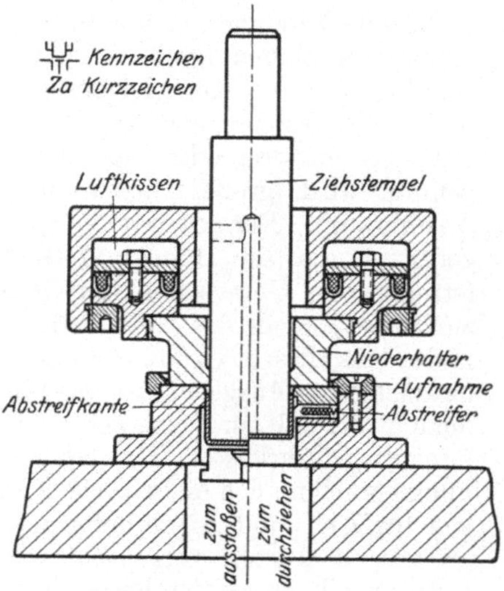

Abb. 90. Ziehwerkzeug mit Luftdruckkissen.

beobachten, sowie den spezifischen Flächendruck für jede Scheibe zahlenmäßig festzulegen.

Setzt man für p .... Druck im Luftkissen in Atmü,

O .... Oberfläche des Niederhalters in cm²,

F .... gedrückte Fläche der Scheibe in cm²,

so ist der spezifische Druck ...... $p_s = \dfrac{O \cdot p}{F}$.

Der wirksame Druck, der für die Fläche der Scheibe in Frage kommt, ist abhängig

von der Größe des Scheibendurchmessers,

„   „   „   „ Ziehkantenradius

und „   „ Beschaffenheit des Werkstoffes und dessen Schmierung.

Die gedrückte Fläche der Scheibe ermittelt sich aus

$$F = \frac{\pi}{4}[D_a{}^2 - (D_i + 2\,R)^2]$$

wobei D_a = Scheibendurchmesser

D_i = Topfdurchmesser

R = Ziehkantenradius

zu verstehen ist.

Außer dem spezifischen Flächendruck kommt aber noch derjenige Druck hinzu, der durch Reibung der Scheibenfläche zwischen Ziehring und Niederhalter und im Ziehzylinder des Ziehringes entsteht. Dieser

Kräftezuwachs erklärt sich so, daß beim Einziehen der Scheibe in den
Ziehring die Scheibe durch Faltenbildung versucht, den Niederhalter
nach oben zu drücken, zu dessen Verhinderung ein atmosphärischer
Gegendruck erforderlich ist. Bei genügendem Reibungsdruck, wobei
keine Faltenbildung auftreten darf, ist ein weiteres Steigern des Luft-
druckes im Luftdruckkissen nicht nötig, während im ungünstigsten
Falle Luft hinzugepumpt werden muß. Der gesamte auftretende Niederhalterdruck setzt sich also aus zwei Größen zusammen, dem absoluten
Luftdruck und dem sogenannten Reibungsdruck.

F. Verbundwerkzeuge.

Diejenigen Werkzeuge, die verschiedene Arbeitsverfahren zugleich
mit einem Stößelniedergang ausführen, sind Verbundwerkzeuge und
werden so eingerichtet, daß sie die Teile aus dem Streifen möglichst
gebrauchsfertig herstellen. Durch die Vereinigung zweier oder mehrerer
Arbeitsgänge in einem Werkzeug wird ihre Charakteristik festgelegt,
die kennzeichnend für den Werkzeugnamen ist und mit Hilfe des Planes
Abb. 4 gebildet werden kann. Wie aus dem Prinzip des Namenbildungs-
planes hervorgeht, werden dieWerkzeugbenennungen so vorgenommen,
daß sie, so wie die Arbeitsverfahren im Werkzeug hintereinander folgen,
auch im Wort zum Ausdruck kommen, wie z. B. beim Schneiden und
Ziehen der Schnittzug.

Schnittzug für einfachwirkende Presse. In Ermangelung von Schnittziehpressen kann man durch den in Abb. 91 dargestellten Schnittzug
Hülsen aus Streifenwerkstoff auf gewöhnlichen Exzenterpressen herstellen. Der Schnittstempel ist gleichzeitig als Ziehring ausgebildet,
in dem sich der Auswerfer für die gezogene Hülse befindet. In dem
Schnittring ist der Niederhalter untergebracht, der bei dünnem Werkstoff durch Spiralfedern oder bei stärkerem über 0,5 mm durch ab-
gestimmte Stifte mit Gummipuffer nach oben gedrückt wird. Es empfiehlt sich hier, den Schnittring gut hart, dagegen den Schnittstempel
nur halbhart zu machen, weil sonst bei gleicher Härtebeschaffenheit
des Ringes und Stempels Beschädigungen in kurzer Zeit auftreten. Bei
Benutzung dieses Werkzeuges ist unbedingt auf eine in ihrer Schlittenführung gut laufende Maschine zu sehen.

Bei steigender Produktion von kleinen Hülsen und Nichtvor-
handensein von Schnittziehpressen wendet man mehrfach wirkende
Schnittzüge an, wie ein derartiger in Abb. 92 dargestellt ist. Dieses
Werkzeug, in Form eines Führungsschnittes gebaut, ist praktisch und
leistungsfähig. Der Unterschied gegenüber dem einfach wirkenden ist,
daß die gezogenen Hülsen nicht wie beim einfachen Schnittzug wieder
ausgestoßen werden, sondern aus dem Stempelkopf (Laterne genannt)
herausfallen.

Schnittzug für doppeltwirkende Presse. Der Aufbau des Schnitt-
zuges ist im Prinzip fast der gleiche wie beim Zug mit zwangläufig ge-
steuertem Niederhalter, nur daß der Niederhalter beim ersteren die zu
ziehende Scheibe schneidet, während der letztere dieses nicht macht.

Abb. 93 veranschaulicht einen Schnittzug für eine doppeltwirkende
Schnittziehpresse, wobei der Schnittring, Schnittstempel (gleichzeitig
Niederhalter), Zugring und Ziehstempel nur ausgewechselt zu werden

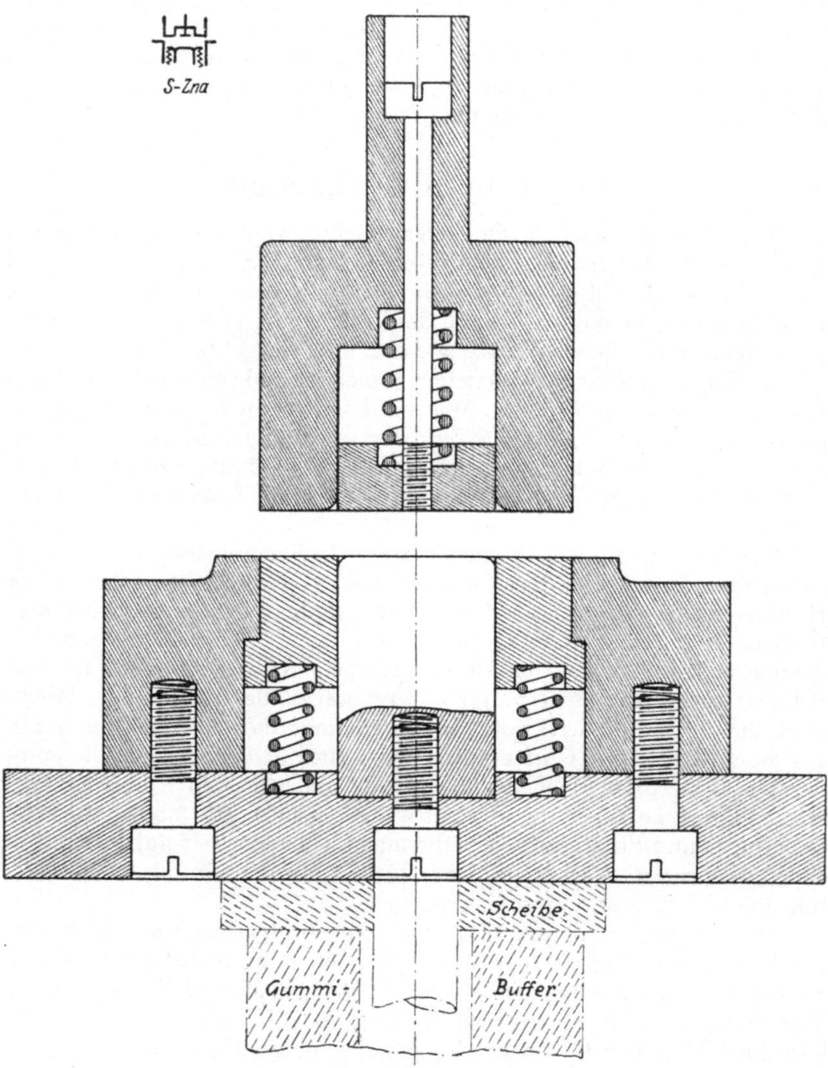

Abb. 91. Schnittzug für einfachwirkende Presse.

brauchen. Der Unterteil, auch Frosch genannt, wird in genormten
Größen geführt; kleinere und mittlere Frösche sind mit Gewindespann-
ring ausgebildet, bei größeren Werkzeugen dagegen geschieht die Befestigung des Spannringes mittels versenkter Schrauben. Den Niederhalter fertigt man am vorteilhaftesten bei kleinen Ausführungen aus

ungehärtetem Werkzeugstahl, bei mittleren und großen Werkzeugen

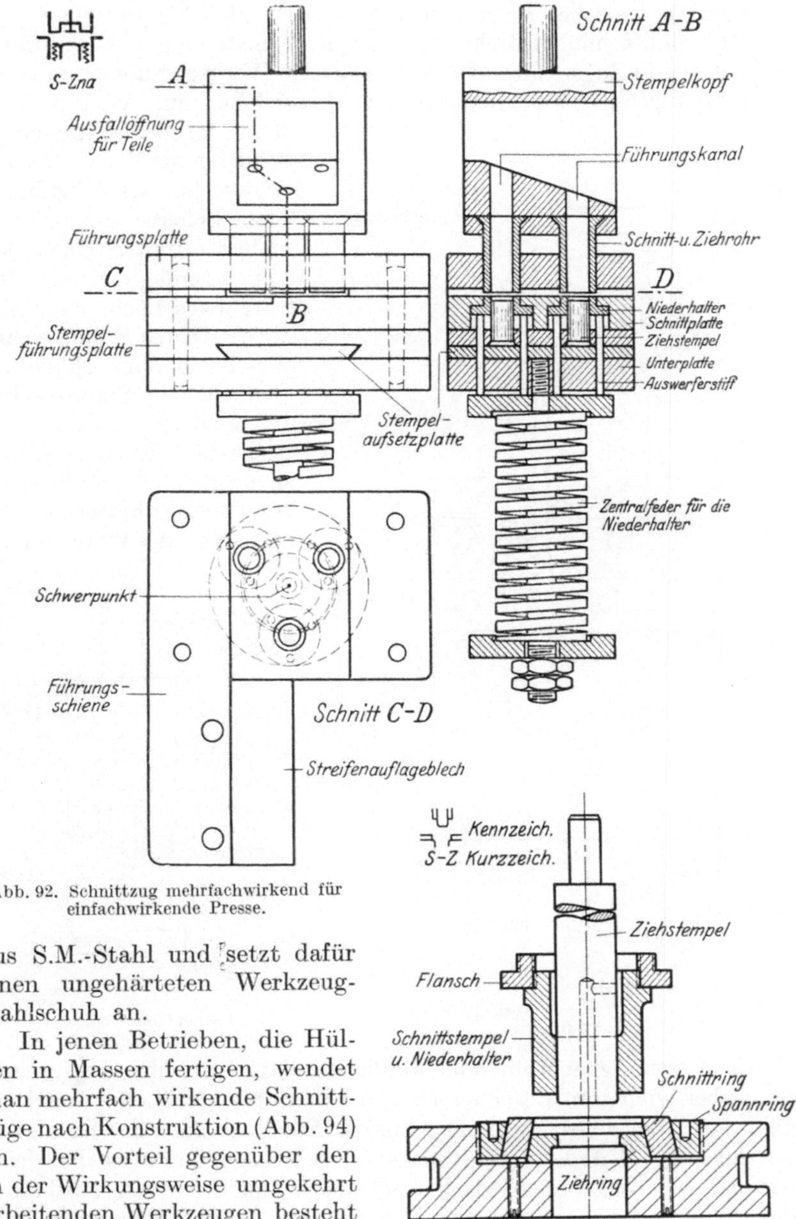

Abb. 92. Schnittzug mehrfachwirkend für einfachwirkende Presse.

Abb. 93. Schnittzug für doppeltwirkende Presse.

aus S.M.-Stahl und setzt dafür einen ungehärteten Werkzeugstahlschuh an.

In jenen Betrieben, die Hülsen in Massen fertigen, wendet man mehrfach wirkende Schnittzüge nach Konstruktion (Abb. 94) an. Der Vorteil gegenüber den in der Wirkungsweise umgekehrt arbeitenden Werkzeugen besteht darin, daß alle gezogenen Hülsen geordnet nach unten in den Sammelkasten fallen können, während bei anderen Werkzeugen dies nicht der Fall ist. Ein weiterer Vorzug dieser Werkzeugkonstruktion kann in der Auswechselbarkeit der Ziehringe gesehen werden, die infolge des Verschleißes nicht mit solchen hohen Reparaturkosten verbunden sind als bei anderen mehrfach wirkenden Schnittzügen.

Zugschnitt mit Niederhalter. Mit der Umstellung des Ausdruckes Schnittzug in Zugschnitt wird nicht etwa ein Werkzeug mit vertauschter Arbeitsgangfolge bezeichnet, sondern es handelt sich um zwei Werkzeuge, die in ihren Funktionen verschieden arbeiten. Der Zugschnitt hat als Aufgabe, aus einer Scheibe einen Topf zu ziehen, dessen Rand kurz vor Beendigung des Ziehvorganges noch beschnitten wird. Dieses Randabschneiden ist in Wirklichkeit kein Schneiden im Sinne des Wortes, sondern vielmehr ein Abquetschen, das eine schräge, nicht ganz einwandfreie Abschnittkante hinterläßt. Meistens wird das Werkzeug zum

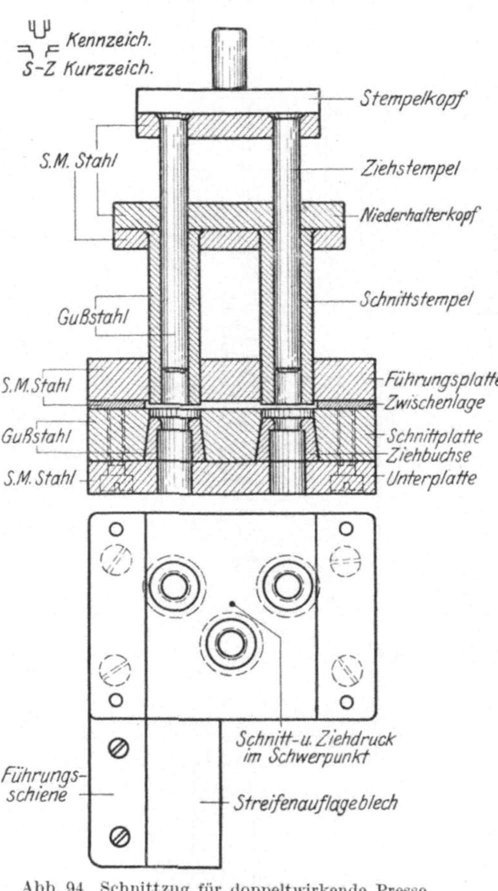

Abb. 94. Schnittzug für doppeltwirkende Presse (mehrfachwirkend).

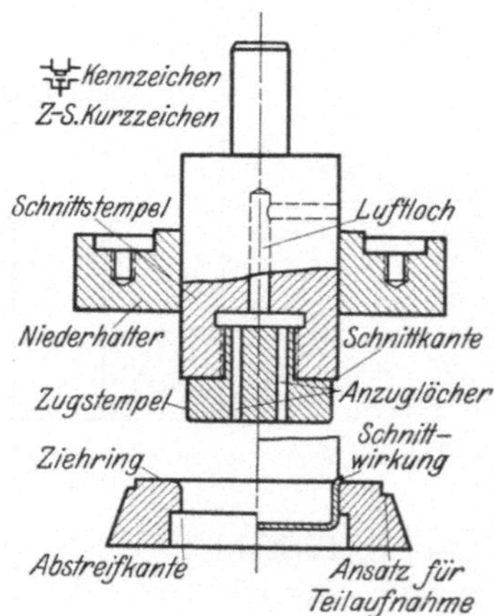

Abb. 95. Zugschnitt für einfach- und doppeltwirkende Presse.

Fertigen von Schachteln oder ähnlichen Pappformteilen angewendet, wird aber auch zum Beschneiden von Eisentöpfen, z. B. Abzweigdosen, gebraucht, bei denen es weniger auf die Beschaffenheit des Randes ankommt, als auf Arbeitsgangersparnis. Die Konstruktion ist die gleiche wie bei dem Zug mit Niederhalter, weicht nur durch die Ausbildung des Ziehstempels mit scharfem Ansatz zum Randabschneiden ab, der von der Stirnseite des Stempels die Höhe des Hohlteilmantels und als Größe des Ansatzes die Stärke des zu ziehenden Werkstoffes haben muß. Der große Durchmesser des Stempels muß, um den gezogenen Werkstoff abschneiden zu können, ohne Spiel in den Ziehring eingepaßt und des Scharfschleifens wegen mit dem Ziehstempel verschraubt, sowie gegen Lockerung gesichert sein. Wie aus Abb. 95 hervorgeht, wird das Hohlteil in üblicher Weise gezogen. Kurz bevor der Mantel des Hohlteils eingezogen ist, setzt die scharfe Kante des Stempels auf den Werkstoff auf und kneift den überstehenden Rand beim Tiefergehen des Stempels ab.

Beim Schnittzugschnitt kommt, wie aus dem Geschilderten verständlich sein wird, das Scheibenschneiden noch hinzu und ändert an der Wirkungsweise des Werkzeuges, was von Bedeutung wäre, gar nichts mehr (siehe Abb. 96).

Schnittstanzen. Diese Werkzeuge führen zwei Arbeitsgänge aus, sie schneiden und stanzen das Teil. Abb. 97 veranschaulicht eine Schnittstanze in der Bauart eines Folgeschnittes, mit der man U-förmige Teile herstellt. Der Werkstoffstreifen wird mit zwei Seitenschneidern, die sich genau gegenüberstehen, auf eine bestimmte Breite geschnitten, beim weiteren Vorschub eingeschert und im Winkel gestanzt. Für den letzten Arbeitsgang kommt nur das Abschneiden des fertigen U-Teils in Frage. Damit das Werkzeug keine Beschädigung

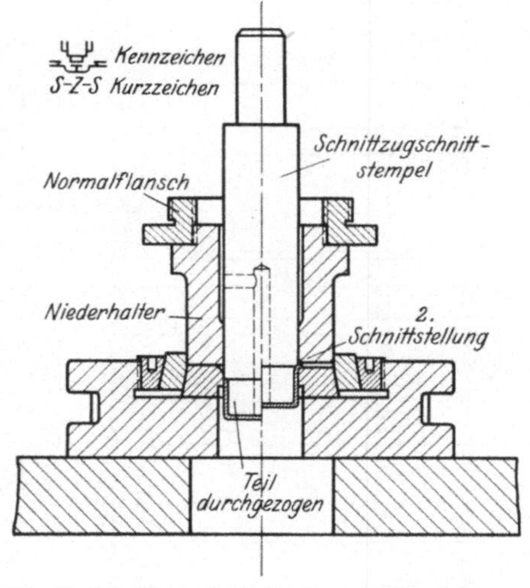

Abb. 96. Schnittzugschnitt für doppeltwirkende Presse.

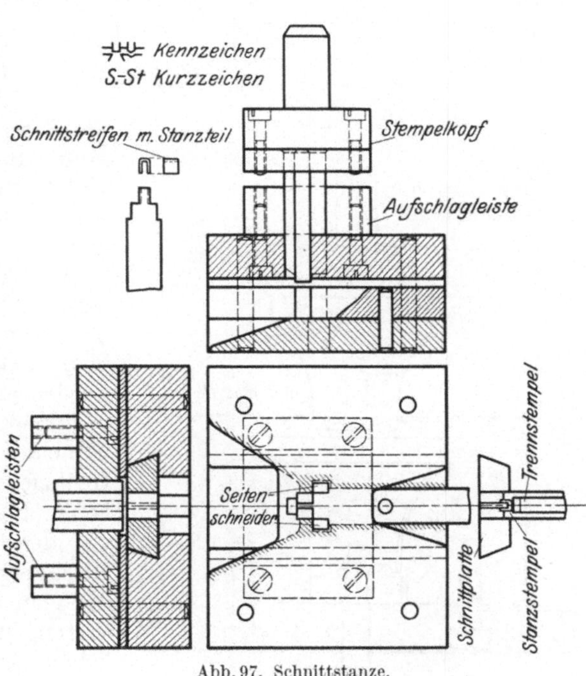

Abb. 97. Schnittstanze.

erleidet, sind Aufschlagleisten für die Begrenzung des Stößelhubes vorgesehen.

Schnittstanzen in der Ausführung nach Abb. 98 werden in der

Regel so ausgebildet, daß die Teile einen bestimmten Stanzdruck erhalten, der durch die Aufschlagleisten abge-
glichen ist. Bei schma-
len Teilen, wie z. B.
bei Zeigerformen,
macht man prakti-
scherweise die Schnitt-
platte zweiteilig. Die-
ses ermöglicht erstens
dem Werkzeugmacher
eine bequemere Aus-
feilung der Durch-
bruchstelle, und zwei-
tens ist eine geringere
Härtebruchgefahr vor-
handen, als wenn man
die Schnittplatte aus
einem Stück fertigt.
Damit die Stanzung
der Rippe des Zeigers
faltenlos geschieht, ist
der Unterstempel so
federnd angeordnet,
daß er sich dem Schnitt-
und Stanzstempel anschmiegen
muß. Sobald der Stanzauf-
schlag erfolgt ist, hat der Werkstoff vorher keine Gelegenheit
mehr zur Faltenbildung.

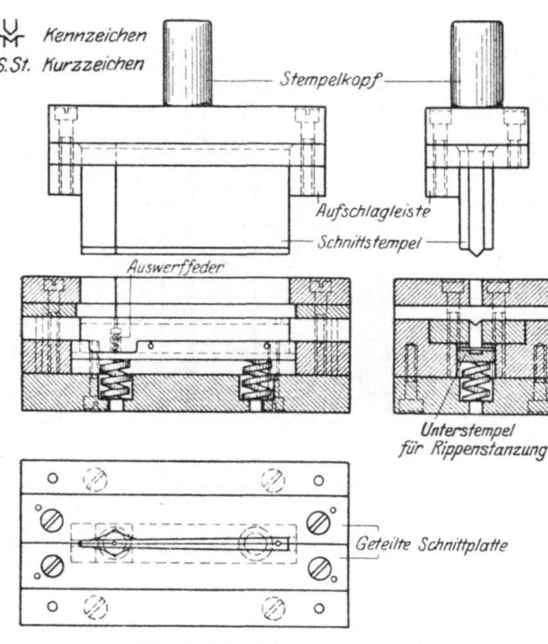

Abb. 98. Schnittstanze mit Auswerfer.

Schnittzugstanze. In Abb. 99
wird ein Werkzeug gezeigt, daß
nach seiner Wirkungsweise mit
Schnittzugstanze bezeichnet
werden muß. Die Arbeitsgänge
beginnen mit dem Bodenaus-
schneiden, hinter dem das
Hochziehen des stehengeblie-
benen Bodenrandes folgt, und
mit der Formstanzung endigt.
Dieses eigenartige Prinzip wendet man an, um Werkstoff zu
sparen, und liegt im weseno-
lichen darin, die Scheibe durch
die Bodenausnutzung viel kleiner zu halten, als sonst eine

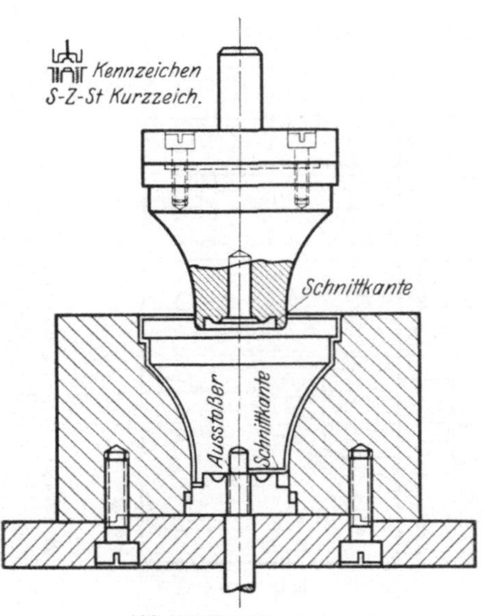

Abb. 99. Schnittzugstanze.

Möglichkeit besteht. Damit die im Werkzeug ausgeschnittene Abfall-
scheibe leicht herausgenommen werden kann, ist dem Stempel eine er-

habene Rille gegeben, die die Scheibe nach ihrem Ausschneiden kleiner
stanzt. Bei großen Teilen werden Ober- und Unterstempel aus Stahlguß gut hart gemacht und geschliffen. Als Maschine für dieses Werkzeug kommt eine Reibtriebpresse in Frage.

Wenigen wird es bekannt sein, daß auf Reibtriebpressen geschnitten

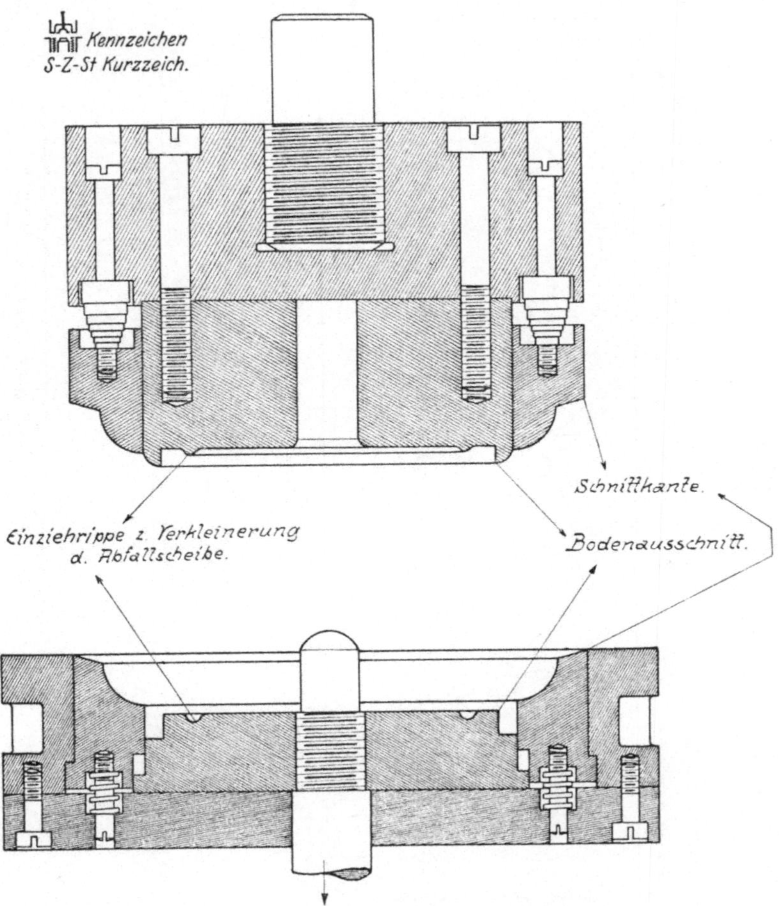

Abb. 99a. Schnittzugstanze mit Auswerfer.

und gezogen werden kann. Mit der in Abb. 99a dargestellten Schnitt-
zugstanze werden Konturringe hergestellt, die maßlich innen und außen
beschnitten sowie fertiggestanzt herauskommen. Die Arbeitsweise des
Werkzeuges geht so vor sich, indem man eine mit einem Loch versehene
Blechscheibe über den Führungszapfen des Ausstoßers legt; die in Frage
kommende Reibtriebpresse setzt ihren Niederhalter auf den Rand der
Scheibe auf, und der nachfolgende Stempel zieht bis zu einer bestimmten
Tiefe die Form des Ringes vor. Nachfolgend wird der äußere Rand des

vorgezogenen Teiles beschnitten und der Boden des Teiles um 20 mm
kleiner ausgeschnitten. Der im Boden stehengebliebene Rand wird aufgeweitet und zu einem zylindrischen Rand ausgezogen. Gibt der

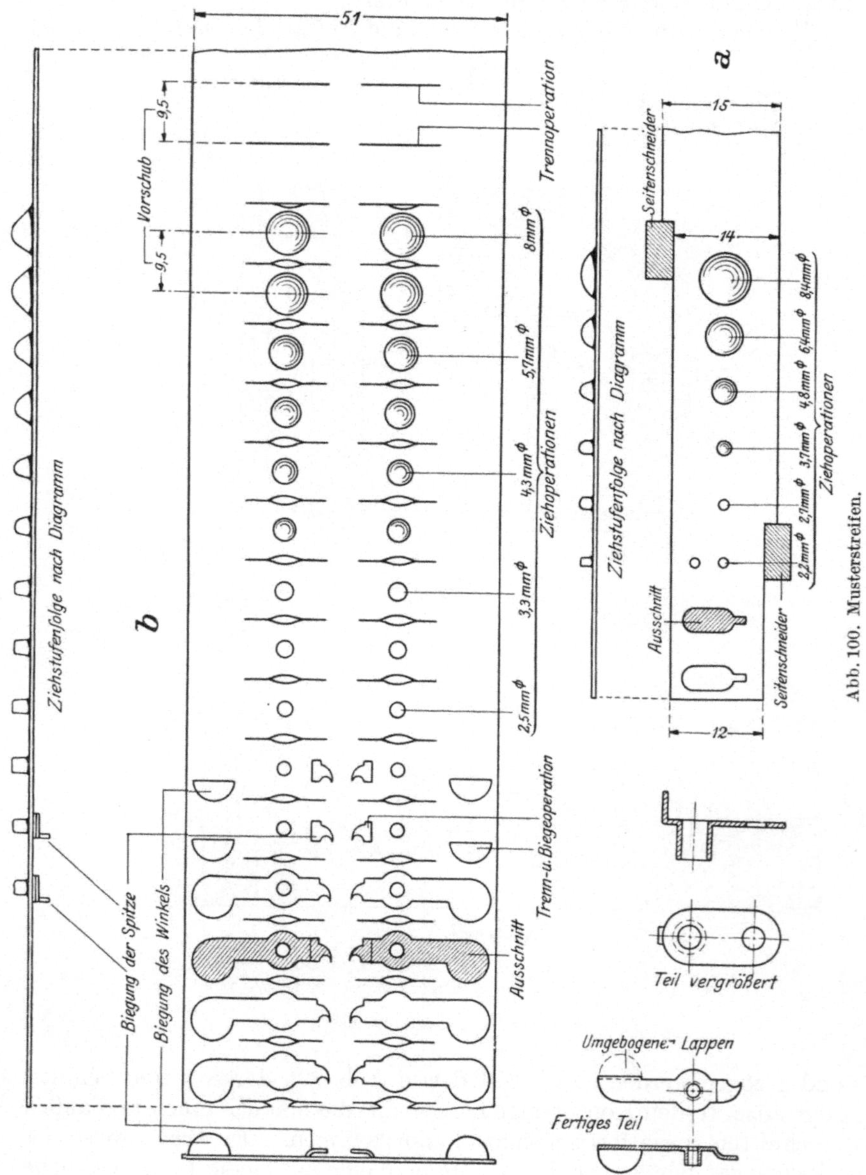

Abb. 100. Musterstreifen.

Stempel das Stanzteil frei, so entnimmt man aus dem Unterstempel
drei Teile, den ausgeschnittenen äußeren Ring, den Boden und das
fertige Teil. Damit keine größeren Zeitverluste beim Herausnehmen
der Teile entstehen, wird der ausgeschnittene Boden durch Einprägung

einer Rille verkleinert, der das Zusammenhalten des ausgeschnittenen Bodens mit dem Ausstoßer an der Trennstelle verhindert.

Schnittzugschnitt und Trennzugstanzeschnitt. Musterstreifen. Wie groß die Vielseitigkeit der Arbeitsgänge bei einem Verbundwerkzeuge sein kann, sieht man am besten an den beiden Musterstreifen Abb. 100 a und b. Bei dem Streifen des Teiles *a* beginnen die Arbeitsgänge mit dem Schneiden (Seitenschneider), hierauf folgt das stufenweise Ziehen für das Teil, dann das Lochen der beiden Löcher und Schneiden des zweiten Seitenschneiders und als letztes das Teilausschneiden. Die Benennung des Werkzeuges richtet sich stets nach der Folge der Arbeitsverfahren und wird mit dem Ausdruck „Schnittzugschnitt" gekennzeichnet. Die Größe der Einbeulungen werden nach dem Diagramm Abb.107 bestimmt und für den ersten Arbeitsgang bei einfach wirkendem Werkzeug mit 0,6 facher Streifenbreite festgelegt.

Beim Musterstreifen für Teil *b* liegen die Verhältnisse in ähnlicher Weise wie beim Streifen *a*, nur daß dieses Werkzeug doppelwirkend ist und außer dem Schneiden und Ziehen zwei weitere Arbeitsverfahren wie Trennen und Stanzen miterledigt. Der Werdegang des Teiles ist am Musterstreifen deutlich erkennbar, beginnt mit dem Trennen, Einbeulen bzw. Augenhochziehen, Winkelstanzen und dem Ausschneiden des Teiles. Dieses Werkzeug mit vier in Frage kommenden Arbeitsverfahren gekennzeichnet, würde man mit „Trennzugstanzeschnitt" benennen müssen. Erwähnenswert sind hierbei die Eintrennungen im Streifen, die deshalb erfolgen, weil sich der Werkstoff längs des Streifens ohne diese Maßnahme nicht besonders ziehen läßt und dadurch Ausschuß an Teilen vermieden wird.

Schnitt-Rollstanze. Die an Umfang zunehmenden Verbundwerkzeuge sind Folgeerscheinungen vorwärtsstrebender Betriebe, die auf moderner Grundlage aufgebaut sind. Wie weit man dazu übergeht, Arbeitsverfahren in einem Werkzeug zu vereinigen, zeigt das Verbundwerkzeug Abb. 101, wobei aus dem Hohlteil vier Nasen herausgeschert werden und dieses gleichzeitig eine Randrollung erhält. Interessant ist in der Veranschaulichung das Nasenherausscheren, das von innen der

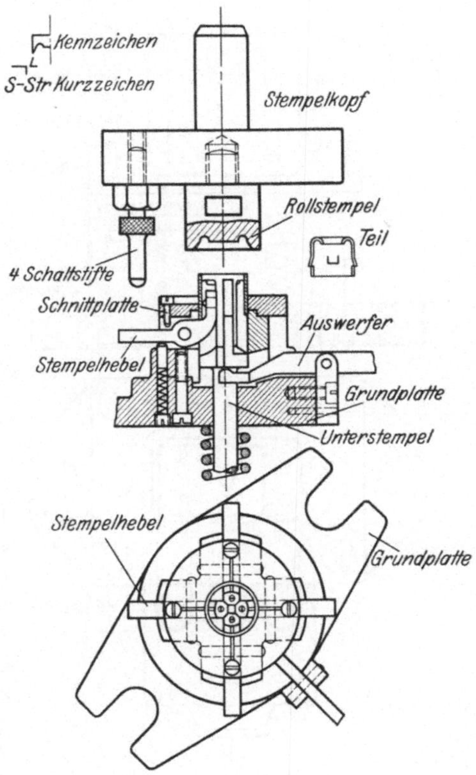

Abb. 101. Schnittrollstanze.

Hülse nach außen geschieht und trotz der hervorstehenden Nasen das Teil aus dem Werkzeug ausgestoßen werden kann. Die Konstruktion ist so dargestellt, daß aus ihr alle näheren Einzelheiten über Aufbau und Funktion verständlich sind und daß es sich erübrigen dürfte, noch weiter darüber einzugehen. Wenn auch das Werkzeug an und für sich einen komplizierten Eindruck macht, so arbeitet es zufriedenstellend, und die aufgewendeten Kosten sind zu den in Massen anzufertigenden Teilen gerechtfertigt.

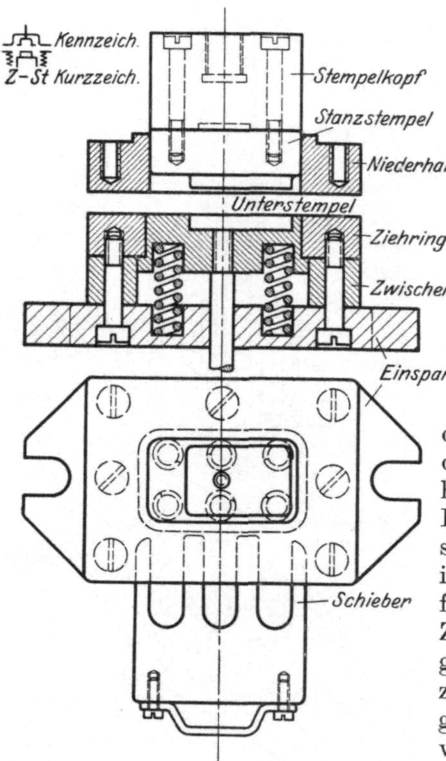

Abb. 102. Zugstanze mit Schieber.

Zugstanze mit Schieber. Aus der Bezeichnung geht hervor, daß es sich um zwei verbundene Arbeitsverfahren handelt, die im Werkzeug hintereinanderfolgend verrichtet werden. Die Aufgabe, die das Werkzeug durch Nachstanzung der vorgezogenen Form zu erfüllen hat, ist nur durch Anwendung einer Reibtriebpresse zu lösen. Zur Herstellung der fertigen Form des Teiles ist eine Stanze nach Abb. 102 erforderlich, in der das Stanzen und Ziehen möglich ist. Die Arbeitsvorgänge, Formschlagen und darauf ziehen zu können, können nur durch getrenntes Behandeln der Arbeitsverfahren und durch Anwendung eines Schiebers im Werkzeug erzielt werden. Aus Abb. 102 ist der Werdegang des Zugstanzteiles ersichtlich, und sei hierzu bemerkt, daß der Unterstempel blauharte Beschaffenheit haben muß, um während des Stanzvorganges den schmalen Rand widerstandsfähig zu erhalten.

Normalien für Schnittzüge. Für die wirtschaftliche Fertigung in einer modernen Stanzerei ist die Normung der Werkzeuge eine Vorbedingung. Dieses Grundprinzip gipfelt darin, nur einheitliche Werkzeuge zu schaffen, um einerseits ein leichtes Einspannen, andererseits die Bestandteile der Werkzeuge in Akkord zu fertigen. Abb. 103 stellt einen gesamten Satz eines Ziehwerkzeuges für Kurbelziehpressen dar, das je nach Größe und Vielseitigkeit des Betriebes in drei oder mehreren Größen zur Verwendung kommt (große, mittlere und kleine Ausführung).

Bei Ziehteilen, die weitere Ziehgänge durchzumachen haben, fertigt man den Ziehring und Niederhalter aus Gußeisen an. Besonders gut hat Gußeisen sich für Aluminium, Zink und doppelt dekapiertes Eisenblech erwiesen. Abb. 103 zeigt einen gesamten Werkzeugsatz für eine Schnittziehpresse, wobei Schnitt und Ziehring sowie Niederhalter, der gleichzeitig Schnittstempel ist, nur ausgewechselt zu werden brauchen.

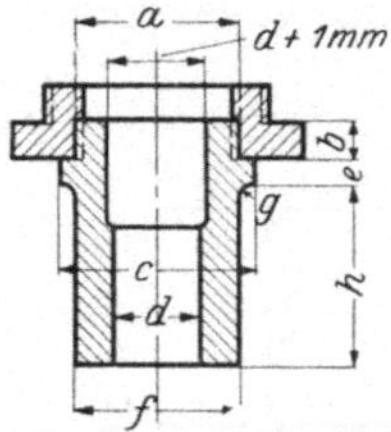

Normalien für Scheibenschnitt-Niederhalter.

Nr.	a	b	c	d	e	f	g	h	i
0	³/₄″ Gas 14 Gge	10	35	8—15	15	15—35	8	40	53
1	42 ⌀	15	55	15,¹—25	15	35,¹—55	8	40	53
2	60 ⌀	15	75	25,¹—45	15	55,¹—75	8	60	55
3	75 ⌀	15	95	45,¹—60	15	75,¹—95	8	60	58
4	110 ⌀	20	130	60,¹—90	15	95,¹—130	8	75	58
5	115 ⌀	20	175	90,¹—135	15	130,¹—175	8	90	63

Kleine Ausführung.　　　　Große Ausführung.

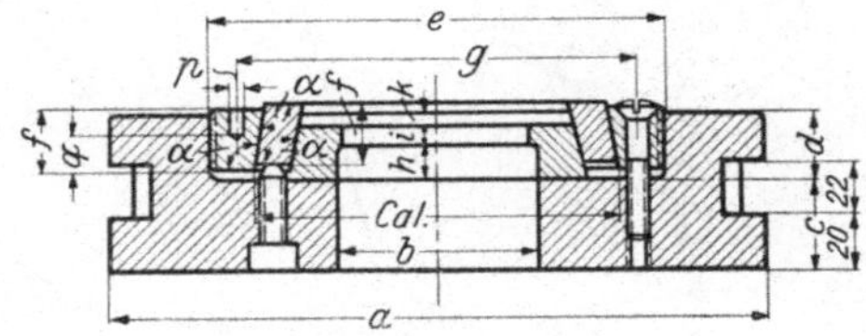

Normalien für Frösche.

Nr.	a	b	c	d	e	f	g	h	i	k	p	q	Cal.	α
1	155	40	36	22	Gew.Cal.4 110 ⌀	20	94	10	10	5	10	7,5	Nr. 1 88 ⌀	98° 30′
2	190	76	40	26	Gew.Cal.5 155 ⌀	24	132	12	12	6	10	7,5	Nr. 2 106 ⌀	98° 30′
3	230	94	45	30	195	28	172	14	14	7			Nr. 3 155 ⌀	100°

Abb. 103. Normalien für Schnittzüge.

Die Einspannplatte, auch Frosch genannt, wird in genormten Größen geführt. Den Niederhalter fertigt man am vorteilhaftesten bei kleinen Ausführungen aus ungehärtetem Gußstahl, bei mittleren und großen Werkzeugen aus S.M.-Stahl und setzt dafür einen ungehärteten Gußstahlschuh an.

Topfbildung beim Ziehvorgang.

Entwicklung des Verfahrens. Vergegenwärtigt man sich eine runde Hülse im abgewickelten Zustande, so stellt sie naturgemäß eine runde Scheibe mit einem Kreisring dar, wobei der innere Durchmesser dem

Bodendurchmesser der Hülse und der Inhalt des Kreisringes dem des Hülsenmantels entspricht. Bezeichnet man nun die Werkstoffstärke der Hülse, die als Teilmaß auf dem Umfang des Bodendurchmessers abzutragen ist, mit δ und zieht durch diese Teilpunkte Halbmesser, deren Strecken vom Bodendurchmesser bis zum Rand der Scheibe mit h' ge-

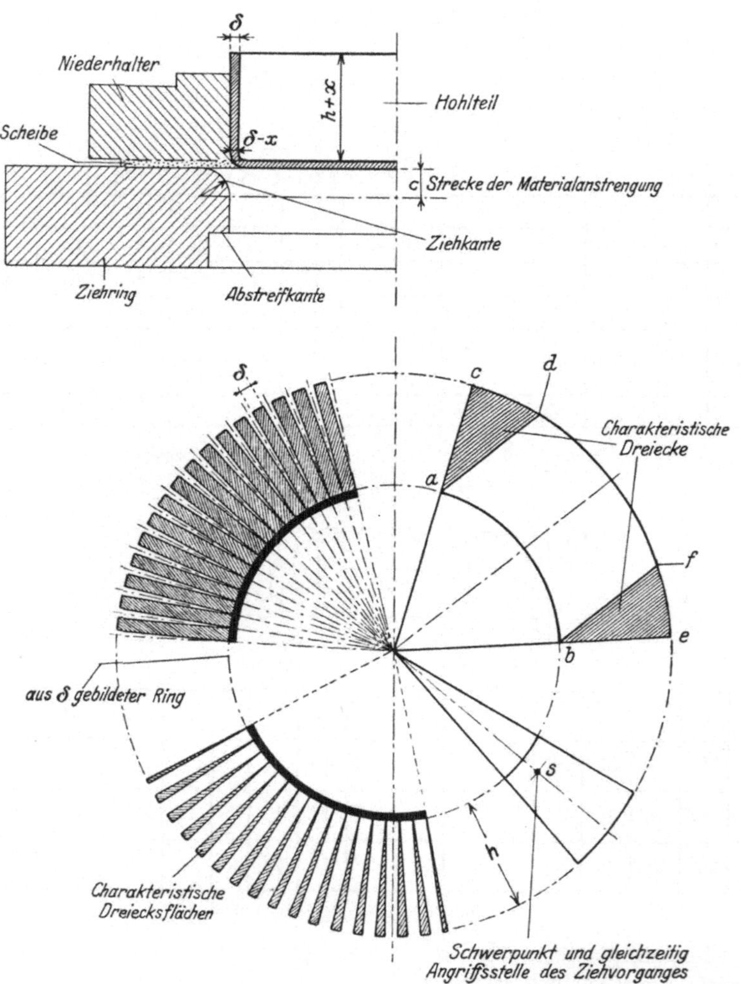

Abb. 104. Schema der Topfbildung.

kennzeichnet sind, so können zentrische Rechtecke innerhalb des Kreisringes gebildet werden von der Breite δ und der Länge h'. Diesen Rechtecken sind Dreiecke beigeordnet (charakteristische Dreiecke genannt), die bei ihrer Entfernung und durch Biegen der zentrischen Rechtecke um 90° einen geschlossenen Topf ergeben. Der Deutlichkeit wegen sei dieses in Abb.104 gezeigt. Zieht man, um es sich besser klarzumachen, durch a und *b* zwei Radien und von diesen Punkten aus Parallelen, so erkennt man, daß zur Topfbildung die Flächen *a, c, d* und *b, e, f* herausgeschnitten werden müssen. In Wirklichkeit muß man sich *a—b* gleich der Werkstoffstärke δ denken und kann dann die auszuschneidenden Flächen *a, c, d* und *b, e, f* als Dreiecke betrachten, die in der Abbildung als charakteristische Dreiecke bezeichnet sind. Aus Abb. 104 ist weiter zu ersehen, daß, nachdem der Topf durch das Umbiegen sämtlicher Rechtecke gebildet ist, die charakteristischen Dreiecke übrig bleiben. Diese Flächen werden durch den Ziehvorgang beseitigt und verlängern den Mantel des Topfes um ihr Volumen. Die Angriffstelle für das Ziehmoment ist im Schwerpunkt *S* der vom Zentriewinkel eingeschlossenen Dreiecksfläche, wo sich auch die Ziehkante befindet. Mit dem Beginn des Ziehvorganges tritt gleichzeitig eine unvermeidliche Werkstoffschwächung (s. Abb. 104, Andeutung der Strecke *c*), d. h. eine Verkleinerung der Werkstoffstärke ein. Letztere tritt um so mehr in Erscheinung, je scharfkantiger der Ziehstempel ausgebildet ist. Die Auswirkung der Werkstoffschwächung ist in der Gegend des Topfbodens am größten und nimmt mit steigender Höhe der Hohlteilwand nur allmählich ab.

Die Werkstoffschwächung, die sich in den Grenzen von 0,05—0,10 δ bewegt, ist eine Folge der führungslosen Umformung von der Scheibe zum Hohlteil und wird durch den in den meisten Fällen unnötig ausgeübten Niederhalterdruck noch weiter unterstützt. Hieraus ergeben sich auch die verschiedenen Wandstärken, die man jeweils vorgefunden hat. Eine ebenso wichtige Erscheinung ist die durch das Ziehen des Hohlteilmantels hervorgerufene Schwächung im Mittelpunkt des Hohlteilbodens, die gleichfalls von dem hohen Niederhalterdruck abhängig ist. Übersteigt außerdem die Geschwindigkeit, mit der die Teile gezogen werden, im Durchschnitt 8—9 m/min, so ist die Trägheit der Werkstoffwanderung nicht in der Lage, der Ziehgeschwindigkeit zu folgen und ein Reißen des Werkstoffes wird eintreten. Ein Beweis hierfür zeigt die in Abb. 105 dargestellte gezogene Scheibe mit einem Lochdurchmesser von 38 mm. Die Bodenanstrengung wirkt sich hier in einem ovalen Loch aus, und diese Eigenart steht mit der Längs- und Querfaser des Bleches in Verbindung.

Für die wirtschaftliche Massenfertigung runder Ziehteile ist es von Bedeutung, die Abrundungen der Ziehkante für Ziehringe und die der Ziehstempel in zweckentsprechender Weise vorzunehmen. Ebenso hängt auch die wirtschaftliche Fertigung der Ziehteile von der Wahl der Ziehstufenfolge ab.

Aus Abb. 106 ist zu ersehen, wie die Stufenfolge mit und ohne Anwendung des Niederhalters für runde und rechteckige Hohlteile zu geschehen hat. Die Festlegung dieser Ziehstufen, sowie die Ermittlung des Ziehkantenradius für Ziehringe erfolgt durch Ablesen der Werte aus den Diagrammen 107 und 108. Besonders sei darauf hingewiesen, daß keine zu kleine Abrundung bei den Ziehstempeln gewählt werden soll, sondern diese in der Weise zu bestimmen ist, daß die eine Abrundung dort aufhören muß, wo die nächste Abrundung beginnt. Erforderlich ist, das Luftloch im Ziehstempel auf keinen Fall zu vergessen, da sonst die gezogene Hülse infolge des atmosphärischen Bodendruckes sich schwer vom Stempel abstreifen läßt.

Zur Festlegung der erforderlichen Arbeitsgänge bis zur endgültigen Fertigstellung einfacher oder komplizierter Formhohlteile gibt das Diagramm Abb. 107 unter Berücksichtigung wirtschaftlicher Fertigung Auskunft, desgleichen das Diagramm Abb. 108 über Ziehkantenbestimmung des Ziehringes für den ersten Ziehgang.

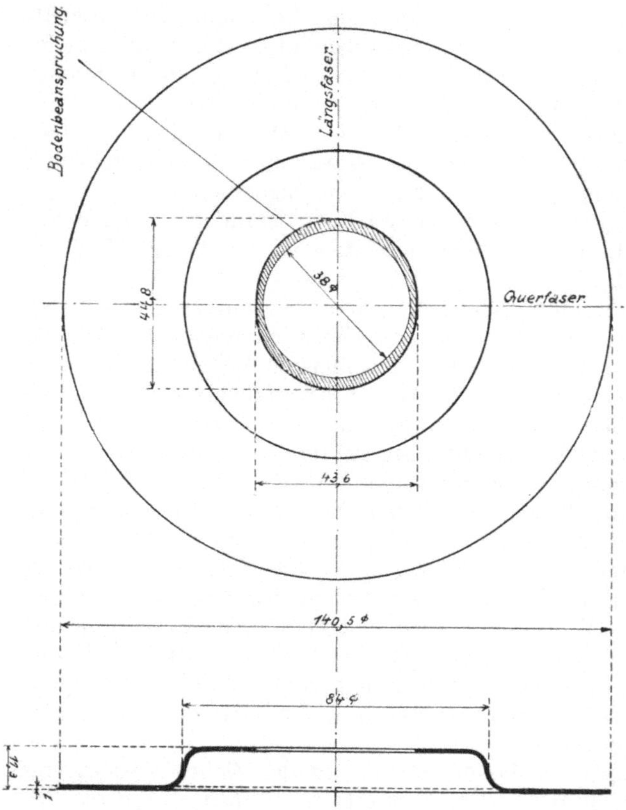

Zur Erläuterung des Diagramms Abb. 107 sei hervorgehoben, daß dasselbe in zwei Systeme gegliedert ist, und zwar kann in dem einen Fall bei gegebener Scheibe (starke Linie) der kleinste Ziehdurchmesser, in dem anderen Fall bei gegebenem großen Ziehdurchmesser die nächstfolgende kleinere (s. beide schwächere Linien) bestimmt werden. Eine Unterteilung in den Blechstärken 0,2—1,5 mm und über 1,5—3 mm ist aus Rücksichtnahme auf die Anstrengung des Werkstoffes geschehen. Sucht man also im Ziehdiagramm den Scheibendurchmesser auf, so ergibt die zweite Koordinate einen Ziehdurchmesser für den ersten Arbeitsgang. Um auf die zweite Stufung des Hohlteiles zu kommen, suche man den Wert (Maß des großen Topfdurchmessers) auf und lese unter Berücksichtigung der Werkstoffstärke den nächstfolgenden kleineren Ziehdurchmesser ab usw.

Abb. 105. Bodenbeanspruchung beim Ziehvorgang.

Die Ermittlung der Ziehkantenradien erfolgt nach dem Diagramm Abb. 108 und der Formel $(D_a - D_i) \cdot 2 = R$, bei der unter D_a = Scheibendurchmesser, D_i' = Ziehdurchmesser und R = Ziehradius zu verstehen ist; R ist hierbei eine Funktion von δ und des Klammerausdruckes $(D_a - D_i) \cdot 2$.

Das Ziehkantendiagramm wird in der Weise gehandhabt, daß man bei gegebenem Scheiben- und Ziehdurchmesser die Differenz bildet und diese mit 2 multipliziert. Bei gegebener Blechstärke verfolge man die

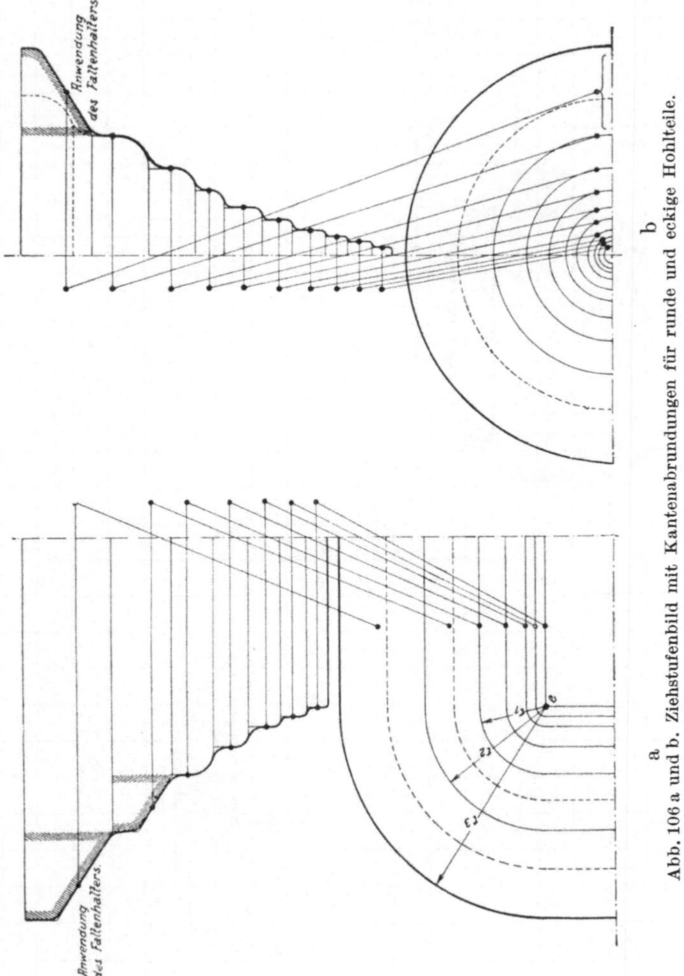

in Frage kommende δ-Kurve des Ziehkantendiagramms bis zum Schnittpunkt der einen Koordinate, die das Produkt von Scheiben- und Ziehdurchmesser darstellt, und gehe von diesem Punkt in horizontaler Lage nach links bis zum Ablesewert des Ziehradius.

Als eine Grundbedingung ist die Vornahme der Blechprüfung für Ziehzwecke anzusehen, weil sie erst die Gewähr gibt, den Betrieb vor unnötigen Kosten zu bewahren. Unter den vielen Blechprüfapparaten, die zur Anwendung kommen, sei hier der einfachste unter ihnen, der Erichsen-Apparat, erwähnt. Dieses Instrument besteht, wie aus

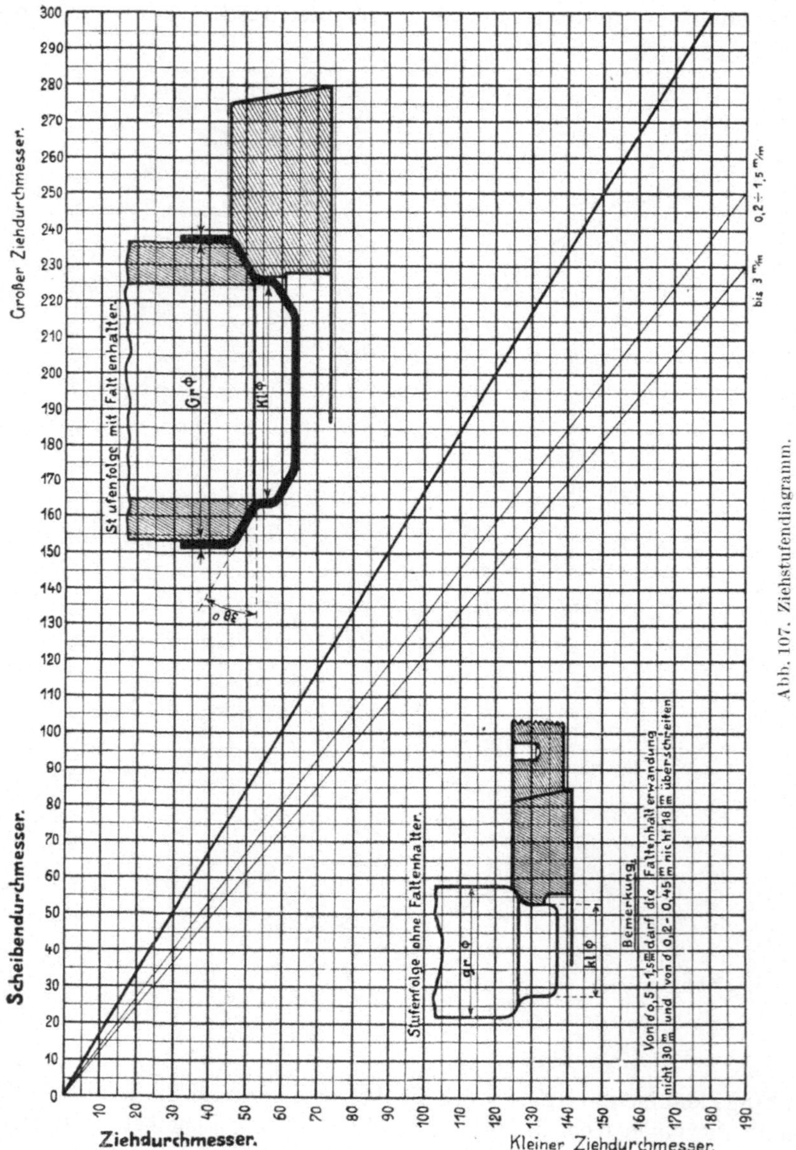

Abb. 107. Ziehstufendiagramm.

Abb. 109 ersichtlich ist, aus einem Gußgestell, das in der Mitte des Gußgestells linksseitig den Ziehring und auf der gegenüberliegenden Außenseite einen drehbaren Spiegel trägt, in dem man den ganzen Ziehvorgang bis zur Bruchgrenze des Bleches genau verfolgen kann. Auf der Gegenseite des Ziehringes befindet sich am Prüfungsapparat die große, im Gußgestell schraubbare Blechhalterspindel, in der sich die kleinere

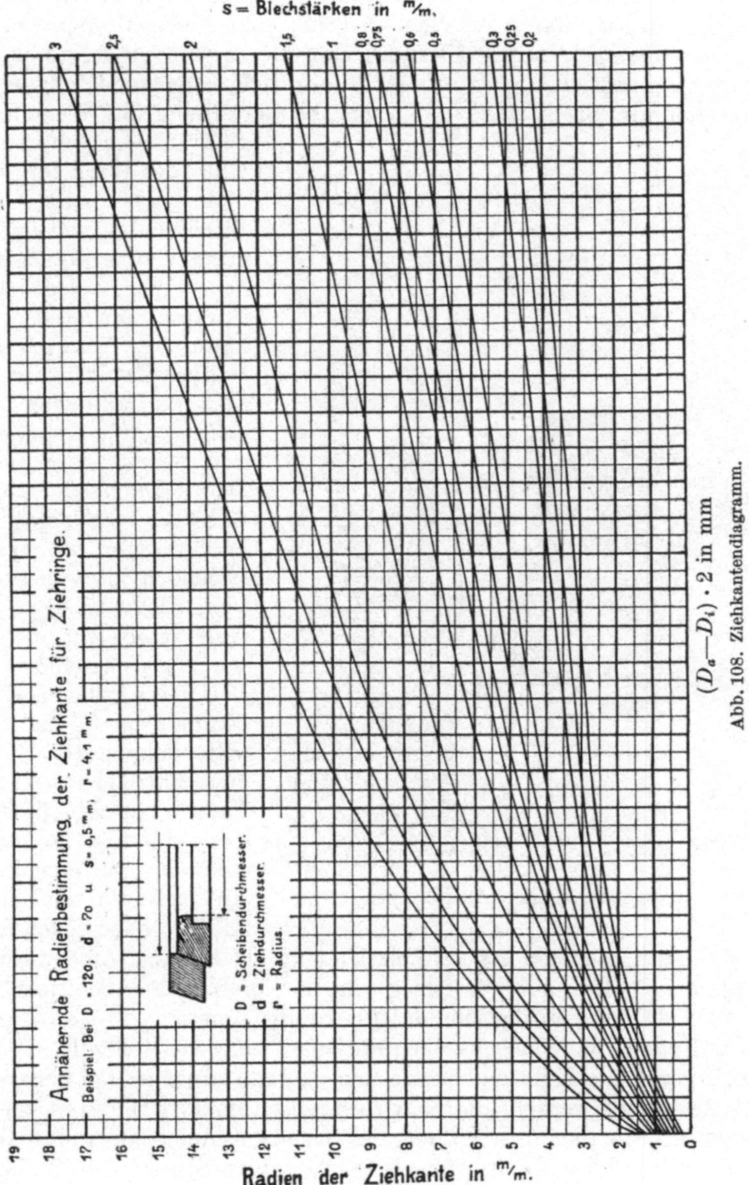

Abb. 108. Ziehkantendiagramm.

Stempelspindel mit einsetzbarer Halbkugel ebenfalls schrauben läßt; beide können durch einen federnden, sinnreich angebrachten Stiftring ge- und entkuppelt werden. Das Handrad, welches einen Skalenring trägt, an dem man die gezogenen Tiefen des Bleches bis zur Bruchgrenze ablesen kann, ist mit der kleinen Stempelspindel fest verbunden. Die Güte des Bleches wird mit dem Apparat wie folgt festgestellt:

Der zu prüfende Werkstoff wird in einer Größe von 90 · 90 mm zurechtgeschnitten, dann zwischen Ziehring und Blechhalterspindel gebracht und festgeklemmt. Hiernach wird die zweite Spindel durch den Stiftring entkuppelt und mit dieser eine so tiefe Kugelvertiefung in das festgeklemmte Blech eingedrückt, bis die Zerreißung des Werkstoffes eintritt. Um sich von der Güte des Werkstoffes zu überzeugen, ist dem Erichsen-Apparat ein Diagramm über handelsübliche Ware beigegeben, woraus man feststellen kann, ob der geprüfte Werkstoff mit seiner Tiefung (in Millimeter ausgedrückt) für Ziehzwecke sich eignet oder nicht. Dieses Diagramm ist in Abb. 110 wiedergegeben und soll für die später folgenden Beispiele als Voraussetzung gelten. Um vorweg für die Benutzung desselben ein Beispiel zu bringen, würde demnach für 0,5 mm doppelt dekapierte Stanz- und Falzbleche 8,4 mm Tiefung in Frage kommen. Da die Blechsorten aus den verschiedenen Hütten und in ihrer Charge verschieden ausfallen, so sind Abweichungen in der Tiefung bis 10% zulässig; darüber hinaus aber sollte man vorsichtig sein und erst Ziehproben machen, ehe man mit der Verarbeitung des Bleches beginnt.

Abb. 109. Blechprüfapparat System Erichsen.

Festlegung von Scheibengrößen für runde, einfache Hohlteile. Ist ein rundes, gezogenes Hohlteil herzustellen, so muß zunächst die Scheibengröße festgelegt werden, die man rechnerisch oder zeichnerisch zu ermitteln hat. Bei der Ausrechnung des Scheibendurchmessers muß aber, wenn der Rand des Hohlteils noch bearbeitet werden soll, ein Zuschlag berücksichtigt werden, den man durch eine gedachte Verlängerung der Mantelhöhe des Teils in der Rechnung vorsieht. In Abb. 111—118 werden Rechenmethoden für Ermittlung von Scheibengrößen gezeigt, wobei Zuschläge für die Bearbeitung der Teile unberücksichtigt sind.

Hülsen in Sonderausführungen. Unter obiger Bezeichnung sollen Hülsen mit scharfkantigem Boden, gleichmäßig oder ungleichmäßig in

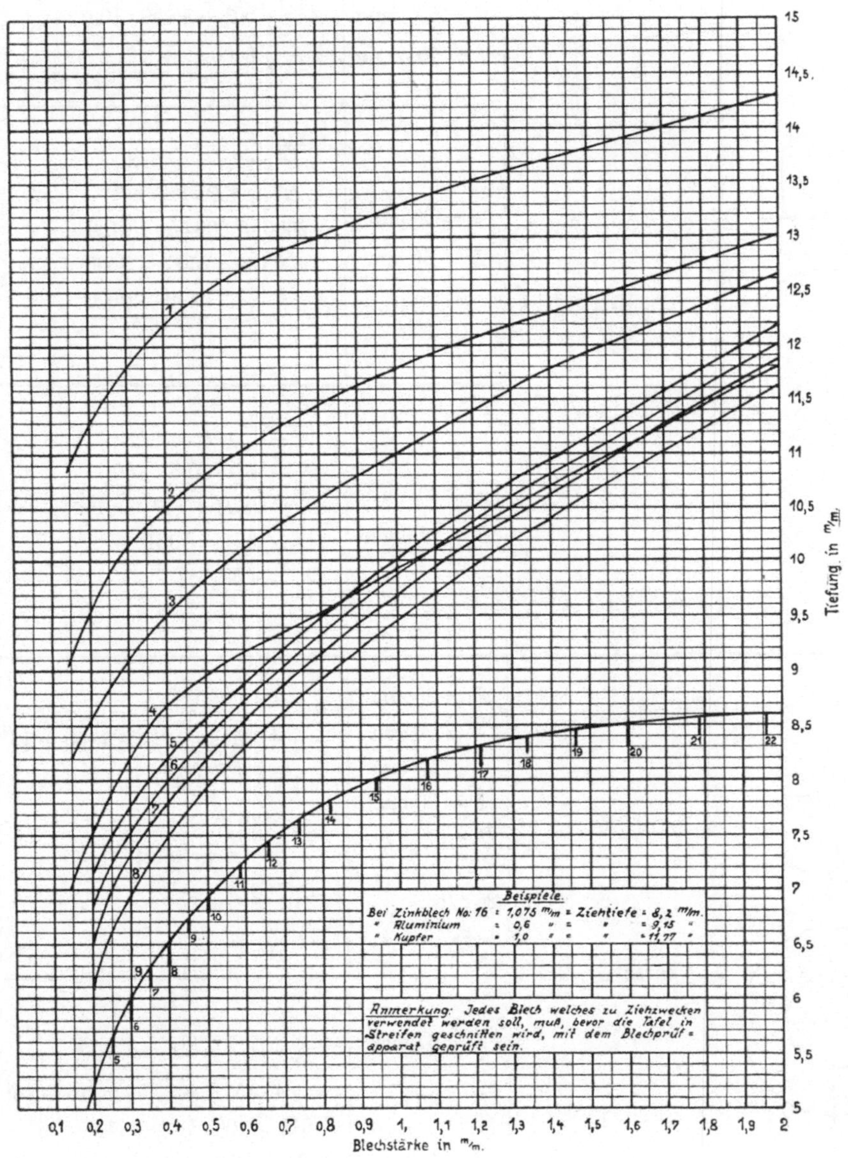

Abb. 110. Diagramm für Blechtiefungen.

der Wandstärke, zylindrisch oder mit konisch gezogenem Hülsenmantel zu verstehen sein. Das Wesentliche hierbei besteht darin, einen scharf- kantigen Hülsenboden zu erlangen, der nicht durch Überdrehen des-

Abb.	Scheibenformel $x = \varnothing$	Ist gegeben	Lösung	Resultat in mm
		$D = 50$ mm $h = 19{,}5$ mm	$x = \sqrt{50^2 + 4 \cdot 50 \cdot 19{,}5}$ $x = \sqrt{6400} \qquad =$	$\underline{80}$
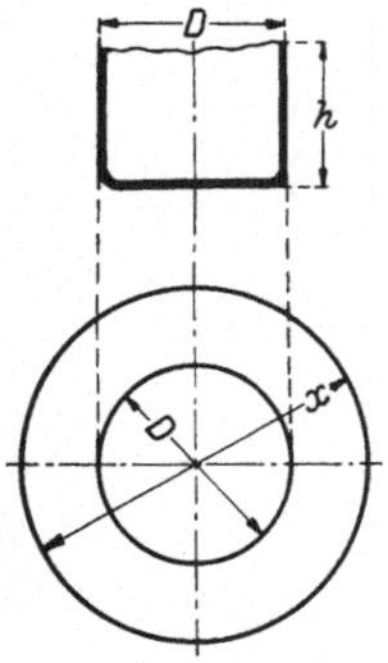 a	$x = \sqrt{D^2 + 4D \cdot h}$	$x = 80$ mm $D = 50$ mm	$\sqrt{D^2 + 4D \cdot h} = 80$ $D^2 + 4D \cdot h = 80^2$ $2500 + 200 \cdot h = 6400$ $200 \cdot h = 6400 - 2500$ $h = \dfrac{6400 - 2500}{200} \qquad =$	$\underline{19{,}5}$
		$x = 80$ mm $h = 19{,}5$ mm	$\sqrt{D^2 + 4D \cdot h} = 80$ $D^2 + 4D \cdot 19{,}5 = 80^2$ $D^2 + 78D + 39^2 = 6400 + 39^2$ $(D + 39)^2 = 7921$ $D = -39 + \sqrt{7921} = 89$ $89 - 39 \qquad =$	$\underline{50}$
b	$x = \sqrt{4D \cdot h + 2r \cdot \pi \cdot d + d^2}$	$D = 25$ mm $r = 5$ mm $d = 15$ mm $h = 30$ mm $\dfrac{D - d}{2} = r$ $\dfrac{25\ r\ 15}{2} = 5$	$x = \sqrt{4 \cdot 25 \cdot 30 + 2 \cdot 5 \cdot \pi \cdot 15 + 15^2}$ $x = \sqrt{3000 + 471 + 225}$ $x = \sqrt{3696}$ gewählt $x = \sqrt{3721} \qquad =$	$\underline{61}$
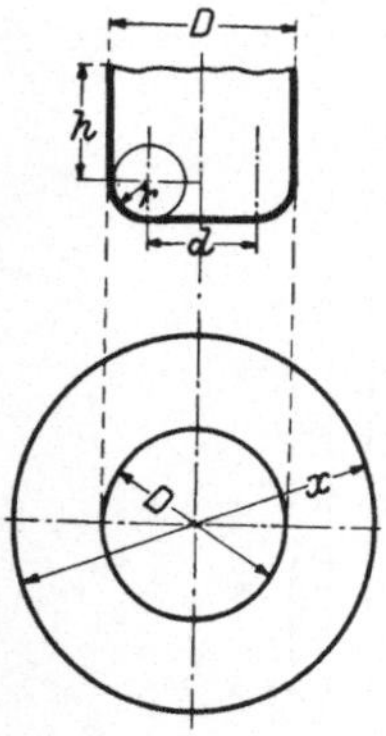		$x = 61$ mm $D = 25$ mm $d = 15$ mm $r = 5$ mm	$x = \sqrt{4D \cdot h + 2r\pi \cdot d + d^2}$ $x = \sqrt{4 \cdot 25 \cdot h + 2 \cdot 5 \cdot \pi \cdot 15 + 15^2}$ $61^2 = 100 \cdot h \cdot + 471 + 225$ $100h = 3721 - 696$ $h = \dfrac{3721 - 696}{100} \qquad =$	$\underline{\sim 30}$

Abb. 111 a und b.

Abb.	Scheibenformel $x=\varnothing$	Ist gegeben	Lösung	Resultat in mm
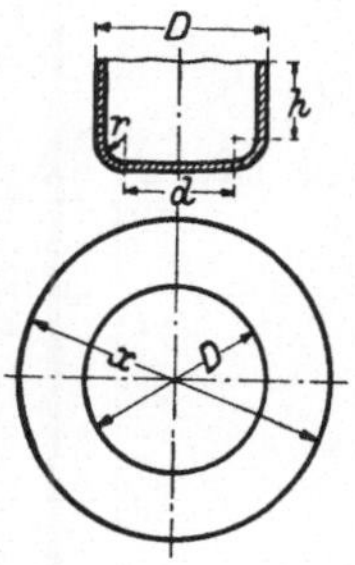 **a**	$x=\sqrt{4D\cdot h+2r\pi d+d^2}$	$x=61\ \text{mm}$ $h=30\ \text{mm}$ $r=5\ \text{mm}$	$x=\sqrt{4D\cdot h+2r\pi d+d^2}$ $x^2=4D\cdot h+2r\pi d+d^2$ $x^2=4D\cdot h+2r\pi\cdot(D-2r)+(D-2r)^2$ $61^2=120D+31,4D-314+D^2-40D+100$ $3721-314=D^2+111,4D$ $D^2+111,4D+55,7^2=3407+3102,49$ $(D+55,7)^2=6509,49$ $D=-55,7\pm\sqrt{6509,49}$ $D=80,7-55,7 \qquad =$	$\underline{25}$
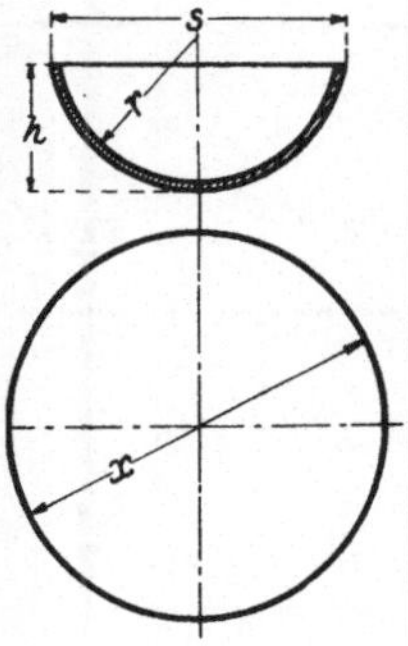 **b**	$x=\sqrt{8r\cdot h}$	$r=50\ \text{mm}$ $h=65\ \text{mm}$	$x=\sqrt{8\cdot 50\cdot 65}$ $x=\sqrt{26\,000} \qquad =$	$\underline{161,25}$
		$x=161,25\ \text{mm}$ $h=65$	$x=\sqrt{8r\cdot h}$ $x^2=8r\cdot h$ $161,25^2=8r\cdot 65$ $r=\dfrac{26\,000}{8\cdot 65} \qquad =$	$\underline{50}$
		$x=161,25\ \text{mm}$ $r=50\ \text{mm}$	$x=\sqrt{8r\cdot h}$ $x=8r\cdot h$ $161,25^2=8\cdot 50\cdot h$ $h=\dfrac{2600}{8\cdot 50} \qquad =$	$\underline{65}$
	$x=\sqrt{s^2+4h^2}$	$s=14\ \text{mm}$ $h=6,5\ \text{mm}$	$x=\sqrt{14^2+4\cdot 6,5^2}$ $x=\sqrt{365} \qquad =$	$\underline{\sim 19,2}$
		$x=14,9\ \text{mm}$ $s=14\ \text{mm}$	$x^2=s^2+4\cdot h$ $19,2^2-14^2=4h^2$ $h=\sqrt{\dfrac{19,2^2-14^2}{4}} \qquad =$	$\underline{6,5}$
		$r=7\ \text{mm}$ $h=6,5\ \text{mm}$	$8r\cdot h=s^2+4h^2$ $8rh-4h^2=s^2$ $s=\sqrt{8r\cdot h-4h^2}$ $s=\sqrt{8\cdot 7\cdot 6,5-4\cdot 6,5^2} \qquad =$	$\underline{14}$

Abb. 112a und b.

Abb.	Scheibenformel $x = \varnothing$	Ist gegeben	Lösung	Resultat in mm
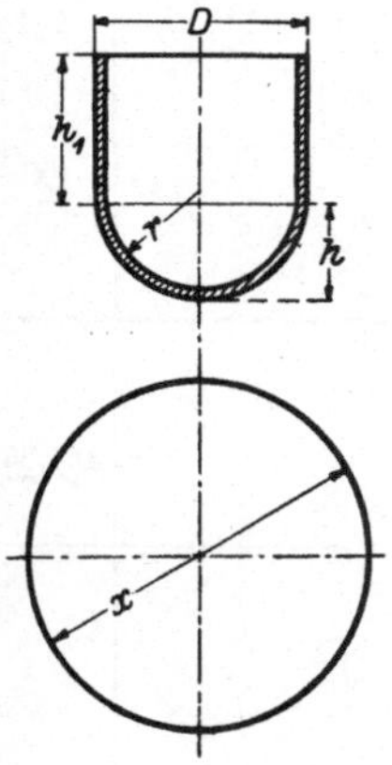 a	$x=\sqrt{8r\cdot h+4D\cdot h_1}$	$r=40$ mm $h=33$ „ $D=79$ „ $h_1=48$ „	$x=\sqrt{8r\cdot h+4D\cdot h_1}$ $x=\sqrt{8\cdot40\cdot33+4\cdot79\cdot48}$ =	160,5
		$x=160,5$ mm $r=40$ „ $h=33$ „	$x^2=8r\cdot h+4D\cdot h_1$ $x^2=8r\cdot h=4D\cdot h_1$ $h_1=\dfrac{x^2-8rh}{4D}$ $h_1=\dfrac{160,5^2-10560}{4\cdot79}$ =	48
		$x=160,5$ mm $r=40$ „ $D=79$ „ $h_1=48$ „	$x^2=8rh+4D\cdot h_1$ $x^2-4Dh_1=8rh$ $h=\dfrac{x^2-4Dh_1}{8\cdot r}$ $h=\dfrac{25760,25-15168}{320}$ =	33
	Wenn $r=\dfrac{D}{2}$ wird $x=\sqrt{D^2+4h^2+4D\cdot h_1}$	$D=79$ mm $h=33$ „ $h_1=48$ „	$x=\sqrt{79^2+4\cdot33+4\cdot79\cdot48}$ $x=\sqrt{6241+4356+15168}$ =	160,5
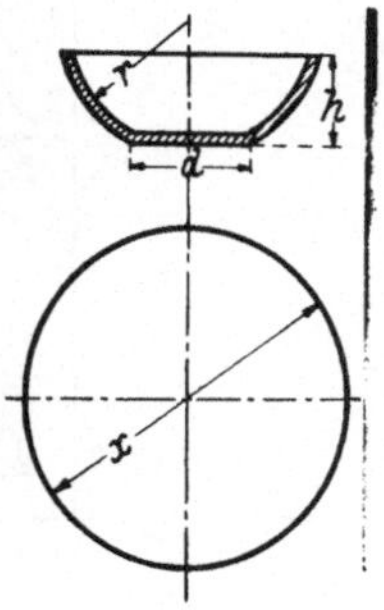 b	$x=\sqrt{8r\cdot h+d^2}$	$r=70$ mm $h=45$ „ $d=106$ „	$x=\sqrt{8\cdot70\cdot45+106^2}$ $x=\sqrt{25200+11236}$ =	$\sim$191
		$x=191$ mm $h=45$ „ $d=106$ „	$x^2-d^2=8r\cdot h$ $\dfrac{x^2-d^2}{8\cdot4}=r$ $r=\dfrac{191^2-106^2}{8\cdot45}=\dfrac{36481-11236}{360}$ =	$\sim$70
		$x=191$ mm $r=70$ „ $h=45$ „	$x^2-8r\cdot h=d^2$ $d=\sqrt{x^2-8r\cdot h}$ $d=\sqrt{36481-25281}$ =	106

Abb. 113a und b.

Abb.	Scheibenformel $x = \varnothing$	Ist gegeben	Lösung	Resultat in mm
		$r = 18 \text{ mm}$ $h = 10$ „ $d = 25$ „ $h_1 = 20$ „ $D = 36$ „	$x = \sqrt{8\,r\,h + d^2 + 4\,D \cdot h_1}$ $x = \sqrt{8 \cdot 18 \cdot 10 + 625 + 4 \cdot 36 \cdot 20}$ $x = \sqrt{4945}$	$\sim 70{,}4$
		$x = 70{,}4 \text{ mm}$ $r = 18$ „ $d = 25$ „ $h_1 = 20$ „ $D = 36$ „	$x^2 = 8\,r \cdot h + d^2 + 4\,D \cdot h_1$ $\dfrac{x^2 - 4\,D\,h_1 - d^2}{8\,r} = h$ $h = \dfrac{4945 - 2880 - 625}{144}$	~ 10
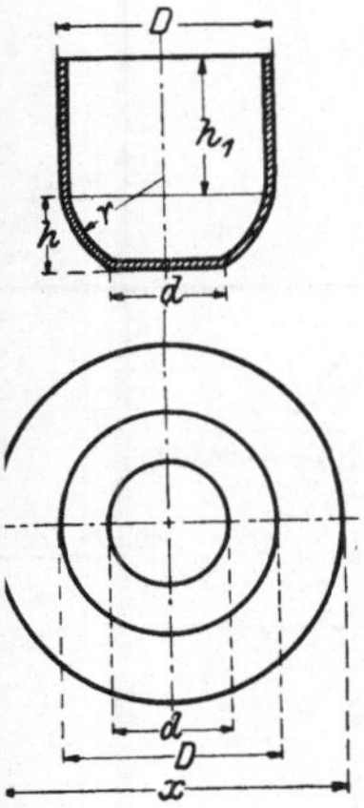		$x = 70{,}4 \text{ mm}$ $r = 18$ „ $h_1 = 20$ „ $D = 36$ „ $h = 10$ „	$d = \sqrt{x^2 - 8\,r\,h - 4\,D \cdot h_1}$ $d = \sqrt{70{,}4^2 - 8 \cdot 18 \cdot 10 - 4 \cdot 36 \cdot 20}$ $h = \sqrt{625}$	~ 25
	$x = \sqrt{8\,r\,h + d^2 + 4\,D\,h_1}$	$x = 70{,}4 \text{ mm}$ $h = 10$ „ $d = 25$ „ $h_1 = 20$ „ $D = 36$ „	$\dfrac{x^2 - 4\,D \cdot h_1 - d^2}{8\,h} = r$ $\dfrac{70{,}4^2 - 4 \cdot 36 \cdot 20 - 625}{8 \cdot 10} = r$ $r = \dfrac{1440}{80}$	~ 18
		$x = 70{,}4 \text{ mm}$ $r = 18$ „ $d = 25$ „ $h_1 = 20$ „ $h = 10$ „	$\dfrac{x^2 - 8\,r \cdot h - d^2}{4\,h_1} = D$ $\dfrac{70{,}4^2 - 8 \cdot 18 \cdot 10 - 625}{4 \cdot 20} = D$ $D = \dfrac{2880}{80}$	~ 36
		$x = 70{,}4 \text{ mm}$ $r = 18$ „ $d = 25$ „ $D = 36$ „ $h = 10$ „	$\dfrac{x^2 - 8\,r\,h - d^2}{4\,D} = h_1$ $\dfrac{70{,}4^2 - 8 \cdot 18 \cdot 10 - 625}{4 \cdot 36} = h_1$ $h_1 = \dfrac{2880}{144}$	~ 20

Abb. 114.

Abb.	Scheibenformel $x = \varnothing$	Ist gegeben	Lösung	Resultat in mm
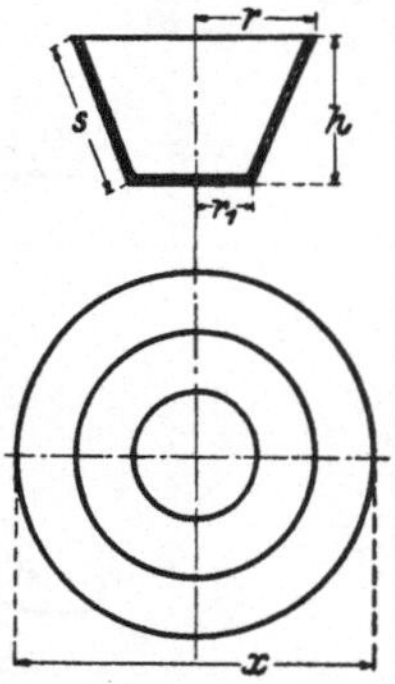		$s = 20{,}9$ mm $r = 18$,, $r_1 = 12$,, $h = 20$,,	$x = \sqrt{4\,s\,(r + r_1 + (2\,r_1)^2}$ $x = \sqrt{4 \cdot 20{,}9\,(18 + 12) + (2 \cdot 12)^2}$ $x = \sqrt{3084}$ $\quad =$	$\sim 55{,}5$
	$x = \sqrt{4\,s\,(r + r_1) + (2\,r_1)^2}$	$x = 55{,}5$ mm $r = 18$,, $r_1 = 12$,, $h = 20$,,	$s = \sqrt{(r - r_1)^2 + h^2}$ $s = \sqrt{(18 - 12)^2 + 20^2}$ $s = \sqrt{436}$ $\quad =$	$\sim 20{,}9$
a		$x = 55.5$ mm $r_1 = 12$,, $h = 20$,, $s = 29{,}9$,,	$r - r_1 = \sqrt{s^2 - h^2}$ $r = \sqrt{20{,}9^2 - 20^2} + r_1$ $r = \sqrt{436 - 400} + 12$ $\quad =$	~ 18
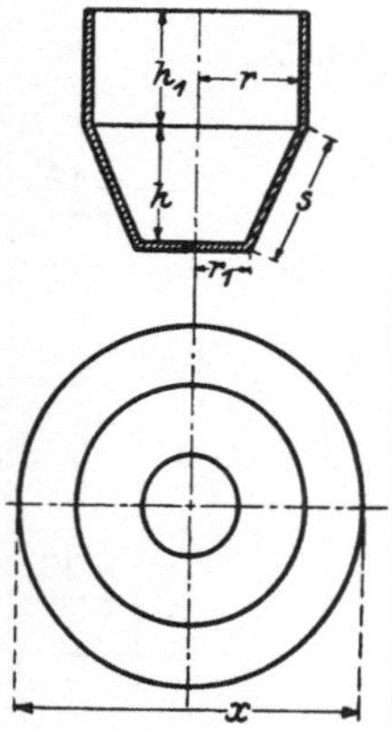		$s = 26{,}25$ mm $r = 24$,, $r_1 = 16$,, $h_1 = 25$,,	$x = \sqrt{2\,r_1^2 + 4\,s\,(r + r_1) + 8\,r \cdot h_1}$ $x = \sqrt{2 \cdot 16^2 + 4 \cdot 26{,}25\,(24 + 16) + 8 \cdot 24 \cdot 25}$ $x = \sqrt{9512}$ $\quad =$	$\sim 97{,}5$
		$x = 97{,}5$ mm $r = 24$,, $r_1 = 16$,, $h = 25$., $h_1 = 25$,,	$x^2 = 2\,r_1^2 + 4\,s\,(r + r_1) + 8\,r \cdot h_1$ $s = \dfrac{x^2 - 2\,r_1^2 - 8\,r \cdot h_1}{4\,(r + r_1)}$ $s = \dfrac{9506{,}25 - 512 - 4800}{160}$ $\quad =$	$\sim 26{,}25$
b	$x = \sqrt{4\,s\,(r + r_1) + 2\,r_1^2 + 8\,h_1}$	$x = 97{,}5$ mm $s = 26{,}25$,, $r_1 = 16$,, $h_1 = 25$,,	da $(r - r_1)^2 + h^2 = s^2$ ist $h = \sqrt{s^2 - (r - r_1)^2}$ $h = \sqrt{26{,}25^1 - (24 - 16)^2}$ $\quad =$	~ 25
		$x = 97{,}5$ mm $s = 26{,}25$,, $r = 24$,, $r_1 = 16$,,	$x^2 = 2\,r_1^2 + 4\,s\,(r + r_1) + 8\,r\,h_1$ $h_1 = \dfrac{x^2 - 2\,r_1^2 - 4\,s\,(r + r_1)}{8\,r}$ $h_1 = \dfrac{9506{,}25 - 512 - 4200}{192}$ $\quad =$	~ 25

Abb. 115a und b.

Abb.	Scheibenformel $x = \emptyset$	Ist gegeben	Lösung	Resultat in mm
	$x = \sqrt{4r \cdot s}$	$r = 50 \;\; \text{mm}$ $s = 94{,}5\,\text{mm}$	$x = \sqrt{4r \cdot s}$ $x = \sqrt{4 \cdot 50 \cdot 94{,}5}$ $x = \sqrt{18900} \qquad =$	$\sim 137{,}5$
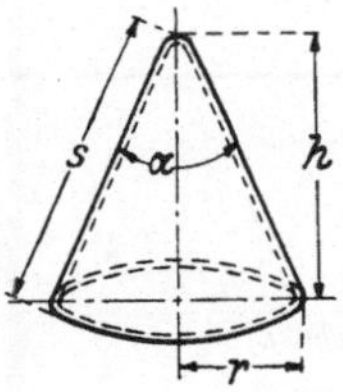	$s = \sqrt{r^2 + h^2}$	$r = 50\,\text{mm}$ $h = 80\,\text{mm}$	$x = \sqrt{4r\sqrt{r^2 + h^2}}$ $x = \sqrt{4 \cdot 50 \sqrt{50^2 + 80^2}}$ $x = \sqrt{200 \cdot 94{,}5} \qquad =$	$\sim 137{,}5$
	$x = \sqrt{4r\sqrt{r^2 + h^2}}$	$x = 137{,}5\,\text{mm}$ $r = 50 \;\;\; \text{mm}$	$x^2 = 4r \cdot s$ $\dfrac{x^2}{4r} = s$ $s = \dfrac{\sim 18900}{200} \qquad =$	$\sim 94{,}5$
		$s = 94{,}5\,\text{mm}$ $\sphericalangle\,\alpha = 64°$	$r = s \cdot \sin\dfrac{\alpha}{2}$ $r = 94{,}5 \cdot 0{,}529 \qquad =$	~ 50
		$h = 80\,\text{mm}$ $\sphericalangle\,\alpha = 64°$	$r = h \cdot \operatorname{tg}\dfrac{\alpha}{2}$ $r = 80 \cdot 0{,}62487 \qquad =$	~ 50

Abb. 116.

Abb.	Scheibenformel $x = \varnothing$	Ist gegeben	Lösung	Resultat in mm
	$x=\sqrt{4r\cdot s+8rh_1}$	$r=30$ mm $s=50$,, $h=40$,, $h_1=50$,,	$x=\sqrt{4\,r\cdot s+8\,r\cdot h_1}$ $x=\sqrt{4\cdot 30\cdot 50+8\cdot 30\cdot 50}$ $x=\sqrt{18000}$　　　　=	$\sim134{,}5$
		$h=40$ mm $h_1=50$,, $r=30$,,	$s^2=h^2+r^2$ $s=\sqrt{h^2+r^2}$ $s=\sqrt{1600+900}$　　=	50
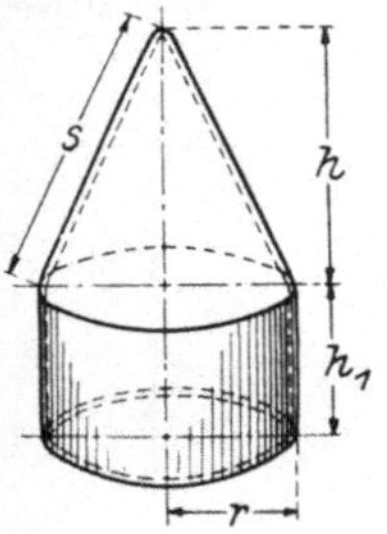		$x=134{,}5$ mm $h_1=\ 50$,, $s=\ 50$,, $h=\ 40$,,	$x^2=4\,r\cdot s+8\,r\cdot h_1$ $r=\sqrt{s^2-h^2}=\sqrt{900}$　= $x^2=4\sqrt{s^2-h^2}\cdot s+8\sqrt{s^2-h^2}\cdot h_1$ $x=\sqrt{4\,V\overline{s^2-h^2}\cdot s+8\,V\overline{s^2-h^2}\cdot h_1}$ $x=\sqrt{4\,V\overline{50^2-40^2}\cdot 50+8\,V\overline{50^2-40^2}\cdot 50}$ $x=\sqrt{4\cdot 30\cdot 50+8\cdot 30\cdot 50}$　=	30 $\sim134{,}5$
		$h=40$ mm $\sphericalangle\ \alpha=74^0$ $h_1=50$ mm	$r=h\cdot \mathrm{tg}\dfrac{\alpha}{2}$ $r=40\cdot 0{,}753=\sim 30$ $s=\sqrt{h^2+r^2}$ $s=\sqrt{40^2+30^2}$ $s=\sqrt{2500}$　　=	50
		$x=134{,}5$ mm $s=\ 50$,, $h_1=\ 50$,, $\sphericalangle\ \alpha=74^0$	$x^2=4\,r\,s+8\,r\,h_1$ $x^2=r\,(4\,s+8\,r\,h_1)$ da $r=s\cdot \sin\dfrac{\alpha}{2}$ ist $x^2=s\cdot \sin\dfrac{\alpha}{2}\,(4\,s+8\,h_1)$ $\dfrac{x^2}{4\,s+8\,h_1}=s\cdot \sin\dfrac{\alpha}{2}=r$　=	30

Abb. 117.

Abb.	Scheibenformel $x = \varnothing$	Ist gegeben	Lösung	Resultat in mm
a	$x = \sqrt{4\,D^2} = 2\,D$	$D = 35\ \text{mm}$	$x = 2 \cdot D = 2 \cdot 35\qquad =$	$\underline{70}$
b	$x = \sqrt{\dfrac{D^2 \cdot \delta + 4\,D_1 \cdot \delta_1 \cdot h}{\delta}}$	Mittl. Faden $\varnothing$ $D = 21\ \text{mm}$ $D_1 = 20\ \text{„}$ $\delta = 4\ \text{„}$ $\delta_1 = 1\ \text{„}$ $h = 26\ \text{„}$	$x = \sqrt{\dfrac{D^2 \cdot \delta + 4\,D_1 \cdot \delta_1 \cdot h}{\delta}}$ $x = \sqrt{\dfrac{21^2 \cdot 4 + 4 \cdot 20 \cdot 1 \cdot 26}{4}}$ $x = \sqrt{961}\qquad =$	$\underline{31}$
		$x = 31\ \text{mm}$ $D = 21\ \text{„}$ $D_1 = 20\ \text{„}$ $\delta = 4\ \text{„}$ $\delta_1 = 1\ \text{„}$	$x^2 = \dfrac{D^2 \cdot \delta + 4\,D_1 \cdot h}{\delta}$ $h = \dfrac{x^2 \cdot \delta - D^2 \cdot \delta}{4\,D_1 \cdot \delta_1}$ $h = \dfrac{31^2 \cdot 4 - 21^2 \cdot 4}{4 \cdot 20 \cdot 1}$ $h = \dfrac{3844 - 1764}{80}\qquad =$	$\underline{26}$
		$x = 31\ \text{mm}$ $D = 21\ \text{„}$ $D_1 = 20\ \text{„}$ $\delta = 4\ \text{„}$ $h = 26\ \text{„}$	$\delta_1 = \dfrac{x^2 \cdot \delta - D^2 \cdot \delta}{4\,D_1 \cdot h}$ $\delta_1 = \dfrac{31^2 \cdot 4 - 21^2 \cdot 4}{4 \cdot 20 \cdot 26}$ $\delta_1 = \dfrac{3844 - 1764}{2080}\qquad =$	$\underline{1}$
		$x = 31\ \text{mm}$ $D = 21\ \text{„}$ $D_1 = 20\ \text{„}$ $h = 26\ \text{„}$	$x^2 \cdot \delta = D^2 \cdot \delta + 4\,D_1 \cdot \delta_1 \cdot h$ $\delta \cdot (x^2 - D^2) = 4\,D_1 \cdot \delta_1 \cdot h$ $\delta = \dfrac{4 \cdot D_1 \cdot \delta_1 \cdot h}{x^2 - D^2}$ $\delta = \dfrac{4 \cdot 20 \cdot 26}{31^2 - 21^2}\qquad =$	$\underline{4}$

Abb. 118a und b.

selben entsteht, sondern diesen Arbeitsgang sparend, durch Kleinerziehen
des Hülsendurchmessers erreicht wird. Um z. B. den Boden einer zylindrischen Hülse scharfkantig zu gestalten, muß diese um zwei Werkstoff-
stärken größer als ihr Sollmaßdurchmesser vorgezogen sein; bei konischen Hülsen dagegen genügt die einmalige Werkstoffstärke. Im letzten
Arbeitsgang wird dann die Hülse mit dem Boden nach oben durch einen
Tellerapparat dem Ziehring zugeführt und in dieser Stellung kleiner
gezogen. Während des Ziehvorganges tritt am Hülsenboden eine Stau-
chung ein, die soviel Werkstoff der zuerst abgerundeten Kante zuführt,

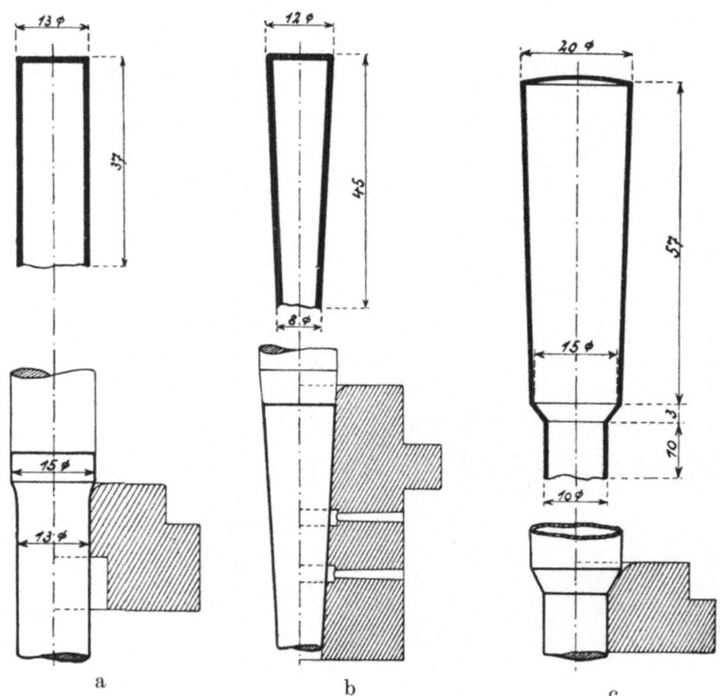

Abb. 119 a bis c. Ziehmethoden für Hülsen-Sonderausführungen.

wie zu ihrer Scharfausbildung nur erforderlich ist. (Siehe schematische
Darstellung Abb. 119 Pos. 1—3.)

Hülsen mit ungleichmäßiger Wandstärke zu fertigen geschieht in
der Weise, indem man den Durchmesser der Scheibe unter Berücksichtigung des stärksten Werkstoffes errechnet und daraus eine Hülse zieht
(siehe Formel auf S.107 Abb.118 b). Bei dieser Umformung von der Scheibe
zum Topf kann der Werkstoff des Hülsenmantels während des ersten Ziehvorganges um 25% geschwächt werden. Für jeden weiteren Ziehgang
der Hülse kann man eine Mantelschwächung von 30% bis zu einer Werkstoffstärke 0,2 mm zulassen, darunter aber — bis zu 0,1 mm — ist eine
Schwächung des Werkstoffes von nur 1,8% zu empfehlen (schematische
Darstellung siehe Abb. 120).

Die Doppelhülse Abb. 121 mit starkem Boden ist die einzig dastehende Hülse unter den Sonderausführungen. Um die Scheibengröße festzulegen, werden die Volumen der beiden Hülsenmäntel zusätzlich einer Sicherheit von 10% ausgerechnet. Die Größe des Hülsenbodens ist bekannt und durch Rechnung das Volumen der beiden Hülsenmäntel. Wird nun ein Einstich der Scheibe, der beliebig stark sein kann, in diesem Falle mit 2 mm angenommen, so ist der Außendurchmesser der Scheibe ohne Schwierigkeiten zu ermitteln. Durch konisches Aufweiten des Scheibeneinstiches wird dann das Kleinerziehen des Hülsenkörpers in geteilten Ziehringen vorgenommen. Die Werkstoffanstrengung während des Ziehvorganges ist bei dieser Hülse gleich der einfachen Hülse mit starkem Boden. (Rechenbeispiel siehe S. 140.)

Das Ziehen von Papphohlteilen. Die Verarbeitung von Papier und Pappe ist für die Stanzereitechnik ein Spezialgebiet, aus dem sich im Laufe der Zeit eine Industrie entwickelt hat. Einen breiten Raum auf diesem Gebiet nimmt die Ziehtechnik ein, die sich ausschließlich mit der Fertigung von Papphohlteilen beschäftigt. Die Erfahrungen, die man bei dieser Ziehtechnik gemacht hat, sind die, daß sich der Werkstoff während des Ziehvorganges ganz anders verhält als Messing oder Eisen und deshalb ein

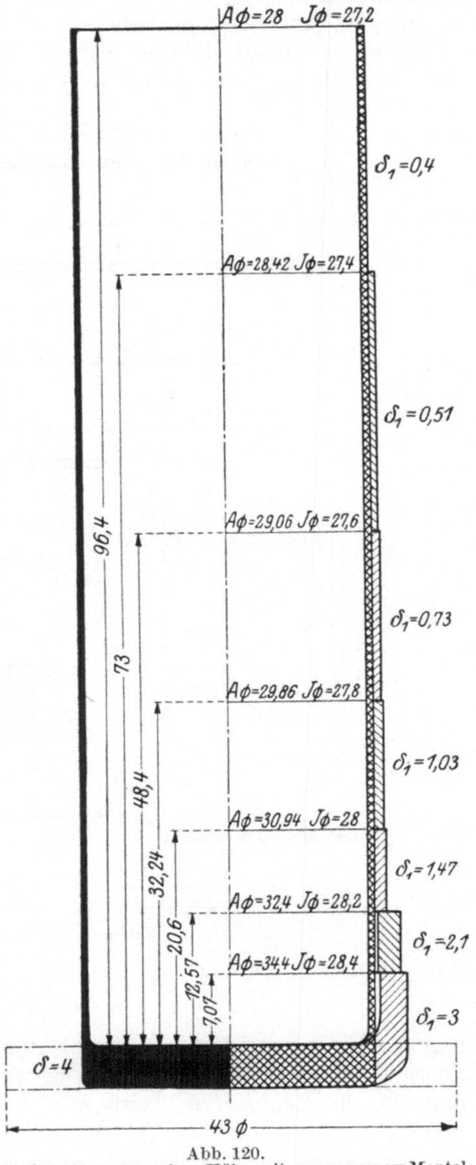

Abb. 120.
Entwicklungsgang einer Hülse mit ausgezogenem Mantel.

Weg gefunden werden mußte, der von der Methode des Metallziehens abweicht. Besonders charakteristisch für das Ziehen von nicht zu starker Pappe ist der auftretende außerordentlich hohe Ziehdruck, wenn kein geeignetes Schmiermittel für die Teile zur Anwendung gelangt. Ein brauchbares Schmiermittel hierfür ist auf S. 78 angegeben. Daß z. B. zum Ziehen von Papphülsen ein hoher Ziehdruck in Frage kommen kann, liegt einerseits in der großen Reibung während des Ziehvorganges begründet, andererseits in dem Verhalten der Werkstoffteilchen, die innerhalb des Werkstoffes durch gegenseitige Federung sich beeinflussen und daher schwer der zwangsläufigen Umformung

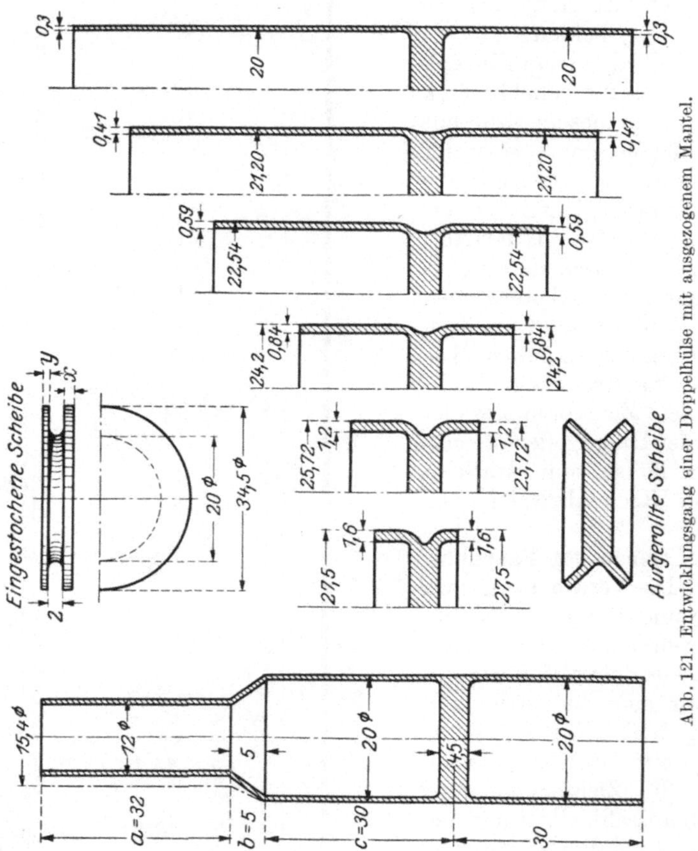

Abb. 121. Entwicklungsgang einer Doppelhülse mit ausgezogenem Mantel.

folgen. Eine wesentliche Erleichterung im Ziehen tritt aber durch übergeleitetes Erwärmen des Werkstoffes vom Werkzeug aus ein, weil dadurch die Leimfasern elastischer als vorher werden und sich dann jeder Form besser anpassen. Der durch die Trägheit des Werkstoffes hervorgerufene hohe Ziehdruck ist trotz Befolgung aller Maßnahmen immerhin noch sehr groß, da ein Fließen der Werkstoffteilchen während des Ziehvorganges nicht eintritt, sondern sich dieselben nur mehr und mehr aneinanderschmiegen. Ein Verfahren mit Hilfe dessen man 2 mm starke Pappe sehr leicht ziehen kann, kommt in Abb. 122 zum Ausdruck. Hierbei wird die Scheibe von 132 mm Durchmesser, welche zuerst sternartig gestanzt wird, mit Anwendung des auf S. 107 angegebenen Schmiermittels zu einem Topf von 60 mm Durchmesser und 39 mm Höhe geformt. Das sonst zulässige Ziehverhältnis — Scheiben — zum Topfdurchmesser ist hierbei wesentlich überschritten, ohne nennenswerten Ausschuß an Teilen bei der Fertigung zu haben. Ein Beweis dafür, daß keine große Werkstoffwanderung bei Pappe eintritt, kann bei der Bestimmung des Scheibendurchmessers an Hand der Formel

$$x = \sqrt{(D^2 + 4\,D \cdot h) \cdot 1{,}3}$$

sehr leicht nachgewiesen werden. Bei schwächeren Pappen für Ziehzwecke ist eine Sternstanzung der Scheibe nicht erforderlich, nur ist darauf zu achten, daß das Werkzeugunterteil einer konstanten Wärme von etwa 100° ausgesetzt bleibt.

Bestimmung des Scheibendurchmessers von runden Formhohlteilen. Der kegelige Hohlteil gehört zu jenen, der

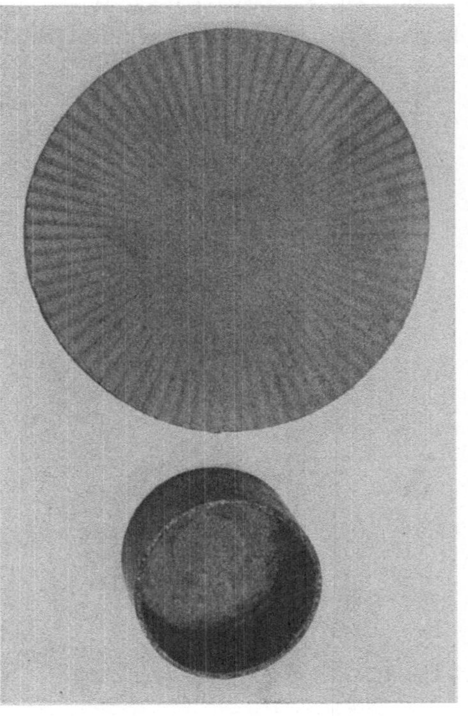

Abb. 122. Schaubild einer Papphülse und Scheibe.

die meisten Ziehgänge, ehe der Endzustand erreicht ist, durchzumachen hat. Die Scheibengröße wird nach der Formel auf S. 105 Abb. 116 ermittelt und die Anzahl der Ziehgänge nach dem Diagramm für Ziehstufen auf S. 96 Abb. 107. Aus der skizzierten Darstellung des Kegels Abb. 123 geht hervor, daß die Abrundungen der Ziehstempel in ihren Stufen besonders charakterisiert sind. Die Größe der Ziehstempelabrundungen werden auf zeichnerischem Wege in der Weise ermittelt, indem man die Kegelform aufzeichnet und die dazu erforderlichen Ziehdurchmesser (vom Diagramm abgelesen) darin einträgt; die stufenweisen Projektionen vom kleinen auf den großen Stempeldurchmesser ergeben diejenigen Punkte, von denen aus die Stempelabrundungen beginnen müssen.

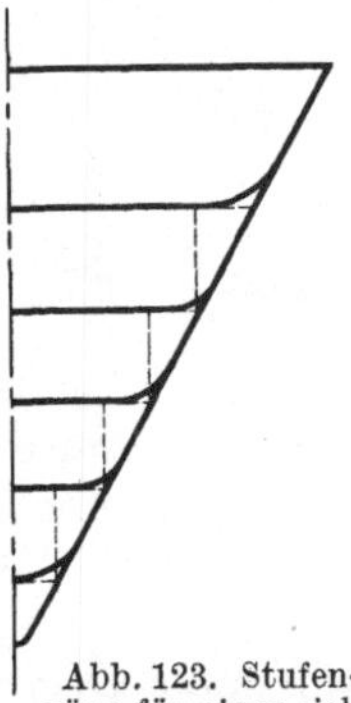

Abb. 123. Stufenzüge für einen sich bildenden Hohlkegel.

So wie die Arbeitsgänge der Hohlkegel mit auslaufender Spitze bestimmt werden, sind auch auf gleicher Art die Ziehstufengrößen für abgestumpfte Hohlkegelteile festzulegen. Beide Kegelformen, sofern sie gleiche Trichterbildung aufweisen, sind in ihrem Ziehdurchmesser gleich, abhängig aber in der Anzahl der Ziehstufen, je mehr oder weniger die Spitzen der Kegel abgeflacht sind.

Die Ermittlung des Scheibendurchmessers für Sprechtrichter Abb.124 geschieht auf zeichnerischem Wege, indem die mittlere Länge des gebogenen Teils durch Abzirkeln festgestellt wird. Soll der fertige Trichter

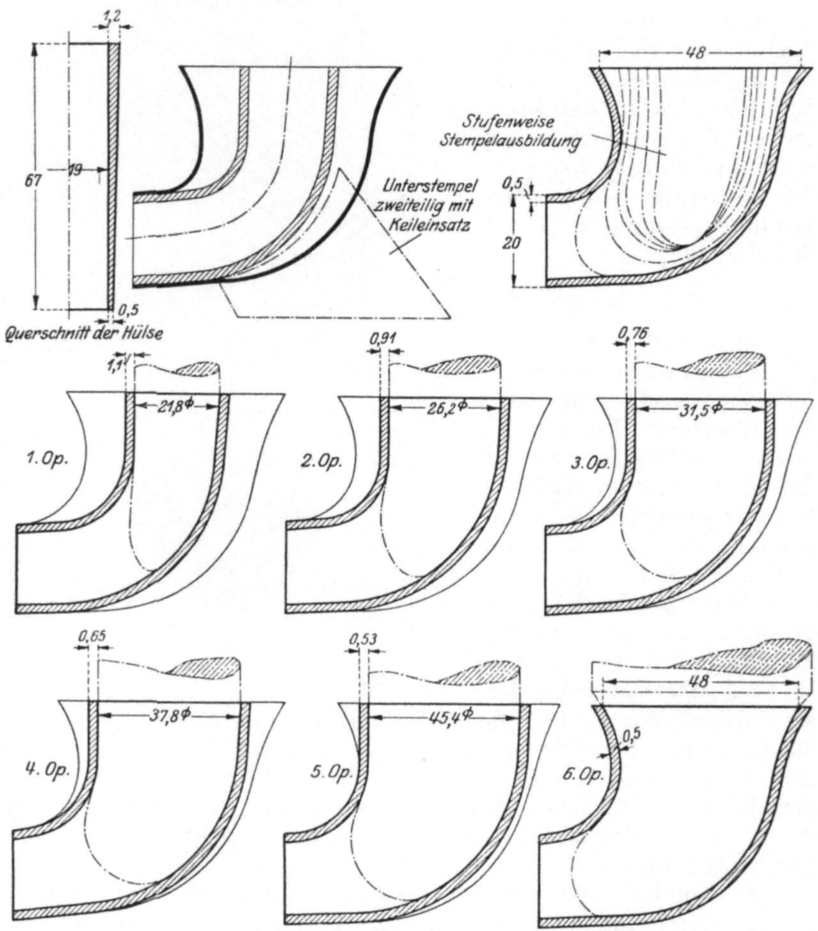

Abb. 124. Gewölbter Sprechtrichter.

eine bestimmte Wandstärke aufweisen, so ist aus dem größten und kleinsten Durchmesser des Teiles die Werkstoffstärke zu errechnen.

Aus der Gleichung

$$D \cdot \pi \cdot \delta = d \cdot \pi \cdot \delta_1,$$

wo unter $D =$ der größte Durchmesser des fertigenden Teiles, $\delta =$ die erforderliche Wandstärke, $d =$ der kleinste Durchmesser des Sprechtrichters und $\delta_1 =$ die zu ermittelnde Werkstoffstärke zu verstehen ist, ist

$$\delta_1 = \frac{D \cdot \delta}{d}.$$

Durch die Abzirkelung der mittleren Länge L des Trichters inkl. eines Zuschlages für den Bodenabstich z erhält man die Scheibengröße

$$x = \sqrt{(D^2 + 4\,D \cdot L)} + z$$

Nachdem die Scheibe durch die vom Diagramm S. 96 Abb. 107 festgelegten Ziehstufen umgeformt ist, wird die Hülse — in Abb. 124 veranschaulicht — so konisch gedreht, daß die eine Seite der Hülse die Wandstärke von δ und die andere die von δ_1 erhält. Der Boden wird hierauf abgestochen, die Hülse gut geglüht und dann im Winkel gebogen. Damit keine Deformation während der Stanzung auftritt, erhält diese zum Biegen als Füllung eine enggewickelte Stahldrahtspirale, die nach erfolgter Biegung herausgezogen wird. Die Aufweitungen der starkwandigen Seite der Hülse betragen durchschnittlich 20%, und müssen dieselben nach jeder Dehnung, außer der ersten, partiell geglüht werden. Damit nicht mehrere Werkzeuge zur Verwendung gelangen, ist, wie aus Abb. 124 hervorgeht, der Unterstempel zweiteilig und mit einem auswechselbaren Auffangstück ausgerüstet, worauf die Hülse während ihrer Aufweitung liegt.

Die Ermittlung von Scheibendurchmessern für Formhohlteile kann so vorgenommen werden, daß man das Teil in Einzelabschnitte zergliedert und von jedem Abschnitt den Flächenabschnitt errechnet. Die Summe der einzelnen Flächeninhalte des Hohlteils werden dem Inhalt einer runden Scheibe gleichgesetzt.

Ist F = Flächeninhalt des gesamten Hohlteils in mm², so folgt $F = \dfrac{D^2 \cdot \pi}{4}$.. für den Scheibendurchmesser. Bei einem Wert von 30360 mm² (Abb. 125a) ergibt sich, wenn in der Kalenderrubrik für Kreisinhalte $\dfrac{\pi n^2}{4}$ obiger Wert aufgesucht wird, ein Scheibendurchmesser von 197 mm.

In gleicher Weise wird der Flächeninhalt des Reflektors Abb. 125b mit 55597 mm² ermittelt und ergibt einen Scheibendurchmesser von 266 mm.

Guldinische Regel für die Bestimmung des Scheibendurchmessers. Die Scheibengröße für runde Formhohlteile läßt sich nach der Guldinischen Regel ermitteln, sie vereint die zeichnerische mit der rechnerischen Methode und beide Verfahren decken sich in ihren Resultaten. In der gleichen Weise wie man die zeichnerische Schwerpunktermittlung vornimmt, ist auch hier zu verfahren, um die Schwerpunktlinie festlegen zu können. Um den Flächeninhalt eines Formhohlteiles nach der Guldinischen Regel zu bestimmen, ist zunächst die Festlegung der Schwerpunktlinie, dann die gestreckte Länge der Form des Teiles erforderlich. Bei festgelegter Schwerpunktlinie mit dem Abstande r von der Hohlteilmitte und der gestreckten Länge L der Form des Teiles ergibt sich der Flächeninhalt J wie folgt:

$$J = 2 \cdot r \cdot \pi \cdot L \text{ in mm}^2$$

Dieser Flächeninhalt ist dem Inhalt einer runden Scheibe $\dfrac{\pi n^2}{4}$ gleich-

Kaczmarek, Stanzerei. 3. Aufl.   8

zusetzen, woraus ihr Durchmesser leicht zu bestimmen ist (Beispiele siehe Abb. 126).

Die Scheibenform und Ziehgänge für unrunde Hohlteile. Zur Fertigung unrunder bzw. eckiger Hohlteile ist es zunächst nötig, die Form der Scheibe zu ermitteln, welche auf zeichnerische Weise gefunden wird. Bei der Bestimmung der Scheibenform muß man sich von vornherein im klaren sein, inwieweit eine Werkstoffwanderung während des Ziehvorganges auftritt und sich auswirkt. Des besseren Verständnisses wegen

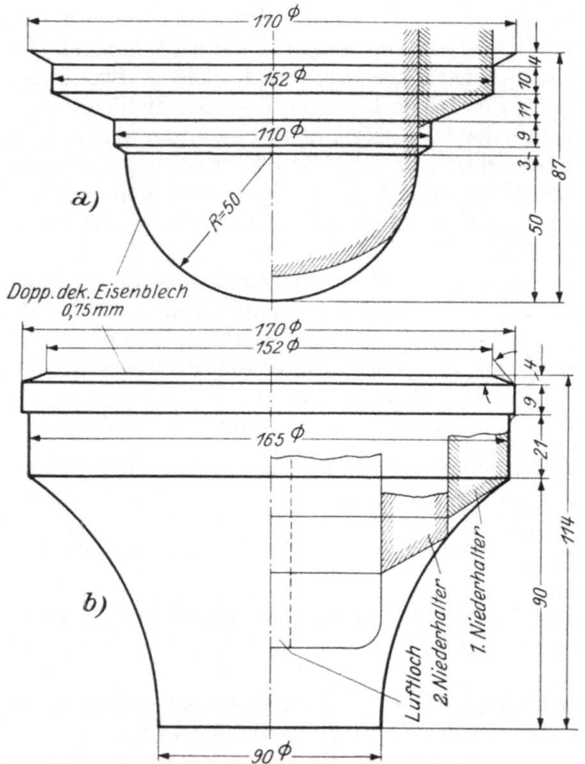

Abb. 125a und b. Ziehgänge für geschweifte Formhohlteile.

sind in Abb. 127 vier verschiedene Ansichten über Eckenausschnitte dargestellt, die sowohl für längliche oder eckige Hohlteile in Frage kommen.

Im ersten Quadranten ist für die Fertigung eines viereckigen Hohlteiles durch Ausschneiden rechtwinkliger Ecken und Hochbiegen der Seitenwände (sogenanntes Klapprinzip) der Werkstoff nicht beansprucht. Anders dagegen liegen die Verhältnisse im zweiten Quadranten. Hier ist ein rechtwinkliges mit abgerundeten Ecken gezogenes Hohlteil, das eine Mantelhöhe h/mm hat, zu fertigen. Denkt man sich vier abgerundete Ecken aneinander gereiht, so erhält man einen ganzen Hülsenmantel, woraus durch die Angabe des Radius 0,5 die Mantelfläche $= d \cdot \pi \cdot h$ errechnet werden kann. Da nun der vierte Teil von

$d \cdot \pi \cdot h$ für jede Ecke in Frage kommt, berechnet sich der Flächeninhalt mit $\dfrac{\pi}{4} \cdot \dfrac{(D^2 - d^2)}{4} = x$; für den übrigen Teil der Mantelfläche mit der Höhe h kommt das Klapprinzip zu Anwendung. Nun ist aus der Behandlung

Anwendung der Guldinischen Regel

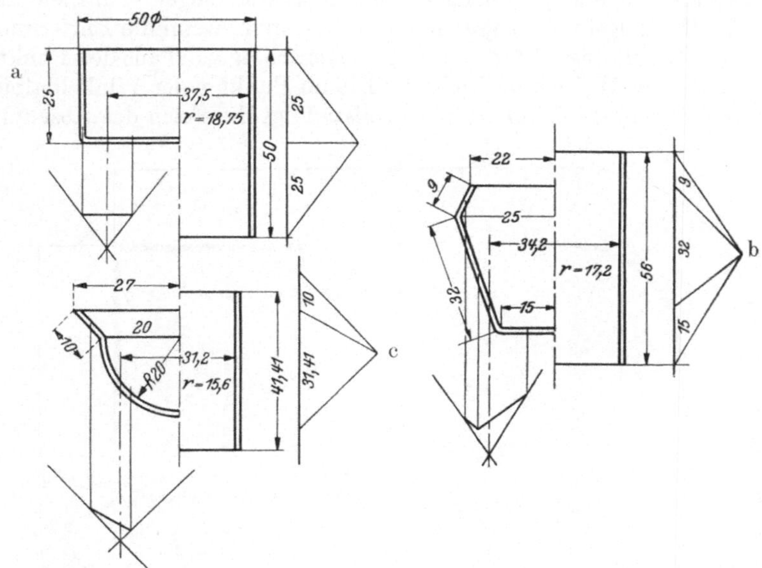

a) Lösung 1: $50 \cdot \pi \cdot 25 = 3927$ mm²

$\dfrac{50^2 \cdot \pi}{4} = 1963,5$,,

$\overline{5890,5\ \text{mm}^2}$

Lösung 2: $50 \cdot 2 \cdot 18,75 \cdot \pi = 5887,5$ mm²

b) Lösung 1: $\dfrac{30^2 \cdot \pi}{4} = 706,9$ mm²

$32 \cdot \pi \cdot (25 + 15) = 4020,0$,,
$9 \cdot \pi \cdot (25 + 22) = 1330,1$,,
$\overline{6057\ \text{mm}^2}$

Lösung 2: $2 \cdot 17,2 \cdot \pi \cdot 56 = 6048$ mm²

c) Lösung 1: $10 \cdot \pi \cdot (27 + 20) = 1475,8$ mm²

$2 \cdot \pi \cdot 20^2 = 2512,0$,,
$\overline{3987,8\ \text{mm}^2}$

Lösung 2: $2 \cdot 15,6 \cdot \pi \cdot 41,41 = 3956,5$ mm²

Abb. 126. Scheibenbestimmung mit Hilfe der Guldinischen Regel.

Anmerkung: Lösung 1 und 2 zeigen Differenzen, die von ungenauem Zeichnen herrühren und vernachlässigt werden können.

der Topfbildung (Abb. 104) bekannt, daß sich der Mantel um das Volumen der charakteristischen Dreiecksflächen verlängert, also höher wird, als die Mantelfläche sein soll. Um dieses zu verhindern, muß an der abgerundeten Ecke eine Formkorrektur vorgenommen werden, die darauf hinausläuft, nur soviel Quadratmillimeter an Flächeninhalt dort zu haben, als nur zur Herstellung der Mantelecke erforderlich sind. In welcher Weise die Formgebung hinreichend genau genug ist, sei im dritten Quadranten angedeutet.

Vom Mittelpunkt e ausgehend sind Lote auf die Mantelfläche gefällt und bilden somit mit diesem einen rechten Winkel, der durch die Winkelhalbierungslinie noch geteilt ist. Die dadurch entstandenen zwei Kreissektoren werden durch das Ziehen zweier Strahlen nach den Punkten g und f von e aus wiederum halbiert. Werden nun durch die Schnittpunkte g und f, welche an der Ziehkante liegen, Parallele zur Winkelhalbierungslinie $e\,p$ gezogen, so erhält man, wenn die Entfernung $l\,e$ mittels Zirkel fixiert ist, durch Kreisbogenschlag von l aus den Punkt i und in analoger Weise den Punkt k. Die im Punkt p der Winkelhalbierungslinie errichtete Senkrechte vervollständigt die Form des Abschnit-

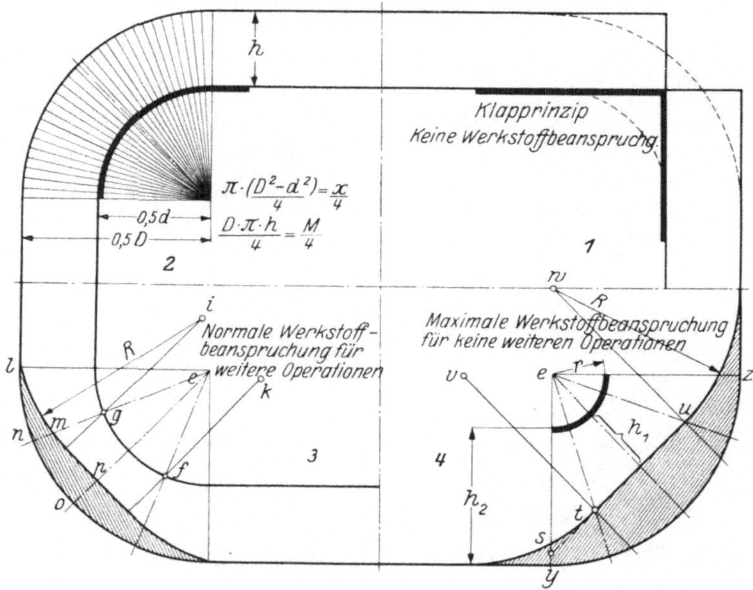

Abb. 127. Schema über Einziehecken unrunder Hohlteile.

tes, weil vom Punkt i und k auch der Kreisbogenschlag im Abstand $e\,l$ erfolgt. Die auf diese Art gefundene Form für die Hohlteilecke hat sich bei normaler Blechbeanspruchung für hintereinanderfolgende Arbeitsgänge als ganz günstig herausgestellt. Es kommen aber viele Fälle vor, bei denen man die maximale Werkstoffbeanspruchung gut in den Kauf nehmen kann, um nicht wegen einer belanglosen Sache noch einen Ziehgang folgen zu lassen. Im vierten Quadranten ist als letzte Ansicht die wirtschaftliche Grenze für maximale Werkstoffbeanspruchung (Blechschwächung) konstruktiv durchgeführt. Auch hier ist man vom Mittelpunkt e ausgegangen, hat den rechten Winkel gebildet, die Halbierungslinie und den Ziehradius r für die Hohlteilabrundung eingezeichnet, um festzustellen, wieviel Quadratmillimeter für die Mantelrundung erforderlich sind. Damit die maximale Dehnungsfähigkeit des Werkstoffes (z. B. 15—20% für doppelt dekapiertes Eisenblech) nicht bedeutend überschritten wird, trägt man auf den

Schenkel $e\,y$ 15% der Höhe h_2 (siehe Punkt s) auf und fällt von dort
ein Lot auf die Winkelhalbierungslinie. Dieses Lot wird durch einen
Strahl von e im Punkt t halbiert, wo auch die Parallele der Winkelhalbierungslinie hindurchgeht. Punkt u ist in analoger Weise wie Punkt t
gefunden. Verbindet man beide Punkte u und t, so daß man ein Dreieck
erhält, und schlägt mit der Strecke $e\,y$ vom Punkt v und w aus Kreis-
bogen, so soll die Höhe h_1 nicht wesentlich überschritten werden, falls
zu wenig Quadratmillimeter im Abschnitt der Winkelfläche vorhanden
sein sollten (siehe Schraffur), weil sonst der Werkstoff in der Härte das
Maximum überschreitet, unganz wird und dadurch eine Unwirtschaftlichkeit in der Fertigung Platz greift. Es soll nicht unerwähnt bleiben,
daß man gut tut, bei variablen Blechstärken und maximaler Beanspruchung, besonders bei doppelt dekapiertem Eisenblech, die Ecken
nach dem Ziehvorgang warm anzublasen, weil eine derartige Härte des
Werkstoffes auftritt, die sich bei weiterer Bearbeitung des Teiles (Kanten-
schliff) in Sprünge auswirkt, die durch die ganze Werkstoffstärke gehen.
Wie weit man bei guter Ausnutzung des Ziehvorganges gehen kann,
beweist die in Abb. 128 dargestellte Kappe, welche aus einer Formscheibe
mit einem 60 mm versehenen Loch in einem Ziehgang fertiggezogen wird.

Nach dem Klapprinzip können Formscheiben für alle eckigen Hohl-
teile bestimmt werden, während die Anzahl der Ziehgänge von der Größe
der Ecken (Einziehflächen) abhängig ist. Bei den Hohlteilen nach
Abb. 129a und b legt man die Anzahl der Ziehgänge so fest, indem die
Einziehflächen wie runde Scheiben behandelt werden. Die Konstruktion
zur Festlegung der Formscheibe findet auf folgende Art ihre Lösung:
Man suche alle diejenigen Flächen, welche klappbar, und die, die zum
Einziehen bestimmt sind, zu gruppieren, wie es nach Abb. 129 geschieht.
Aus der Angabe der Abrundungsecke und der Höhe des Hohlteiles
wird der Flächeninhalt der Einziehfläche $\dfrac{2 \cdot r \cdot \pi \cdot H}{2} = \dfrac{2 \cdot 10 \cdot 3{,}14 \cdot 32}{2} =$
1005 mm² ermittelt, und der Scheibendurchmesser für Teil a und b
durch die Formel $x = \sqrt{D^2 + 4\,D \cdot h} = 54{,}5$ mm, $R = \dfrac{x}{2}$ also $R =$
27,5 mm ermittelt. Mit der Einzeichnung des Radius $R = 27{,}5$ mm
tritt gleichzeitig eine scharfe Ecke an der Klappseite auf, die vermieden
werden muß, damit beim Einziehen der Winkelflächen die gezogenen
Ecken des Hohlteiles nicht unganz werden. Aus diesem Grunde sucht
man an diesen Stellen allmählich Übergänge zu schaffen, die durch
Bildung von Dreieckpaaren von gleichem Inhalt erreicht werden. Die
Größe der Dreiecke ist am vorteilhaftesten gewählt, wenn die Höhe h
in jeder Ecke halbiert wird und dann erst mit der Wahl der kleinsten
und günstigsten Eckflächen begonnen wird. Die Anzahl der Ziehgänge
für beide Teile a und b, sowie die Größe der Ziehradien belaufen sich auf:

Eckscheibe	1. Zug	2. Zug
55,0 mm	Diagr.-Wert 32	Diagr.-Wert 21
	gewählt 29 mm	gewählt 20 mm
	$r = 14{,}5$ mm	$r = 10$ mm
Ziehradius bei $\delta = 0{,}5$ mm	$R = 2{,}7$ mm	$R = 4{,}5$ mm

Die Abwicklung des Hohlteiles nach Abb. 130 ist mit ausgezogener Gefäßwand und mit gleichbleibender Wandstärke veranschaulicht. Zur Bestimmung der Scheibenform kommt auch hier die Normalkonstruktion für rechteckige Hohlteile nach Abb. 127 in Frage.

Zum Ziehen von scharfkantigen Hohlteilen gibt es nur einen Ausweg, der darin besteht, die Hohlteilwände zu schwächen und von

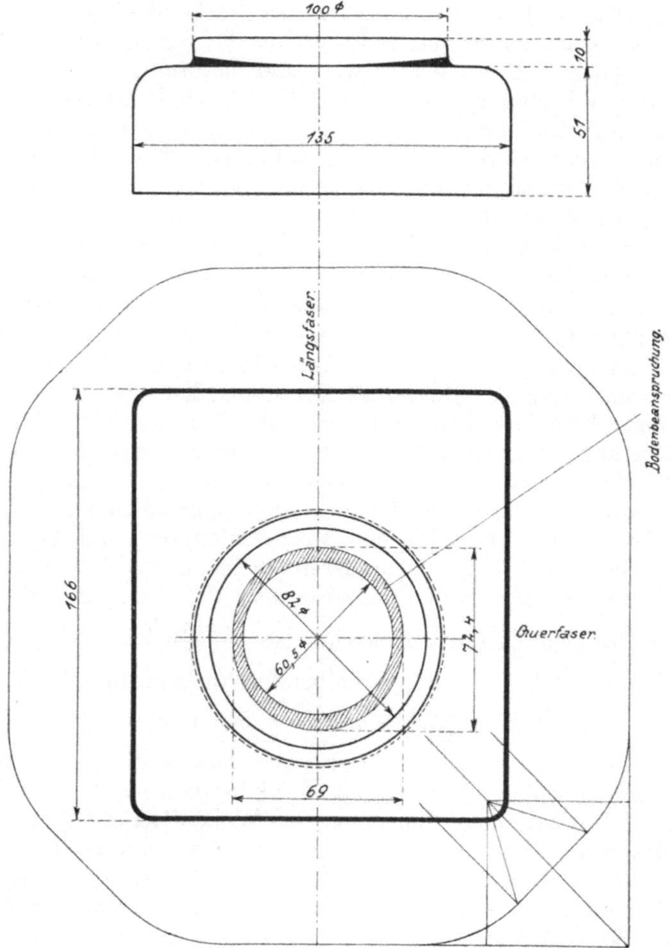

Abb. 128. Kappe eines Telephonapparates.

Anfang an stärkeren Werkstoff zu verwenden. Um soviel stärkerer Werkstoff für das jeweilige Teil zur Anwendung gelangt, um soviel kleiner ist die Scheibengröße zu wählen, weil bei der zulässigen Werkstoffschwächung von 30% der Teilmantel während des Ziehvorganges sich seinem Höhensollmaß nähert. Die Anzahl der Ziehstufen wird nach den einzuziehenden Ecken in derselben Weise, wie bei runden

Scheiben, bestimmt; das gleiche trifft bei allen unrunden Hohlteilen ohne Werkstoffschwächung ebenfalls zu.

Bei einer rechteckigen Kappe, z. B. mit einer Eckenabrundung von $r = 10$ mm und einer Mantelhöhe von 50 mm, ergibt sich ein Scheibeninhalt $= \dfrac{20^2 \cdot \pi}{4} + 20 \cdot \pi \cdot 50 = 3455$ mm^2 und daraus 66,5 mm Durchmesser, wobei der Radius für die Ecke $\dfrac{66,5}{2} = R \cong 33$ mm ist. Ein kürzerer Weg zur Erreichung des Radius wird durch die Formel $x = \sqrt{D^2 + 4\,D \cdot h}$ gefunden, indem man für $2\,R = D$ und die Mantelhöhe h einsetzt. Es ergibt sich dann $x = \sqrt{20^2 + 4 \cdot 20 \cdot 50} = \sqrt{4400} \cong 66,5$ und $\dfrac{x}{2} = R \cong 33$ mm.

Beim Ziehen eines runden Hohlteiles erreicht die Dichtigkeit des Werkstoffes durch die am Umfang des Mantels gleichmäßig verteilte

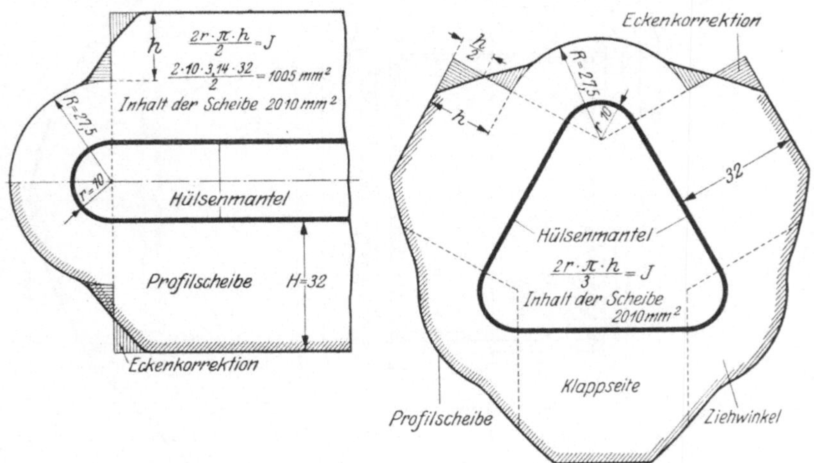

Abb 129. Scheibenform-Ermittlung eckiger Hohlteile.

und ausgezogene Fächerbildung eine gewisse Härte. Diese Härte tritt bei eckigen Hohlteilen nicht in diesem Maße auf, sondern hat, wie praktische Versuche zeigen, nur die Hälfte der Beanspruchung des Werkstoffes gegenüber runden Hohlteilen ergeben. Die Auswirkung der Härte in der Rundung kann daher nur so erklärt werden, daß die auftretenden Spannungen nach den Klappflächen hin sich allmählich verlaufen.

Auf Grund laufender Versuche wurde festgestellt, daß bei einer Werkstoffschwächung halbrunder Ecken um 25% und bei viertelrunder Ecken um 50% höher als die Werte des Ziehdiagramms abgewichen werden konnte, ohne größeren Ausschuß an Teilen zu haben. Unter Berücksichtigung letzterer Voraussetzung ist für das Hochziehen einer Ecke mit der Abrundung von $r = 10$ mm, Scheibenradius 33 mm und einer Mantelhöhe von 50 mm ein Ziehgang, im ungünstigsten Falle zwei Ziehgänge notwendig (siehe Abb. 128).

Schwerpunktbestimmungen für Stanzen. Bei der Bestimmung des

Schwerpunktes für Stanzwerkzeuge ist von der gestanzten Fläche auszugehen und kommen nur diejenigen Stempelflächen des Werkzeuges in Frage, die sich beim Zusammenschlag gegenseitig beeinflussen. Die-

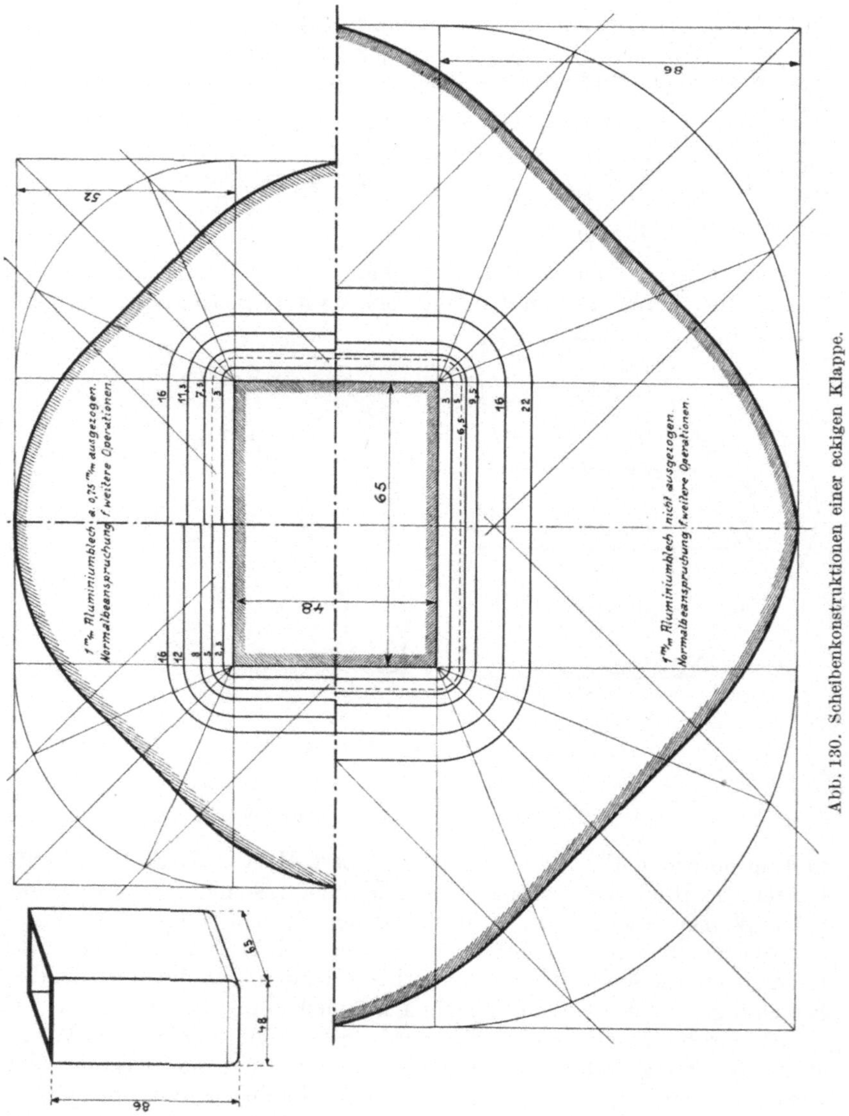

Abb. 130. Scheibenkonstruktionen einer eckigen Klappe.

jenigen Flächen, welche vor ihrem Aufschlag einen Druck ausüben, bleiben bei der Schwerpunktbestimmung unberücksichtigt; maßgebend für die Bestimmung des Schwerpunktes sind nur die Gesamtdruckflächen, die während des Aufschlages in Frage kommen. Bezeichnet man die Druckflächen einer Stanze mit F_1, F_2, F_3, ferner ihre Schwer-

punktentfernungen von der x- und y-Achse mit a und b, so folgt ganz
allgemein, daß

$$x = \frac{F_1 \cdot a_1 + F_2 \cdot a_2 + F_3 \cdot a_3}{F_1 + F_2 + F_3} \quad \text{usf.}$$

$$y = \frac{F_1 \cdot b_1 + F_2 \cdot b_2 + F_3 \cdot b_3}{F_1 + F_2 + F_3} \quad \text{usf.}$$

der Gesamtschwerpunkt, auf dem der Stempelzapfen zu setzen ist,
sich durch Multiplikation der einzelnen Flächen mit ihren Einzelab-
ständen a und b von der x- und y-Achse, dividiert durch die gesamte
Anzahl der Druckflächen, ermittelt.

Außer der rechnerischen Ermittlung des Schwerpunktes sei auf die
zeichnerische Methode hingewiesen, die unter Umständen schneller

Beispiel für Winkelstanze.

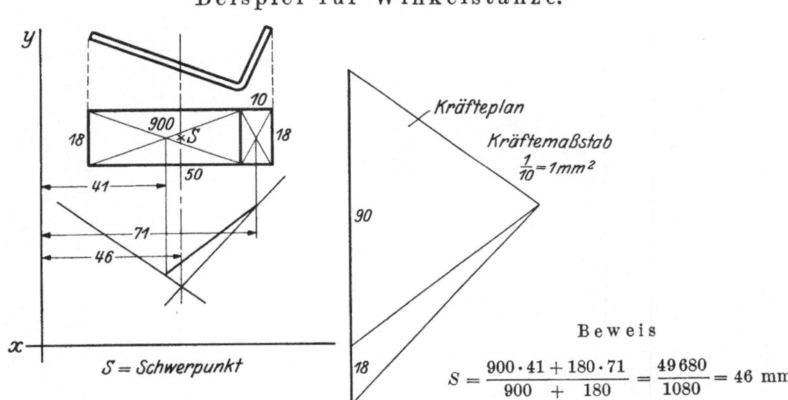

Abb. 131. Schwerpunktbestimmungen für Stanzflächen einer Winkelstanze.

zum Ziele führt. Man zeichnet nämlich alle Druckflächen der Stanze
im Grundriß und zieht von dem Schwerpunkt jeder einzelnen Fläche
nach unten und horizontal nach rechts Linien. Der Inhalt der einzelnen
in Betracht kommenden Druckflächen wird durch Linienstrecken, die
in einem bestimmten Verhältnis zu den Stanzflächen stehen müssen,
vertikal nach unten aneinandergereiht, und zwar so, wie sie bei der Stanze
von links nach rechts zusammenliegen. Ein beliebiger Nullpunkt wird
rechts der zusammengesetzten vertikalen Linie gewählt, von wo aus
Strahlen nach den einzelnen Abschnitten gezogen werden (genannt
Kräfteplan). Die nun im Grundriß der Stanze von den Flächen nach
unten verlaufenden Schwerpunktlinien erhalten, wie sie der Reihe nach
liegen, gezogene Parallelen zu den Strahlen des Kräfteplanes, deren
außenliegende so verlängert werden müssen, bis diese sich schneiden:
der Schnittpunkt ist derjenige, durch den die Gesamt-Schwerpunktlinie
geht. In der gleichen Weise wird auch mit den Horizontallinien verfahren, wodurch beide Gesamt-Schwerpunktlinien zur Kreuzung gelangen; dieser Kreuzungspunkt ist die Stelle, auf der der Stempelzapfen
zu setzen ist (Beispiele siehe Abb. 131—133).

G. Aufgaben und Lösungen.
Beispiele aus der Ziehtechnik.
1. Beispiel nach Abb. 111a S. 100.

Aufgabe: a   b   c   d   e

Es sollen runde Töpfe von . 167,5   131   97,5   58   11 mm Durchm.

mit einer Höhe von 100   99   90   75   45 mm   „

bei einer Werkstoffstärke v.   2,5   2   1   0,5   0,25 mm   „

aus doppelt dekapiertem Eisenblech gefertigt werden.

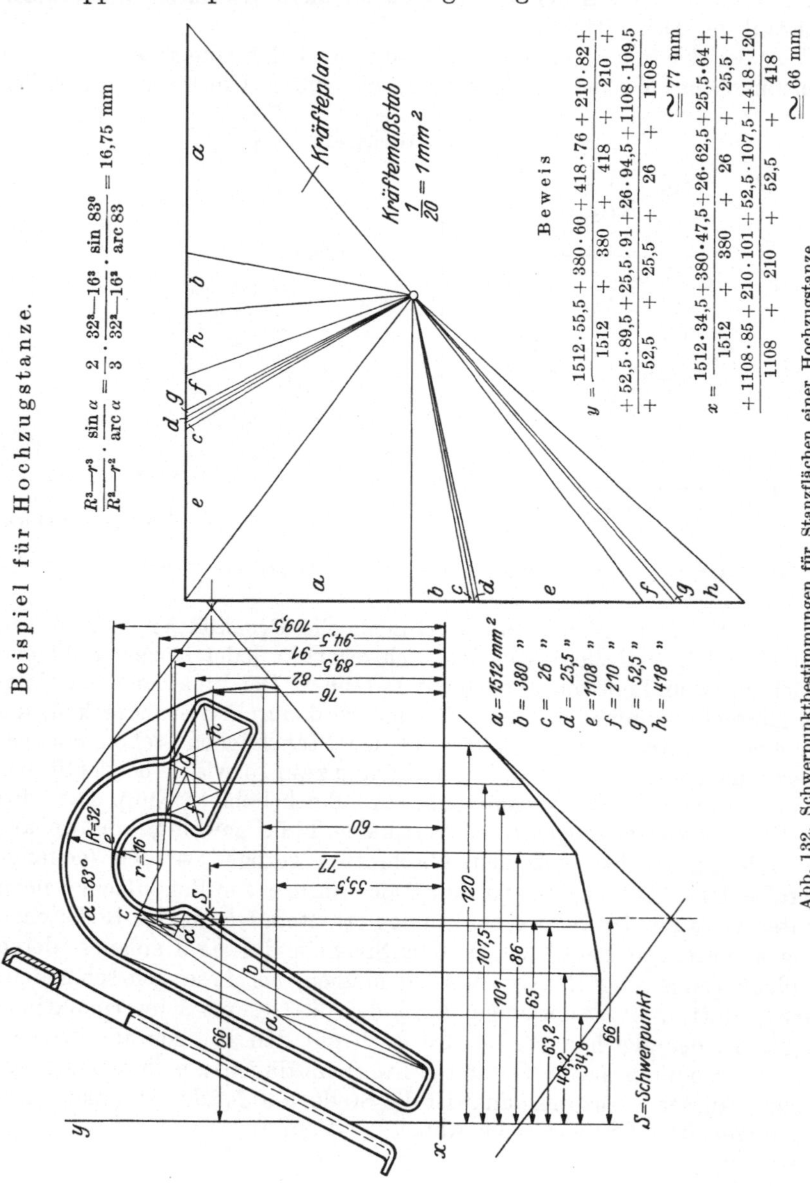

Abb. 132. Schwerpunktbestimmungen für Stanzflächen einer Hochzugstanze.

Fragen:

Wie groß sind die Scheibendurchmesser für a, b, c, d und e?

Welche Anzahl von Ziehgängen für a, b, c, d und e kommen in Frage?

Welche Abmessungen für die Vorstufen kommen in Frage?

Welche Radien für die Ziehkanten (für Ziehringe) kommen in Frage?

Lösung:

Mit Benutzung der Formel für zylindrische Hohlteile auf S. 100 Abb. 111a

folgt: $x = \sqrt{D^2 + 4\,D \cdot h}$ und daraus $h = \dfrac{x^2 - D^2}{4\,D}$; in Tabellenform.

Bezeichnung	x	h_1	h_2	h_3	h_4	1. Zug		2. Zug		3. Zug		4. Zug		δ
						lt. Tab.	ge-wählt	lt. Tab.	ge-wählt	lt. Tab.	ge-wählt	lt. Tab.	ge-wählt	
	mm	mm	mm	mm	mm	mm	mm	mm	mm	mm	mm	mm	mm	mm
a	308,5	82,5	100,02	—	—	185	—	139	167,5	—	—	—	—	2,5
b	263	38,3	99,25	—	—	158	—	118	131	—	—	—	—	2
c	211,5	56,3	90,32	—	—	127	—	96	97,5	—	—	—	—	1
d	144	37,8	63,5	75	—	87	—	65	—	49	58	—	—	0,5
e	46	12,36	21,45	31	45	27,5	—	20	—	15,2	—	11,5	—	0,25
e	46	12,36	21,45	31	45	—	27,3	—	19,8	—	15	—	11	0,25

Für den Topf mit 11 mm Durchmesser ist eine Korrektur der Ziehgänge vorgenommen, weil der Ablesewert des Ziehdiagrammes auf S. 96 Abb. 107 für den letzten Zug statt 11 mm Durchmesser 11,5 mm angibt; durchschnittlich sind 3% des Ablesewertes zulässig.

Beispiel für Prägestanze.

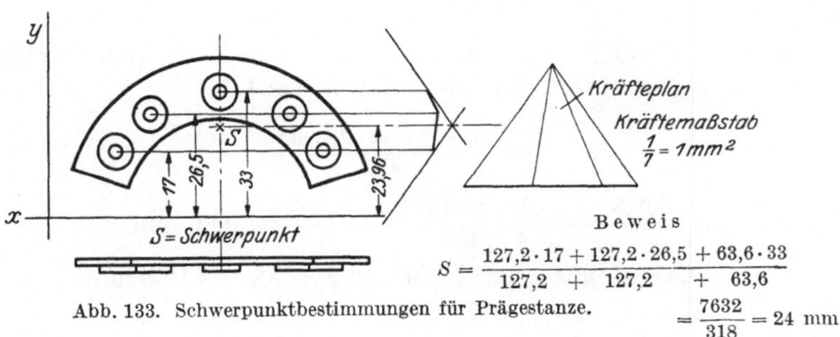

Abb. 133. Schwerpunktbestimmungen für Prägestanze.

Unter der Voraussetzung, daß beim ersten Arbeitsgang geschnitten und gezogen wird, kommen für a = 2, b = 2, c = 2, für d = 3 und für e = 4 Arbeitsgänge in Frage. Diese Anzahl von Arbeitsgängen käme nicht nur für doppelt dekapiertes Eisenblech, sondern auch für andere Werkstoffe außer Zink und Pappe in Betracht.

Sucht man im Ziehdiagramm den Scheibendurchmesser 308,5 mm auf, so ergibt die zweite Koordinate einen Ziehdurchmesser für den ersten Ziehgang von 185 mm Durchmesser. Um für die zweite Stufung auf den Ziehdurchmesser 167,5 mm bei einer Werkstoffstärke von 2,5 mm zu kommen, suche man als erste Koordinate 185 auf und lese bei der zweiten 139 mm ab. Da nun nicht 139 mm, sondern 167,5 mm in Frage kommen, ist letztere Abmessung maßgebend. Bei *b* trifft die

Stufung mit kleinem Unterschied, bei c dagegen ziemlich genau mit dem Ablesewert zusammen; bei d ist ein Ziehgang mehr erforderlich wie bei a.

Etwas anders liegen die Verhältnisse bei e. Hier ist eine Korrektur bei dem ersten Ziehgang mit der Begründung vorgenommen, daß höchstens 3% des Ablesewertes vom Diagramm abgewichen werden kann, wenn eine Toleranz im Innen- und Außendurchmesser von $\pm\,0{,}12$ gestattet ist. Nach dem Ziehkantendiagramm S. 97 Abb. 108 wird nach der Formel $(D_a{-}D_i)\cdot 2 = R$ verfahren, und es kommen folgende Werte für die Ziehkanten der Ziehringe zustande:

$$
\begin{array}{llllll}
a & (308{,}5 - 185)\cdot 2 = R = 14{,}2 \text{ mm} & \text{bei } \delta & = 2{,}5 \text{ mm} \\
b & (263{,}0 - 157)\cdot 2 = R = 11{,}5 \;\;\;,, & ,, \;\;,, & = 2{,}0 \;\;,, \\
c & (211{,}5 - 127)\cdot 2 = R = \;\;7{,}2 \;\;\;,, & ,, \;\;,, & = 1{,}0 \;\;,, \\
d & (144{,}0 - \;\;87)\cdot 2 = R = \;\;4{,}8 \;\;\;,, & ,, \;\;,, & = 0{,}5 \;\;,, \\
e & (\;\;46{,}0 - 27{,}3)\cdot 2 = R = \;\;1{,}85 \;,, & ,, \;\;,, & = 0{,}25 \,,,
\end{array}
$$

Handhabung des Ziehkantendiagramms siehe S. 94.

2. Beispiel nach Abb. 111b S. 100.

Aufgabe:

Statt der in der ersten Aufgabe gestellten Bedingungen sollen hier die Töpfe nicht mit normalen, sondern mit abgerundeten Kanten von $r = 22$ mm, 17 mm, 13 mm, 7 mm und 2,5 mm gefertigt werden.

Frage:

Wie hoch sind dann die Höhen der fertigen Hohlteile?

Lösung:

Findet Formel $x = \sqrt{4\,D\cdot h + 2\,r\cdot\pi\cdot d + d^2}$ (Abb. 111b) Anwendung, so bestimmt sich die Höhe h wie folgt:

$$h = \frac{x^2 - 2\,r\cdot\pi\cdot d - d^2}{4\,D}$$

Bei a .... $\dfrac{308{,}5^2 - 2\cdot 22\cdot\pi\cdot 123{,}5 - 123{,}5^2}{4\cdot 167{,}5} = 93{,}8$ mm

Gesamthöhe der Hülse $93{,}8 + 22 = 115{,}8$ mm.

Bei b .... $\dfrac{263^2 - 2\cdot 17\cdot\pi\cdot 97 - 97^2}{4\cdot 131} = 94{,}2$ mm

Gesamthöhe der Hülse $94{,}2 + 17 = 111{,}2$ mm.

Bei c .... $\dfrac{211{,}5^2 - 2\cdot 13\cdot\pi\cdot 71{,}5 - 71{,}5^2}{4\cdot 97{,}5} = 86{,}6$ mm

Gesamthöhe der Hülse $86 + 13 = 99$ mm.

Bei d .... $\dfrac{144^2 - 2\cdot 7\cdot\pi\cdot 44 - 44^2}{4\cdot 55} = 76{,}6$ mm

Gesamthöhe der Hülse $76{,}6 + 7 = 83{,}6$ mm.

Bei e .... $\dfrac{46^2 - 2\cdot 2{,}5\cdot\pi\cdot 6 - 6^2}{4\cdot 11} = 45{,}1$ mm

Gesamthöhe der Hülse $45{,}1 + 2{,}5 = 47{,}6$ mm.

Vergleicht man die so gefundenen Werte mit denen der ersten Aufgabe, so muß es ganz natürlich erscheinen, daß mit steigender Abrundung der Kante das Hohlteil seine Höhe vergrößert.

3. Beispiel nach Abb. 134 S. 126.

Aufgabe:

Es sind halbrunde Messinghohlteile mit und ohne zylindrischem Mantel nach gegebenen Abbildungen herzustellen. Diejenigen Teile mit zylindrischem Mantel sind getrennt zu behandeln.

Folgende Abmessungen sind gegeben:

	a	b	c
Durchmesser von $s =$	250 mm	120 mm	80 mm
Höhe „ $h =$	100 „	30 „	35 „
Blechstärke „ $\delta =$	2 „	1,5 „	1 „

Fragen:

Wie groß sind die Scheibendurchmesser?

Welche Arbeitsgänge kommen in Frage?

Lösung:

Zur Scheibenbestimmung sind hierfür zwei Formeln benutzbar:

$$x = \sqrt{s^2 + 4h^2}; \quad x = \sqrt{8r \cdot h}; \quad h = \frac{x^2}{8r} \text{ (ohne zylindrischem Mantel)}$$

ferner

$$x_1 = \sqrt{8r \cdot h + 4D \cdot h_1}; \quad h = \frac{x^2 - 4D \cdot h_1}{8r} \quad \left.\begin{array}{l}\text{mit} \\ \text{zylindrischem} \\ \text{Mantel.}\end{array}\right.$$

wird $r = \dfrac{D}{2}$ dann ist $x = \sqrt{D^2 + h^2 + 4D \cdot h_1}$

Unter Benutzung der ersten Formel für Teile ohne zylindrischem Mantel folgt:

Bezeichng.	$s\,\varnothing$	$x\,\varnothing$	h	r	δ	1. Zug	2. Zug	3. Zug
a . . .	250 mm	320,5 mm	100 mm	128 mm	2,0 mm	A 250/ B 192+	A 250/ B 145+	Fertig-schlag
b . . .	120 „	134,3 „	30 „	75,1 „	1,5 „	A 120/ B 80+	Fertig-schlag	—
c . . .	80 „	106,2 „	35 „	40,2 „	1,0 „	A 80/ B 62+	A 80/ B 47+	—

Anmerkung: Beim Formen eines halbrunden Hohlteiles entstehen in der Nähe des Mantelrandes parabelartige Falten, die durch Werkstoffwanderungen hervorgerufen werden. Der A-Durchmesser ist infolgedessen um 3% kleiner als der Diagrammwert zu wählen und das Teil beim Fertigschlag auf richtiges Maß zu bringen. Dem Halbkugelteil wird in den Vorstufen eine Bodenfläche gegeben, damit keine zu große Faltenbildung entsteht; der B-Durchmesser wird ebenfalls um 3% kleiner als der Ablesewert des Ziehdiagramms (Abb. 107) gemacht.

(A $\varnothing$ = Außendurchmesser, B $\varnothing$ = Bodendurchmesser).

Die Ermittlung der Ziehradien für die Teile a, b und c sind:

a . . . $(320{,}0 - 250) \cdot 2 = 7{,}8$ mm Radius bei $\delta = 2{,}0$ mm
b . . . $(134{,}3 - 120) \cdot 2 = 3{,}0$ „ „ „ „ $= 1{,}5$ „
c . . . $(106{,}2 - 80) \cdot 2 = 4{,}2$ „ „ „ „ $= 1{,}0$ „

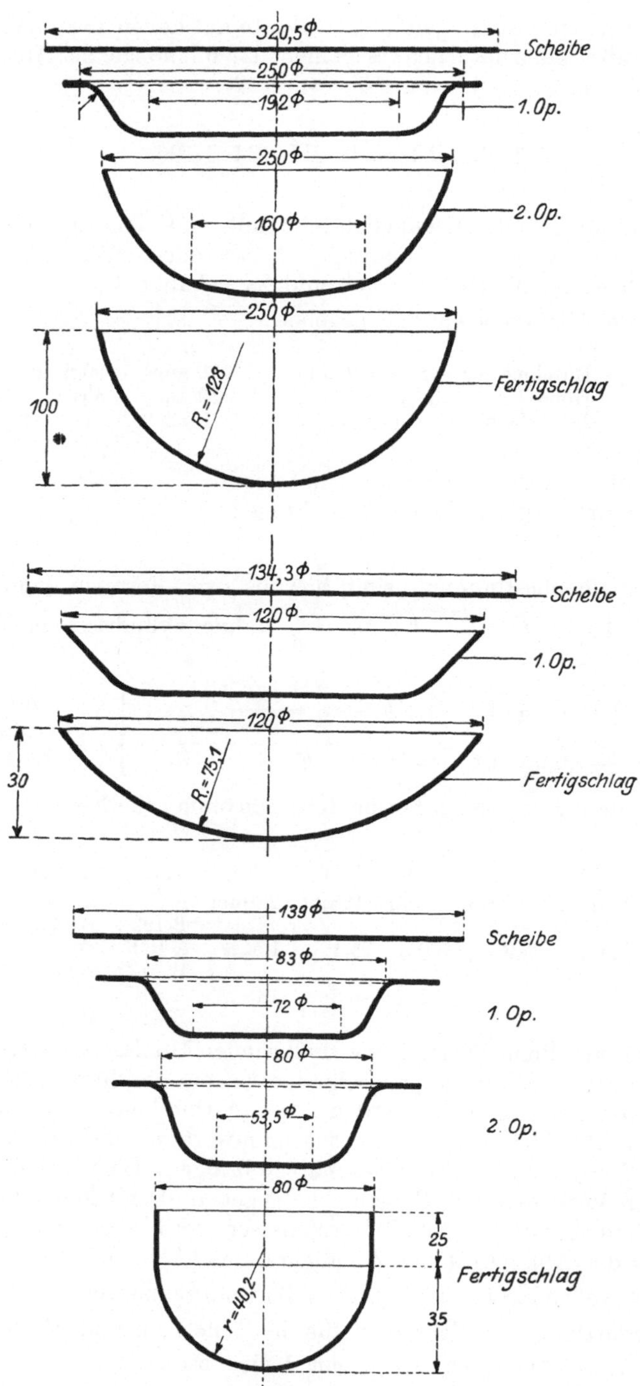

Abb. 134. Ziehgänge von halbrunden Hohlteilen.

Halbrunde Hohlteile mit zylindrischem Mantel ergeben folgendes Bild, wenn gegeben sind:

	$s\ \varnothing$	$x\ \varnothing$	h	h_1	r	δ	1. Zug	2. Zug	3. Zug
a_1 .	250 mm	343,0 mm	100 mm	15 mm	128 mm	2,0 mm	A 250/ B 192	A 250/ B 145	Fertig- schlag
b_1 .	120 „	165,5 „	30 „	20 „	75,1 „	1,5 „	A 120/ B 80	Fertig- schlag	— —
c_1 .	80 „	139,0 „	35 „	25 „	40,2 „	1,0 „	A 83/ B 62	A 83/ B 47	Fertig- schlag

Beide Lösungen der Aufgabe sind durch die Anwendung der gegebenen Formeln kurz und übersichtlich, sie sind ein Zeichen brauchbarer Unterlagen und das Gegebene für Kalkulationsbureaus.

4. Beispiel nach Abb. 134 S. 126.

Aufgabe:

Die im Beispiel 3 gegebenen halbrunden Hohlteile sollen mit einem flachen Boden gefertigt werden und zwar für

a	b	c
85 mm $\varnothing$	40 mm $\varnothing$	24 mm $\varnothing$

Fragen:

Wieviel Arbeitsgänge sind zu ihrer Herstellung nötig?
Welche Höhe für a
Welcher Radius für b } kommen in Frage?
Welcher Durchmesser für c

Lösung:

Unter Verwendung der hierfür bestimmten Formeln ist:

$$\frac{x^2 - d^2}{8\,r} = h; \quad \frac{x^2 - d^2}{8\,h} = r; \quad \frac{x^2 - 8\,r \cdot h - d^2}{4} = D; \quad \frac{x^2 - 8\,r \cdot h - d^2}{4\,D} = h_1.$$

Werden Zahlen in obige Gleichungen eingesetzt, so folgt:

für a) $\quad h = \dfrac{320,5^2 - 85^2}{8 \cdot 128} = 100$ mm (ohne zylindrischen Mantel)

für b) $\quad r = \dfrac{134,3^2 - 40^2}{8 \cdot 27,35} = 75,1$ mm „ „ „

für c) $\quad D = \dfrac{139^2 - 8 \cdot 40 \cdot 2 \cdot 35 - 24^2}{4 \cdot 23,25} = 80$ mm (mit zylindr. Mantel).

Um aus diesen Werten die Arbeitsgänge festzulegen, sei auf die Lösung der vorherigen Aufgabe verwiesen, aus der die Ziehstufen abgeleitet werden können. Die Scheibendurchmesser haben sich hier nicht geändert und die Form der Hohlteile mit flachem Boden ist günstiger geworden. Da die Bodendurchmesser vor dem letzten Arbeitsgang bedeutend größer sind als die in der Aufgabe verlangten, so brauchen keine weiteren Arbeitsgänge eingeschaltet werden, die Formgebung des Hohlteiles erfolgt nur durch Fertigschlag.

5. Beispiel nach Abb. 135 S. 128.

Aufgabe:

Es ist eine genau kalibrierte Hülse mit Lötöse bei normaler Anstrengung des Werkstoffes zu fertigen, die einen Außendurchmesser von genau 6,95 mm und einen Innendurchmesser von genau

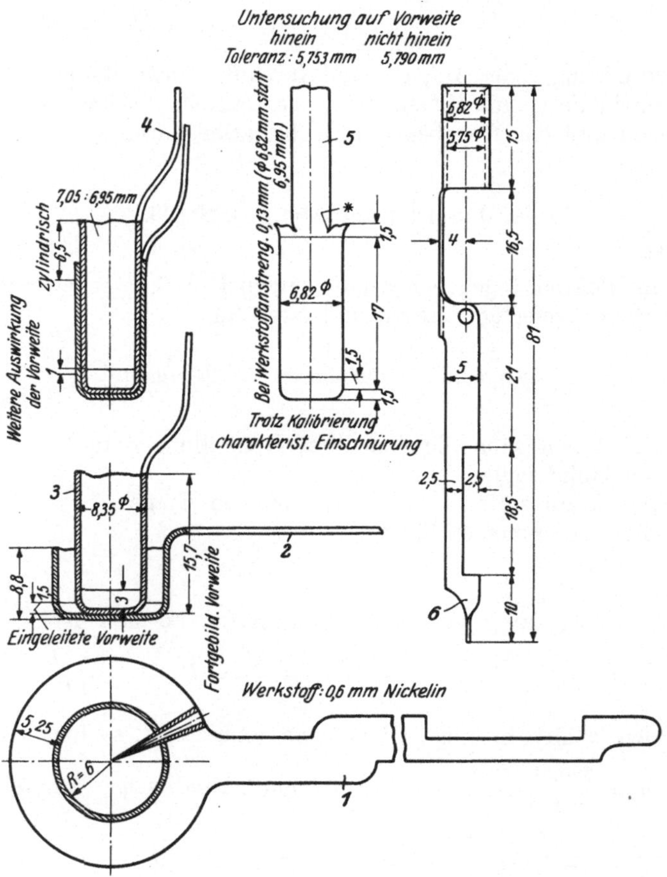

Abb. 135. Arbeitsgänge eines Klinkenkörpers.

5,75 mm haben soll. Die Höhe der Hülse muß bei abgefrästem Boden
15 mm betragen; die Hülse muß in allen ihren Abmessungen lehren-
haltig sein. Die Toleranz für den Innendurchmesser ist mit 5,753 mm
hinein und mit 5,790 mm Kalibermaß nicht hinein begrenzt.

Fragen:

Welche Arbeitsgänge kommen in Frage?

Kann die vorgeschriebene Genauigkeit bei Massenfertigung erreicht
werden?

Lösung:

Bei der zu befolgenden Genauigkeit hat man sich eine Zugabe im Flächeninhalt der Scheibe gestattet und ist dabei auf einen Scheibendurchmesser von 22,5 mm gekommen. Nach dem Ziehdiagramm S. 96 Abb. 107 ergibt sich der erste Ziehdurchmesser mit 13 mm, der zweite mit 10 mm. Um den Werkstoff zu schonen, ist man nicht von 10 auf 7,5, sondern auf 8,2 und dann auf 7,5 mm Durchmesser gegangen und hat hiernach einen Kaliberzug von 6,82 eingeschaltet. In Abb. 135 ist der Entwicklungsgang eingehend veranschaulicht.

Kommentar: Wenn zu schwere Bedingungen in der wirtschaftlichen Fertigung von Ziehteilen gestellt werden, so taucht die Frage auf, ob bei derartigem Genauigkeitsgrad die Hülsenausführung möglich ist oder nicht. Nach der bereits behandelten Materie ist sie zweifelhafter Natur, weil dei jeder Formgebung des Werkstoffes eine Schwächung eintritt (siehe S. 92 Abb. 104: Umformung von Scheiben zum Topf).

Aus der Werkstoffschwächung des Hülsenmantels, die unvermeidbar ist, folgt, daß der lichte Durchmesser der Hülse in der Nähe des Bodens am größten und auf der entgegengesetzten Seite am kleinsten sein muß. Ein Ausweg zur Verminderung der lichten Durchmesserdifferenzen kann noch so gefunden werden, indem man den Scheibendurchmesser in entsprechender Weise vergrößert. Dieser Weg würde zur Unwirtschaftlichkeit führen, weil mehr Arbeitsgänge und Zahlung unnötiger Löhne erforderlich wären, ferner der Abfall des Werkstoffes bedeutend größer sein würde, ohne etwas damit erreicht zu haben. Der größte Genauigkeitsgrad in der Massenfertigung dieser Hülse endigte mit einer Vorweite von 0,13 mm, d. h. bei Abfräsung des Hülsenbodens mit einem Teil des Mantels war der lichte Durchmesser um 0,13—0,08 mm größer als die gestellte Bedingung.

Eine eigenartige Erscheinung, die am Teil 5 mit einem Stern bezeichnet ist, sei noch erwähnt; beim Übergang von der Hülsenwand zum Lötösenschwanz bilden sich tiefe Einkerbungen, die man anfänglich als Sprünge ansah. Die angestellte Untersuchung hat aber ergeben, daß diese Einkerbungen nicht als Sprünge des Werkstoffes zu betrachten sind, sondern von der Fächerbildung des Hülsenmantels herrühren und dem Lötschwanz eine taillenartige Einschnürung geben.

<h3 align="center">6. Beispiel nach Abb. 119 S. 108.</h3>

Aufgabe:

Für Spezialzwecke sind Hülsen mit fast scharfkantigem und planem und eine mit gewölbtem Boden anzufertigen.

Fragen:

Wie groß sind die Scheibendurchmesser?

Welche Ziehdurchmesser kommen in Frage?

Auf welche Art kommt man zu der Form der Teile?

Lösung:

Rechnet man die erforderlichen Quadratmillimeter für jede Hülse aus, die sich aus dem Boden $\dfrac{D^2 \cdot \pi}{4}$ und dem Mantel $D \cdot \pi \cdot h$ ergeben, so kommen für

	a	b	c
	2093 mm²	1900 mm²	4071 mm²
und Scheibendurchmesser	46 mm	44 mm	72 mm

in Frage.

Mit Hilfe des Ziehdiagramms S. 96 Abb. 107 bestimmen sich die Ziehdurchmesser für:

	a	b	c
1. Ziehgang	27,5 mm	26,5 mm	43,5 mm
2. Ziehgang	20,0 „	20,0 „	33 „
3. Ziehgang	15,0 „	15 „	25 „
4. Ziehgang	—	13,5 „	20 „

Um den Hülsenboden für a scharfkantig zu erhalten, ist die doppelte Werkstoffstärke des Hülsenmantels (Boden nach oben) einzuziehen, dagegen käme für b nur eine Werkstoffstärke bei gleichem Ziehvorgang in Frage, und zwar kann für

a	b	c
von 15 auf 13 mm ⌀	von 13,5 auf 12 mm ⌀	auf 20 mm ⌀

gezogen werden. Um bei b und c die Hülsen konisch zu ziehen, müssen die Ziehringe in entsprechender Weise ausgebildet sein und ist hierbei notwendig, für Schmierflüssigkeit einen Ausweg vom Innendurchmesser des Ziehringes zu schaffen. Bei b ist zu sehen, wie im Ziehring Nuten eingedreht sind, von denen kleine Kanallöcher nach außen führen, die zum Abfluß für die Schmierflüssigkeit dienen. Für die bei d dargestellte Einschnürung ist nur ein weiterer zylindrischer Zug notwendig.

7. Beispiel nach S. 131 Abb. 136.

Aufgabe:

Es sind Kegel aus Aluminiumblech mit und ohne zylindrischem Mantel herzustellen.

Gegeben ist bei		a	b	c	d
Kegelseite	$s =$	170 mm	53,0 mm	80 mm	49,0 mm
Radius	$r =$	— „	23,5 „	— „	11,0 „
Kegelhöhe	$h =$	— „	— „	— „	47,9 „
Kegelwinkel	$\alpha =$	— „	— „	63 „	— „
Zylinderhöhe	$h_1 =$	— „	— „	— „	31,0 „
Scheiben ⌀	$x =$	237 „	— „	— „	— „
Werkstoffstärke	$\delta =$	1,5 „	1,0 „	0,5 „	0,25 „

Fragen:

Wie groß sind die Scheibendurchmesser?
Welche Arbeitsgänge kommen in Frage?

Lösung:

Bei Anwendung der Formeln für Kegel ohne Mantel:

$$x = \sqrt{4\,r \cdot s}; \qquad s = \sqrt{r^2 + h^2}; \qquad x = \sqrt{4\,r\,\sqrt{r^2 + h^2}}$$

und mit Mantel $\quad x = \sqrt{4\,r \cdot s + 8\,r \cdot h_1}$

Bei Einsetzung der Zahlen in obige Gleichungen ergeben sich folgende Resultate:

für a) $\quad r = \dfrac{x^2}{4s} = \dfrac{237^2}{4 \cdot 170} = \dfrac{56169}{680} = 82,6$ mm rd 82,5 mm

für b) $\quad x = \sqrt{4 \cdot 23,5 \cdot 53} = \sqrt{4982} = 70,6$ mm rd 71 mm Durchmesser

für c) $\quad r = s \cdot \dfrac{\sin \alpha}{2} = 80 \cdot 0,5225 = 41,8$ mm und

$\qquad\quad x = \sqrt{4 \cdot 41,8 \cdot 80} = 115,6$ mm rd 116 mm Durchmesser

für d) $\quad x = \sqrt{4 \cdot 11 \cdot 49 + 8 \cdot 11 \cdot 31} = \sqrt{4884} = 69,7$ mm rd 70 mm $\varnothing$

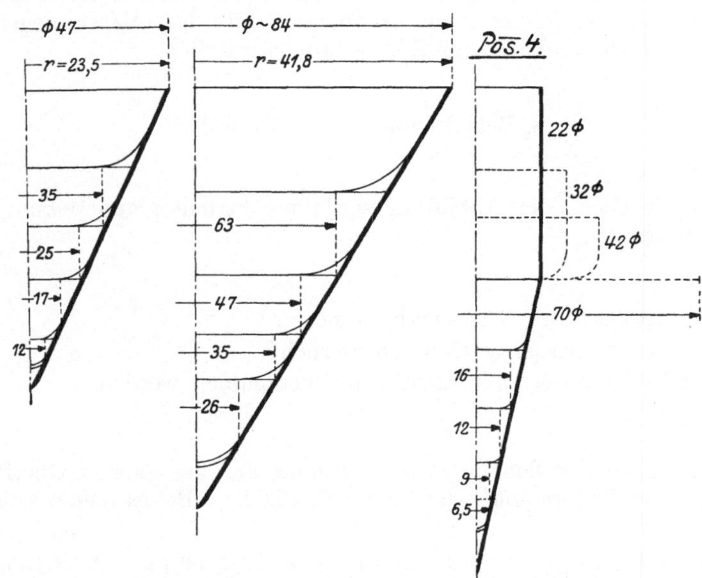

Abb. 136. Hohlkegel mit und ohne zylindrischem Mantel.

In der Ausrechnung der Scheibendurchmesser sind die Werte aus wirtschaftlichen Gründen nach oben abgerundet.

Aus den vorliegenden Scheibengrößen:

	a	b	c	d
$x =$	237 mm $\varnothing$	71 mm $\varnothing$	115,6 mm $\varnothing$	70 mm $\varnothing$
$\delta =$	1,5 ,,	1 ,,	0,5 ,,	0,25 ,,

aus denen sich die Kegel ergeben sollen, sind laut Ziehdiagramm folgende Arbeitsgänge erforderlich:

	a $x = 237$ mm $\varnothing$	b $x = 71$ mm $\varnothing$	c $x = 115,6$ mm $\varnothing$	d $x = 70$ mm $\varnothing$
1. Zug	142 mm gew. 165 mm	43 mm gew. 47 mm	70 mm gew. 84 mm	gew. 42 mm
2. ,,	,, 125 ,,	,, 35 ,,	,, 63 ,,	,, 32 ,,
3. ,,	,, 95 ,,	,, 25 ,,	,, 47 ,,	,, 22 ,,
4. ,,	,, 70 ,,	,, 17 ,,	,, 35 ,,	,, 16 ,,
5. ,,	,, 52 ,,	,, 12 ,,	,, 26 ,,	,, 12 ,,
6. ,,	Spitze abgerundet	Spitze abgerundet	,, 18 ,,	,, 9 ,,
7. ,,	Scharfschlag	Scharfschlag	Spitze abgerundet	,, 6,5 ,,
8. ,,	—	—	Scharfschlag	Spitze
9. ,,	—	—	—	abgerundet Scharfschlag

Bedient man sich zur Formbestimmung der Ziehstempel noch der zeichnerischen Methode, so kann man die Abrundungen der Ziehstempel, wie in der Abbildung veranschaulicht, vornehmen.

Aus der Darstellung der Kegel geht hervor, daß die Abrundungen der Ziehstempel in der Weise ermittelt werden, indem man stufenweise Projektionen vom kleinen auf den größeren Stempeldurchmesser vornimmt und Punkte findet, von denen aus die Stempelabrundungen beginnen müssen.

So wie die Arbeitsgänge der Kegel mit auslaufender Spitze bestimmt werden, sind auch dieselben für abgestumpfte Kegel festzulegen; im letzteren Falle sind weniger Ziehstufen erforderlich.

8. Beispiel nach Abb. 137 S. 133.

Aufgabe:

Nach vorliegender Abbildung sind Sprechtrichter aus Messingblech herzustellen.

Fragen:

Wie groß ist der Scheibendurchmesser?
Welche Arbeitsgänge sind erforderlich?
Welcher dünnster Werkstoff kann genommen werden?

Lösung:

Die Größe der Scheibe wird bestimmt aus der ganzen Oberfläche des Sprechtrichters inkl. der Ziehbodenfläche. Beides setzt sich zusammen aus:

Randrollung: $d \cdot \pi \cdot D \cdot \pi = 2,5 \cdot 3,14 \cdot 82,5 \cdot 3,14 = 2033,15$ mm (mittlerer Augendurchmesser).

Abgestumpfter Kegel: $\pi \cdot s (r + r_1) = 3,14 \cdot 44,8 (40 + 20) = 8440,20$ mm², wobei $s = \sqrt{(r - r_1)^2 + h^2} = \sqrt{(40 - 20)^2 + 40^2} = 44,8$ mm

Hals: $d_1 \cdot \pi \cdot h = 40 \cdot 3,14 \cdot 10$ . . . . $= 1256,00$ mm²

Flansch: $\dfrac{D^2 \cdot \pi}{4} - \dfrac{d_1{}^2 \cdot \pi}{4} = \dfrac{60^2 \cdot 3,14}{4} - \dfrac{40^2 \cdot 3,14}{4} = 1570,79$ mm²

Ziehbodenfläche: $\dfrac{d_1{}^2 \cdot \pi}{4} = \dfrac{40^2 \cdot 3,14}{4}$ . . . . . . $= 1256,64$ mm²

Summa 14556,78 mm²

Die Gesamtquadratmillimeter des Hohlteils werden dem Inhalt einer runden Scheibe gleichgesetzt, es folgt daraus $\dfrac{D^2 \cdot \pi}{4} = 14557,50$ mm², woraus $D = 136,2$ mm ist.

Zur Bestimmung der Werkstoffstärke muß vorerst eine Annahme gemacht werden, weil die äußerste Kante δ des Zylindermantels, von 38 mm auf 60 mm Durchmesser aufgeweitet, sich verkleinert.

Die Stärke des Flansches mit 0,3 mm angenommen, ergibt eine Zylindermantelstärke von $D_1 \cdot \pi \cdot \delta = d_1 \cdot \pi \cdot \delta_1; \; \dfrac{D_1 \cdot \delta}{d_1} = \delta_1; \; \dfrac{60 \cdot 0,3}{38} = 0,47 \, \text{mm}.$
Man hätte, um handelsübliche Ware zu benutzen, 0,5 mm starkes

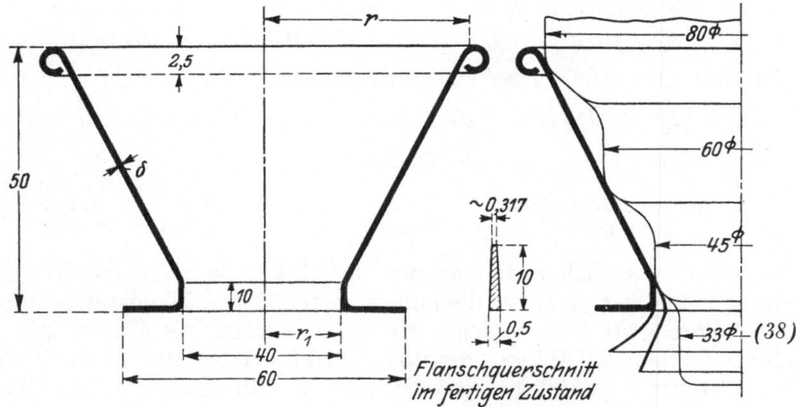

Abb. 137. Entwicklungsgang eines Sprechtrichters.

Messingblech zu wählen. Die Ziehstufenbildung laut Diagramm S. 96 Abb. 107 ist folgende:

Scheiben ∅   1. Zug   2. Zug   3. Zug   4. Zug
136,5 mm   80 mm ∅   60 mm ∅   45 mm ∅   33 mm ∅ gew. 38 mm

Aus der Abbildung sind die Aufweitungen des Zylindermantels ersichtlich; diese bewegen sich bei jeder Weitung mit darauffolgender Randglühung bis zu 20%.

9. Beispiel nach Abb. 124 S. 112.

Aufgabe:

Ist es möglich, einen sonst aus Spritzguß gefertigten Sprechtrichter aus Blech in größeren Mengen wirtschaftlich herzustellen?

Fragen:

Wie müssen die Arbeitsgänge aufeinander folgen?

Welcher Werkstoff käme in Frage, wenn günstige Aussicht dazu besteht?

Lösung:

Die Ausrechnung des Scheibendurchmessers geschieht hier auf zeichnerischem Wege und zwar so, daß die mittlere Länge des gebogenen Sprechtrichters durch Abzirkeln festgestellt wird. Im vorliegenden Falle beträgt sie inkl. des Bodenabstiches 67 mm und bestimmt damit gleichzeitig die Topfhöhe. Soll der fertige Trichter eine Wandstärke von 0,5 mm aufweisen, so kann aus beiden Durchmessern 20 mm und 48 mm die Werkstoffstärke errechnet werden.

Aus der Gleichung:

$$D \cdot \pi \cdot \delta = d \cdot \pi \cdot \delta_1; \quad \frac{D \cdot \delta}{d} = \delta_1 = \frac{48 \cdot 0,5}{20} = 1,2 \text{ mm}$$

sind nun bekannt:

Hülsendurchmesser:	Mantelstärke:	Hülsenhöhe:
20 mm	1,2 mm	67 mm

hieraus ergibt sich ein Scheibendurchmesser

$$x = \sqrt{D^2 + 4\,D \cdot h} = \sqrt{20^2 + 4 \cdot 20 \cdot 67} = 76 \text{ mm Durchmesser.}$$

Als Arbeitsgänge kommen in Frage:

Scheibendurchmesser	1. Zug	2. Zug	3. Zug	4. Zug
76 mm	45 mm	33 mm	25 mm	20 mm

Nach den vier Ziehgängen werden die Hülsen konisch überdreht, so daß die eine Seite 1,2 mm, die andere Seite 0,5 mm Wandstärke erhält; der Boden wird abgestochen. Hiernach werden die Hülsen gut geglüht und dann im Winkel gestanzt. Damit bei der Hülse keine Deformation auftritt, erhält diese zum Biegen als Füllung eine eng gewickelte Drahtspirale, die nach erfolgter Biegung wieder herausgezogen wird.

Die Aufweitungen der starkwandigen Seite der Hülse sind:

Arbeitsgang	1	2	3	4	5
	22,8 mm ∅	27,3 mm ∅	32,7 mm ∅	39,2 mm ∅	48 mm ∅

zu bemessen (siehe Abbildungen).

Damit nicht mehrere Werkzeuge zur Verwendung gelangen, ist, wie aus der Abbildung hervorgeht, der Unterstempel zweiteilig mit einem auswechselbaren Auffangstück ausgerüstet, in der die Hülse bei der Aufweitung ruht.

Es sind mithin bis zur Fertigstellung zusammen 4 Zieh, 1 Dreh, 5 Arbeitsgänge für die Aufweitungen und 7 Glühungen notwendig.

10. Beispiel nach Abb. 138 S. 134.

Aufgabe:

Ein Hohlteil mit Tülle aus 0,3 mm starkem Aluminiumblech ist zu fertigen, und es sollen vorerst die erforderlichen Arbeitsgänge festgelegt werden.

Fragen:

Welcher Scheibendurchmesser kommt hierbei in Frage?

Welches sind die günstigsten Ziehdurchmesser für die Vorstufen?

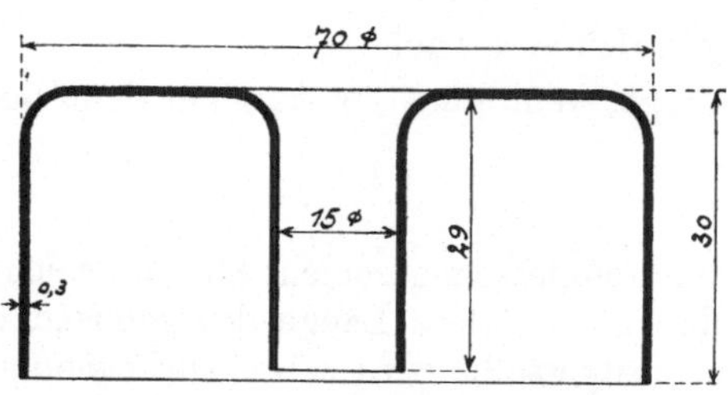

Abb. 138. Aluminiumhülse mit Tülle.

Welche Höhen für jede einzelne Ziehstufe mit ihren Abrunden ergeben sich?

Lösung:

Die Scheibengröße wird wie folgt festgelegt:

Großer Mantel des Teils . . . . $70 \cdot \pi \cdot 31$ $= 6817{,}21 \text{ mm}^2$

„ Boden „ „ . . . . . $\dfrac{70^2 \cdot \pi}{4} - \dfrac{15^2 \cdot \pi}{4}$ $= 3671{,}74 \text{ mm}^2$

Kleiner Mantel „ „ . . . . . $.15{,}6 \cdot \pi \cdot 29{,}5$ $= 1445{,}— \text{ mm}^2$

„ Boden „ „ . . . . $\dfrac{15{,}6^2 \cdot \pi}{4}$ $= 190{,}80 \text{ mm}^2$

Summa $12\,124{,}75 \text{ mm}^2$

$$\frac{D^2 \cdot \pi}{4} = 12\,124{,}75 \text{ daraus } D = 125{,}5 \text{ mm Durchmesser.}$$

Der Flächeninhalt der Tülle ist $1544{,}6 \text{ mm}^2$ und entspricht bei kleiner Flächenzugabe als Sicherheit einem $D = 44{,}5$ mm Durchmesser.

Für das Hohlteil kommt folgende Formel in Frage:

$$O = D \cdot \pi \cdot h; \quad h = \frac{O}{D \cdot \pi}. \quad (O = \text{Oberfläche})$$

Bei einem Scheibendurchmesser von 125,5 mm sind die Ziehdurchmesser und die Abrundungen der Ziehkante wie folgt:

1. Zug	2. Zug	3. Zug	4. Zug	5. Zug	6. Zug	7. Zug
74 mm	55 mm	42 mm	32 mm	23 mm	17 mm	15,6 mm

Abrundung $r = 9{,}5$ mm 6,5 mm 5,0 mm 4,5 mm 3,0 mm 2,0 mm 0,3 mm
Höhe $h = 6{,}6$ „ 8,9 „ 11,7 „ 15,4 „ 24 „ 28,9 „ 31,5 „

Der Flächeninhalt des Tüllenmantels exkl. Boden beträgt, wie bereits erwähnt, 1544 mm^2. Da die Bodenfläche des ersten und zweiten Ziehdurchmessers einen größeren Flächeninhalt hat als zur Tülle zu ziehen notwendig ist, sind die Mantelhöhen bei den festgelegten Durchmessern von dem Inhalt der Tüllenoberfläche abzuleiten. Diese Maßnahme ist vorzunehmen, um die Ziehstufen nach vorgeschriebener Reihe folgen zu lassen. Hiernach folgt: 8 mm.

Bei Anwendung der gegebenen Formel $h = \dfrac{O}{D \cdot \pi}$ ergibt sich für

$$h_1 = \frac{1544}{74 \cdot \pi} = \frac{1544}{232{,}5} = 6{,}6 \text{ mm}$$

$$h_2 = \frac{1544}{55 \cdot \pi} = \frac{1544}{172{,}8} = 8{,}9 \text{ mm}$$

$$h_3 = \frac{1544}{42 \cdot \pi} = \frac{1544}{132} = 11{,}7 \text{ mm}$$

$$h_4 = \frac{1544}{32 \cdot \pi} = \frac{1544}{100{,}5} = 15{,}4 \text{ mm}$$

$$h_5 = \frac{1544}{23 \cdot \pi} = \frac{1544}{72{,}3} = 21{,}49 \text{ mm}$$

$$h_6 = \frac{1544}{17 \cdot \pi} = \frac{1544}{53{,}4} = 28{,}9 \text{ mm}$$

$$h_7 = \frac{1544}{15{,}6} = \frac{1544}{49} = 31{,}5 \text{ mm}$$

(1544 mm^2 entspricht einem Scheibendurchmesser von 44,5 mm.)

Die Werte können untereinander noch so abgestimmt werden, daß bei jeder Ziehhöhe ein Plus vorhanden ist, damit der letzte Höhenwert mit Sicherheit erreicht wird. Die Weiterentwicklung des Hohlteiles ist zunächst die, daß der uneben gewordene Flansch planiert werden muß, weil er sich durch den Tülleneinzug von 124 mm auf 116 mm Durchmesser verkleinert hat; sein Rand ist zu beschneiden. Nach diesen Arbeitsgängen wird der Tüllenboden abgestochen und der große Mantel von 70 mm Durchmesser gezogen; wegen der eigenartigen Beschaffenheit dieses Werkstoffes mußte ein Zwischenzug von 74 mm Durchmesser eingeschaltet werden, um den Fertigzug von 70 mm machen zu können. Durch sechsmaliges Glühen, d. h. vom zweiten Arbeitsgang ab, wurde nach jedem Ziehgang geglüht, wobei metallische Ausscheidungen beobachtet wurden, die den Werkstoff anscheinend spröder machten. Um die Ziehteile beim Glühen keinen Übertemperaturen auszusetzen, wurden 450° C für den Glühofen als die geeignete Temperatur festgestellt. Aus Sicherheitsgründen werden die Teile vor dem Glühen mit Öl bespritzt, diese Spritzer färben sich während der Glühdauer in kurzer Zeit ganz schwarz, sobald diese aber gänzlich verschwinden, ist der Zeitpunkt gekommen, um die Teile erkalten zu lassen. Damit auch der Ofen keine höhere Temperatur als 450° C annimmt, wurde dieser mit einem Pyrometer versehen und gut abgestimmt.

11. Beispiel nach Abb. 139 S. 137.

Aufgabe:

Zu fertigen sind Hohlteile aus 1 mm Messingblech mit stufenweiser Bodenbildung (siehe Abb. 139).

Fragen:

Wie groß ist der Scheibendurchmesser, wenn für den Mantelabstich 3 mm genommen wird?

Mit wieviel Arbeitsgängen ist überhaupt das Hohlteil fertigzustellen?

Lösung:

Aus dem Flächeninhalt des ganzen Hohlteiles wird die zu ziehende Scheibe bestimmt; diese setzt sich zusammen aus:

kleinem Boden . . .	$\dfrac{30^2 \cdot \pi}{4}$	$= 706{,}85 \text{ mm}^2$	Die Größe
kleinste Ziehstufe . .	$30 \cdot \pi \cdot 15$	$= 1413{,}50 \text{ mm}^2$	der Scheibe ermittelt
kleinstem Kreisring .	$\dfrac{45^2 \cdot \pi}{4} - \dfrac{30^2 \cdot \pi}{4}$	$= 883{,}58 \text{ mm}^2$	sich aus:
mittlerer Ziehstufe .	$45 \cdot \pi \cdot 40$	$= 5654{,}80 \text{ mm}^2$	$\dfrac{D^2 \cdot \pi}{4} =$
mittlerem Kreisring .	$\dfrac{56^2 \cdot \pi}{4} - \dfrac{45^2 \cdot \pi}{4}$	$= 872{,}57 \text{ mm}^2$	$55\,498 \text{ mm}^2$
großer Ziehstufe . .	$56 \cdot \pi \cdot 30$	$= 5277{,}90 \text{ mm}^2$	daraus
großem Kreisring .	$\dfrac{80^2 \cdot \pi}{4} - \dfrac{56^2 \cdot \pi}{4}$	$= 2563{,}55 \text{ mm}^2$	$D =$
Ansatz	$80 \cdot \pi \cdot 20$	$= 5026{,}60 \text{ mm}^2$	rd 266 mm²
Mantelring	$\dfrac{120^2 \cdot \pi}{4} - \dfrac{80^2 \cdot \pi}{4}$	$= 6283{,}00 \text{ mm}^2$	und folgende Zieh-
Mantel	$120 \cdot \pi \cdot 73$	$= 27521{,}00 \text{ mm}^2$	stufen:
	Summa	$55498{,}00 \text{ mm}^2$	

Ziehdurchm. 160 mm 122 mm 92 mm 70 mm 55 mm 42 mm 30 mm
gewählt   —   —   —   —   56   45   —

Nach sieben Ziehgängen, unter denen die letzten drei kleinen Durchmesser 56 mm, 45 mm und 30 mm dem Hohlteil entsprechend gezogen sind, erfolgt die Planierung des Flansches und Scharfschlag der Stufen des Teiles. Durch das Einziehen des Stufenbodens wird der Durchmesser der Scheibe von 266 mm auf 234 mm verkleinert und deshalb sind für den Ansatz von 80 mm Durchmesser folgende Arbeitsgänge nötig:

Scheibendurchmesser	1. Zug	2. Zug	3. Zug
234 mm	140 mm	105 mm	80 mm

Beim Einziehen des 80 mm großen Ansatzes wird ebenfalls der Scheibendurchmesser auf 222 mm verkleinert, der für den 120 mm Manteldurchmesser einen Topfzug von 133 mm Durchmesser und dann erst einen von 120 mm Durchmesser erforderlich macht. Die Verwendung einer Reibtriebpresse mit Niederhalter ist dazu geeignet, um den 80-mm-Ansatz scharf zu schlagen und den Mantel des Teiles auf 133 mm vorziehen zu

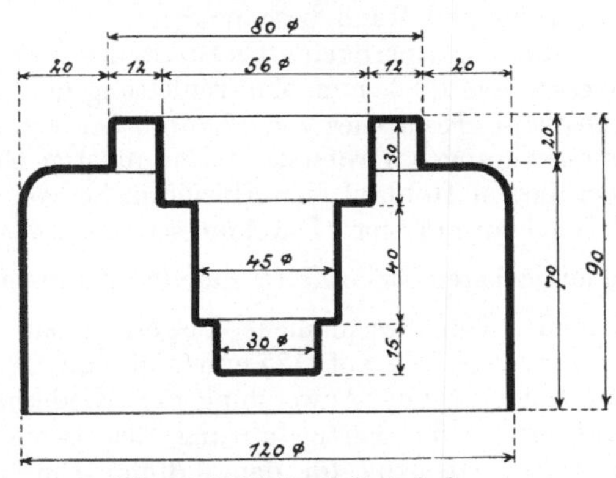
Abb. 139. Hohlteil mit Stufenboden.

können; anschließend hieran erfolgt das Fertigziehen des Hohlteiles auf 120 mm Durchmesser und das Abstechen des Mantelrandes.

12. Beispiel nach Abb. 125 S. 114.

Aufgabe:

Verlangt wird, zwei verschiedene Hohlteile mit geschweifter Form aus doppelt dekapiertem Eisenblech anzufertigen, und zwar soll dabei die höchste zulässige Beanspruchung des Werkstoffes bei Anwendung von Niederhaltern vorgenommen werden.

Fragen:

Wie groß sind die Scheibendurchmesser der beiden Formteile? Wieviel Arbeitsgänge sind bis zur Formvollendung der Teile nötig?

Lösung:

Die Oberfläche des Halbkugelteils a beträgt rd 30360 mm² und ergibt eine Scheibe von $D = 197$ mm Durchmesser. Nach dem Ziehdiagramm kann von einem Scheibendurchmesser von 197 mm auf einen Topfdurchmesser von 118 mm gezogen werden, zweckmäßig aber ist ein Durchmesser von 152 mm zu wählen, weil von dort aus sich die Ziehgänge vorteilhaft einleiten lassen. Aus der Abbildung ist deutlich erkennbar, wie der Niederhalter zu setzen ist, um auf kürzestem Wege zur Halbkugelformung zu gelangen; Niederhalterschräge ist laut Ziehdiagramm 38°. Die maximale Einziehfläche bei Hohlteilen, wenn Niederhalter zur Anwendung gelangen, beträgt rd 30 mm und bietet hier ein günstiges Moment, um von 152 auf 100 mm Durchmesser für die Halbkugel zu kommen. Der 110 mm große Ansatz wird bei der darauffolgenden Formstanzung mitgebildet. Die Formabweichung des Ziehstempels wird deshalb vorgenommen, weil beim Ziehen halbkugelförmiger Hohlteile, selbst wenn der Niederhalter fest aufsitzt, Falten gebildet werden, die ebenfalls in der Formstanze durch Strecken des Werkstoffes beseitigt werden. Die erforderlichen Arbeitsgänge sind wie folgt: Scheibe schneiden, zwei Ziehgänge mit Niederhaltung, Formstanzung und Rand beschneiden.

Aus der Oberfläche des Hohlteiles *b* ergibt sich ein Scheibendurchmesser von rd 266 mm. Zur Einleitung der Ziehgänge bietet der Durchmesser des Hohlteiles von 165 mm, der von der Scheibe 266 mm Durchmesser gezogen werden kann, eine günstige Gelegenheit. Würde man sich bei diesem Hohlteil eine Einziehfläche von 30 mm zunutze machen, so käme man auf einen Durchmesser von $165 - 2 \cdot 30 = 105$ mm, der bei dem nächsten Niederhalter nur eine Wandstärke von $\dfrac{105 - 90}{2} = 7{,}5$ mm zuließe. Um diesem nicht ausgesetzt zu sein, ist es am vorteilhaftesten, von 165 auf 125 mm und von 125 auf 90 mm Durchmesser zu ziehen (siehe Anwendung der Niederhalter in Abb. 125 b). Hierauf erfolgt die Fertigstanzung der geschweiften Form mit gleichzeitigem Hochzug für den 170-mm-Durchmesser. Den Mantel mit 170 mm Durchmesser nach innen auf 152 mm einzukippen, wird durch Rollensieckung oder mittels Stanzung erreicht, d. h. im letzten Fall zuerst in 45°-Stellung und dann in vorgeschriebener Gradstellung des Randes.

Anmerkung: Sobald Hohlteile vorkommen, wie z. B. in Abb. 125 b dargestellt, so kann zwecks Werkstofferspanis die Scheibengröße um soviel verkleinert werden, wie Flächeninhalt aus dem Boden des Teiles entnommen wird. Die Fertigstanze ist so auszubilden, daß sie vor dem Fertigschlag des Teiles den Ziehboden mit 84 mm Durchmesser ausschneidet und diesen Ausschnitt durch den Stempel auf 90 mm (normale Beanspruchung) aufweitet (Abb. 99 S. 86). Die erforderlichen Arbeitsgänge sind wie folgt: Scheibe schneiden dreimal ziehen mit Niederhalter, Rand des Teiles beschneiden, Form des Teiles fertig stanzen, Rand siecken oder in zwei Arbeitsgängen den Rand einkippen.

<h3 align="center">13. Beispiel nach Abb. 140 S. 139.</h3>

Aufgabe:

Es soll eine Hülse mit einem 4 mm starken Boden und einem 110 mm hohen Mantel, der in der Gegend des Bodens 1 mm und am Hülsenrand 0,35 mm Wandstärke hat, aus gut ziehbarem Eisenblech hergestellt werden.

Fragen:

Wie groß ist der Scheibendurchmesser? Welche Anzahl von Arbeitsgängen sind erforderlich?

Lösung:

Die Scheibengröße zu finden, kann auf die Weise geschehen, indem das Hülsengewicht gleich dem Scheibengewicht bei 4 mm starkem Werkstoff gesetzt wird.

Hülsengewicht $\dfrac{D^2 \cdot \pi}{4} \cdot \delta + D \cdot \pi \cdot h \cdot \delta_1 \cdot \gamma = G$

$$G = \frac{2,5^2 \cdot 3,14}{4} \cdot 0,4 + 2,5 \cdot 3,14 \cdot 11,2 \cdot 0.07 \cdot 7,8$$

$$= 63,4 \text{ g}.$$

Hieraus ergibt sich ein Scheibendurchmesser von:

$$\frac{D^2 \pi}{4} \cdot \delta \cdot \gamma = 63,4 \quad \text{und}$$

$$D = \sqrt{\frac{4 \cdot 63,4}{\pi \cdot \delta \cdot \gamma}}$$

$$= \sqrt{\frac{4 \cdot 63,4}{\pi \cdot 0,4 \cdot 7,8}} = \text{rd } 50 \text{ mm}.$$

Die Praxis hat gelehrt, den Werkstoff des Hülsenmantels beim ersten Ziehgang bis auf 25% auf δ bezogen anzustrengen (bei besonders weichem Werkstoff bis zu 40% möglich), da dies bei Durchschnittsblech ein Mittelwert ist; bei allen darauffolgenden Ziehgängen kann die Werkstoffschwächung bis zu 30% vorgenommen werden.

Nach dem Ziehdiagramm kann von einer Scheibengröße 50 mm Durchmesser auf 30 mm Durchmesser gezogen werden,

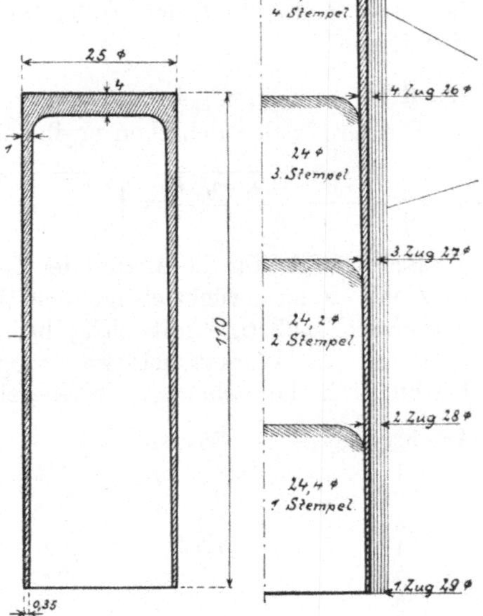

Abb. 140.
Schema eines ausgezogenen Hülsenmantels.

wobei man gleichzeitig eine Werkstoffschwächung vornehmen kann und 29 mm Durchmesser der vorteilhafteste wäre.

Die Anzahl der Ziehstufen bei gutem Werkstoff sind wie folgt:

Arbeitsgang	⌀ des Ziehringes	⌀ des Stempels, Stelle +
1	29 mm	24,4 mm
2	28 ,,	24,2 ,,
3	27 ,,	24,0 ,,
4	26 ,,	23,4 ,,
5	25 ,,	23,2 ,,

Nach Beendigung der Ziehgänge formt sich der Hülsenboden etwas rundlich, der durch Planierung beseitigt wird.

14. Beispiel nach Abb. 120 S. 109.

Aufgabe:

Es ist eine ungleichwandige Hülse nach vorliegender Abbildung aus doppelt dekapiertem Eisenblech herzustellen. Vorerst sind aber die Ziehstufen rechnerisch zu ermitteln und zeichnerisch so darzustellen, daß alle gestellten Fragen darin beantwortet werden.

Fragen:

Wie groß ist der Scheibendurchmesser, wenn gegeben sind:

$D = $ Hülsendurchmesser . . . 28 mm außen

$h = $ Hülsenhöhe . . . . . . 96,4 mm mit Abstich 98 mm

$\delta_1 = $ Hülsenmantelstärke . . 0,4 mm

$\delta = $ Hülsenbodenstärke . . . 4 mm

Welche Anzahl der Ziehstufen kommen in Frage? Wie groß sind bei jeder Ziehstufe Innen-Außendurchmesser, Mantelstärke und Höhe der Hülse?

Lösung:

Die Größe der Scheiben ergibt sich aus der Formel:

$$x = \sqrt{\frac{D^2 \cdot \delta + 4 D_1 \cdot \delta_1 \cdot h}{\delta}} = \sqrt{\frac{28^2 \cdot 4 + 4 \cdot 27,6 \cdot 0,4 \cdot 98}{4}} = \sqrt{\frac{2748}{4}} = 43 \text{ mm.}$$

Bestimmend für die Anzahl der Ziehgänge sind hier die von Ziehstufe zu Ziehstufe zu berücksichtigenden Werkstoffschwächungen, welche bei der ersten Ziehstufe mit 25%, bei allen weiteren Arbeitsgängen mit 30% auf die Werkstoffstärke bezogen veranschlagt werden können. Rechnerisch die Arbeitsgänge festgelegt, folgt:

Arbeitsgang	Werkstoffstärke					Werkstoffschwächung	
1	4	mm bei	25%	. . . .	1	mm. 3	mm
2	3	„ „	30%	. . . .	0,9	„ 2,1	„
3	2,1	„ „	30%	. . . .	0,63	„ 1,47	„
4	1,47	„ „	30%	. . . .	0,44	„ 1,03	„
5	1,03	„ „	30%	. . . .	0,30	„ 0,73	„
6	0,73	„ „	30%	. . . .	0,219	„ 0,51	„
7	0,51	„ „	30%	. . . . :	0,153	„ 0,4	„

Das Verhältnis zwischen Scheibendurchmesser = 43 mm und Hülsendurchmesser = 28 mm ist so klein, daß letzterer ohne weiteres gezogen werden kann. Ferner sind in diesem Falle auf Grund der Werkstoffschwächungen 7 Ziehgänge notwendig. Nimmt man für jeden Ziehgang beim Stempel 0,2 mm Luftspiel an, so kommen für 7 Ziehstufen $7 - 1 = 6$ je 0,2 mm = 1,2 mm in Betracht, um die der 27,2 mm große Hülsenstempeldurchmesser vergrößert werden muß. Die Außen- und Innendurchmesser für alle Ziehstufen sind:

	1. Zug	2. Zug	3. Zug	4. Zug	5. Zug	6. Zug	7. Zug
	mm	mm	mm	mm	mm	mm	mm
Außendurchmesser	34,4	32,4	30,94	29,86	29,06	28,42	28
Innendurchmesser	28,4	28,2	28,0	27,8	27,6	27,4	27,2
Wandstärke . . .	3	2,1	1,47	1,03	0,73	0,51	0,4

Aus diesen zusammengestellten Abmessungen kann durch die umgestellte Formel $h = \dfrac{x^2 \cdot \delta - D^2 \cdot \delta}{4 D_1 \cdot \delta_1}$ die Höhe h für jede Ziehstufe ermittelt werden.

Für den 1. Zug ist . . . $h_1 = \dfrac{43^2 \cdot 4 - 34{,}4^2 \cdot 4}{4 \cdot 31{,}4 \cdot 3} = 7{,}07 \text{ mm}$

,, ,, 2. ,, ,, . . . $h_2 = \dfrac{43^2 \cdot 4 - 32{,}4^2 \cdot 4}{4 \cdot 30{,}3 \cdot 2{,}1} = 12{,}57 \text{ mm}$

,, ,, 3. ,, ,, . . . $h_3 = \dfrac{43^2 \cdot 4 - 30{,}94^2 \cdot 4}{4 \cdot 29{,}47 \cdot 1{,}47} = 20{,}6 \text{ mm}$

,, ,, 4. ,, ,, . . . $h_4 = \dfrac{43^2 \cdot 4 - 29{,}86^2 \cdot 4}{4 \cdot 28{,}83 \cdot 1{,}03} = 32{,}24 \text{ mm}$

,, ,, 5. ,, ,, . . . $h_5 = \dfrac{43^2 \cdot 4 - 29{,}06^2 \cdot 4}{4 \cdot 28{,}33 \cdot 0{,}73} = 48{,}4 \text{ mm}$

,, ,, 6. ,, ,, . . . $h_6 = \dfrac{43^2 \cdot 4 - 28{,}42^2 \cdot 4}{4 \cdot 27{,}91 \cdot 0{,}51} = 73{,}0 \text{ mm}$

,, ,, 7. ,, ,, . . . $h_7 = \dfrac{43^2 \cdot 4 - 28^2 \cdot 4}{4 \cdot 27{,}6 \cdot 0{,}4} = 96{,}4 \text{ mm}$

Die praktischen Werte liegen über den theoretischen Werten.

Der Kraftaufwand beim Werkstoffschwächerziehen ist besonders groß und bedingt schwere Ziehpressen. Stehen dem Betriebe solche Pressen nicht zur Verfügung, so kann eine Lösung nur in der Vermehrung der Ziehgängezahl gefunden werden.

15. Beispiel nach Abb. 121 S. 110.

Aufgabe:

Eine aus Messingblech zu fertigende Doppelhülse ist nach obiger Abbildung auf rationelle Weise herzustellen.

Fragen:

Welche Werkstoffstärke ist die gegebene? Wie groß muß der Scheibendurchmesser sein? Welche Anzahl von Arbeitsgängen kommt in Frage? Welche sonstigen Maßnahmen sind für die Fertigung zu treffen?

Lösung:

Aus dem Volumen der Hülse läßt sich der Scheibendurchmesser sowie die Stärke der beiden Hülsenmäntel im Anfangsstadium bestimmen; dieses geschieht auf folgende Art:

a) kleiner Zylinder $= \pi \cdot$ mittl. Durchm. $\delta_1 \cdot h = 3{,}14 \cdot 11{,}7 \cdot 0{,}3 \cdot 32$
$\qquad\qquad\qquad\qquad\qquad\qquad \cdot = 352{,}68 \text{ mm}^3$

b) Kegelansatz $= \pi \cdot$,, ,, $\delta_1 \cdot s = 3{,}14 \cdot 15{,}7 \cdot 0{,}3 \cdot 6{,}4$
$\qquad\qquad\qquad\qquad\qquad\qquad = 94{,}65 \text{ mm}^3$

c) gr. Zylinder $= \pi \cdot$,, ,, $\delta_1 \cdot h_1 = 3{,}14 \cdot 19{,}7 \cdot 0{,}3 \cdot 60$
$\qquad\qquad\qquad\qquad\qquad\qquad = 1113{,}44 \text{ mm}^3$

d) innerer Boden $= \dfrac{d^2 \cdot \pi}{4} \cdot \delta \qquad\qquad = \dfrac{19{,}4^2 \cdot 3{,}14}{4} \cdot 0{,}3$
$\qquad\qquad\qquad\qquad\qquad\qquad = 88{,}53 \text{ mm}^3$

Wird die Hülse vom inneren Boden aus in zwei Teile geteilt, so zerfällt sie in

$$a + b + 0{,}5 \cdot c = 352{,}68 + 94{,}65 + 0{,}5 \cdot 1113{,}44 = 1004{,}05 \text{ mm}^3 \quad \text{und}$$
$$0{,}5 \cdot c = 556{,}72 \text{ mm}^3.$$

Da der Einstich von 2 mm bei einer 4,5 mm starken Scheibe angenommen ist, so verhält sich die eine Mantelscheibenstärke x zu der anderen y wie das eine Volumen 1004,05 mm³ zu dem anderen Volumen 556,72 mm³. Hieraus bildet sich also folgende Proportion: $\dfrac{x}{y} = \dfrac{1004{,}05}{556{,}72}$.

Nun ist infolge des 2 mm angenommenen Scheibeneinstichs

$$x + y = 2{,}5 \quad \text{und} \quad y = 2{,}5 - x.$$

Werden diese Werte in obige Gleichung eingesetzt, so entsteht daraus

$$\frac{x}{2{,}5 - x} = \frac{1004{,}05}{556{,}72}; \quad x = \frac{(2{,}5 - x) \cdot 1004{,}05}{556{,}72} = \frac{2510{,}125 - 1004{,}05\, x}{556{,}72}$$

$$556{,}72 + 1004{,}05 = 1560{,}77$$

$$x = \frac{2510 \cdot 125}{1560{,}77} = 1{,}6 \text{ mm} \quad \text{und} \quad y = 2{,}5 - 1{,}6 = 0{,}9 \text{ mm}.$$

Der Scheibendurchmesser errechnet sich aus

$$\frac{D^2 y \cdot \pi}{4} \cdot 0{,}9 - \frac{20^2 \cdot \pi}{4} \cdot 0{,}9 = 0{,}5\, c = 556{,}72 \text{ mm}^3$$

oder

$$\frac{D^2 y \cdot \pi}{4} \cdot 0{,}9 = 556{,}72 + \frac{20^2 \cdot \pi}{4} \cdot 0{,}9 \text{ mm}$$

$$D^2 y \cdot \pi \cdot 0{,}9 = 4 \left(556{,}72 + \frac{20^2 + \pi}{4} \cdot 0{,}9 \right)$$

$$Dy = 2 \sqrt{\frac{556{,}72 + \dfrac{20^2 \cdot \pi}{4} \cdot 0{,}9}{\pi \cdot 0{,}9}} = 34{,}5 \text{ mm}.$$

Bekannt sind nun:

Scheibendurchmesser	34,5 mm
Tiefe des Einstiches	7,25 „
Breite des Einstiches	2,0 „
Mantelscheibenstärke x	1,6 „
Mantelscheibenstärke y	0,9 „

Zunächst wird die eingestochene Scheibe durch Winkelrollen auf 45° zum Ziehen vorgebildet (siehe Darstellung). Mittels zweiteiligen Ziehringes wird zuerst die eine und dann die andere Seite um die Hälfte der Einstichtiefe ohne Werkstoffanstrengung hochgezogen. Als erster Ziehdurchmesser kommt 27,5 mm für beide Seiten in Frage. Wird die Regel der zulässigen Werkstoffanstrengung auch hier angewendet, so ergeben sich folgende Ziehstufen:

	1	2	3	4	5	6	
Für Mantelscheibe x	1,6 mm	1,2 mm	0,84 mm	0,59 mm	0,41 mm	0,3 mm	
Für Mantelscheibe y	0,9 „	0,9 „	0,84 „	0,59 „	0,41 „	0,3 „	
Ziehdurchmesser Da	27,5 „	25,72 „	24,20 „	22,54 „	21,20 „	20 „	A-∅
Ziehdurchmesser Di	24,3 „	23,32 „	22,34 „	21,36 „	20,38 „	19,4 „	I-∅

Die Wandstärken des Hülsenmantels sind genau so wie im Beispiel 14 zu ermitteln.

Die Bestimmung der Ziehdurchmesser für jede Stufe geschieht auf folgende Art: Gehe von dem Endzustand der Hülse aus und lege den Außen- und Innendurchmesser fest (20 und 19,4 mm Durchmesser). Da der Anfangsdurchmesser mit 27,5 mm und der Stempeldurchmesser mit $\delta_1 = 1,6$ mm $= 24,3$ mm bekannt ist, so teile die Differenz zwischen großem und kleinem Stempeldurchmesser durch die Anzahl der Ziehstufen minus 1 $\left(\dfrac{24,3 - 19,4}{6 - 1} = 0,98 \text{ mm}\right)$; der Quotient ist dann diejenige Zahl (0,98 mm), um die sich der Stempeldurchmesser bei jeder nächstfolgenden Ziehstufe vergrößert bzw. verkleinert (19,4 + 0,98 = 20,38). Die Außendurchmesser der Hülse werden in der Weise festgelegt, indem man zu dem Ziehstempeldurchmesser zweimal die Werkstoffstärke, die für die Ziehstufe vorgesehen ist, addiert (20,38 + 2 · 0,41 = 21,20).

Die Höhen für jede Ziehstufe werden errechnet aus:

$$x\text{-Seite:}$$

$$\text{Mittl. Durchmesser} \cdot \pi \cdot \delta \cdot h = V$$

$$19,7 \cdot 3,14 \cdot h = 1004,05 \text{ mm}^3$$

$$h_x = \frac{1004,05}{19,7 \cdot 3,14 \cdot 0,3} = 54,2 \text{ mm}.$$

$$y\text{-Seite:}$$

$$\text{Mittl. Durchmesser} \cdot \pi \cdot \delta \cdot h = V \text{ (Volumen)}$$

$$19,7 \cdot 3,14 \cdot 0,3 \cdot h = 556,72 \text{ mm}^3$$

$$h_y = \frac{556,72}{19,7 \cdot 3,14 \cdot 0,3} = 30 \text{ mm}.$$

Nachdem auf beiden Seiten die Ränder der Doppelhülse auf Maß abgestochen sind, beginnen die Arbeitsgänge zum Einschnüren für den 12 mm-Durchmesser. Die praktischen Versuche haben ergeben, daß eine Hülse sich um $^1/_5$ ihres Außendurchmessers einziehen läßt, ohne daß dabei eine Deformation auftritt. Bei dieser Hülse dies angewendet, kommen zwei Arbeitsgänge zum Einschnüren in Frage, von 20 auf 16 mm Durchmesser gewählt 15,4 mm und nach erfolgter Randglühung auf 12 mm Durchmesser.

16. Beispiel nach Abb. 130 S. 120.

Aufgabe:

Es sind rechteckige Aluminiumkappen mit 0,6 mm starken Wänden und 1 mm Bodenstärke herzustellen.

Die Abmessungen der Kappe sind:

Breite	Länge	Höhe
48 mm	65 mm	86 mm

In zweiter Ausführung soll die Kappe mit gleichmäßiger Wand und Bodenstärke herzustellen sein. Die Innenabmessungen 48 · 65 · 86 mm müssen bei einer Toleranz von ± 0,05 mm eingehalten werden.

Fragen:

Wie wird die Form der Scheibe bestimmt und ihre Größe? Welche Anzahl der Ziehstufen kommen in Frage: für Ausführung 1, für Ausführung 2? Können irgendwelche Gesichtspunkte maßgebend sein, bei größer zugebilligter Toleranz mit weniger Ziehstufen auszukommen?

Lösung:

Wie in Abb. 130 S. 120 dargestellt, kommt hier die Normalkonstruktion für rechteckige Formen zur Anwendung. In Abb. 130 ist die Abwicklung der Kappe mit auszuziehender Kappenwand und bei gleichbleibender Wandstärke veranschaulicht.

Bei der Bestimmung der Scheibengröße muß auch die Werkstoffschwächung mit berücksichtigt werden, da diese hier 40% beträgt. Unter Berücksichtigung jenes Hinweises, um eine Kappenhöhe von 86 mm zu erreichen, muß diese auf $86 - (86 \cdot 0{,}4) = 52$ mm verkleinert werden, weil durch die Schwächung der Kappenwand und unter Berücksichtigung von Toleranzblech die Kappenhöhe sich von 52 mm auf 86 mm verlängert. Wird die Konstruktion der Formscheibe unter Berücksichtigung des geschilderten Vorganges vorgenommen, so ergibt sich ein Gebilde, wie es die Darstellung zeigt. Bevor man zur Feststellung der Ziehstufen schreitet, muß man sich über die Ziehfähigkeit des Werkstoffes in den Ecken der Kappe ein Bild machen. Beim Ziehen eckiger Hohlteile erreicht die Härte des Werkstoffes bei weitem nicht den Grad wie bei runden Teilen, und die angestellten Versuche haben auch gezeigt, daß tatsächlich nur die halbe Beanspruchung des Werkstoffes in den Ecken des Hohlteiles in Frage kommen kann. Die Auswirkung der Härte in der Rundung kann daher nur so erklärt werden, daß die auftretenden Spannungen nach den Klappflächen hin sich allmählich verlaufen. Zur Festlegung der Ziehstufen ist es unumgänglich, daß zunächst alle 4 Ecken des Hohlteiles zu einem geschlossenen Topf zusammengelegt werden, um nach dessen Größe die Ziehstufen festzulegen.

Für Ausführung 1 kommt eine Einziehfläche von 52 mm in Frage, die als Scheibe gedacht einen Durchmesser von 104 mm besitzt. Aus dem Vorhergesagten ist nun zu entnehmen, daß bei der Formung einer Ecke eines Hohlteiles der Werkstoff doppelt so hoch beansprucht werden kann, um die gleiche Härtebeschaffenheit wie bei runden Hohlteilen zu erhalten. Erreicht wird dieser Zustand mit Zuhilfenahme des Ziehdiagramms wie folgt:

Von einer Scheibengröße 104 mm Durchmesser ist die erste Ziehstufe $= 62$ mm Durchmesser, für den Ecktopf der Kappe $\frac{62}{2} = 31$ mm, woraus $r = 15{,}5$ mm, hier mit 16 mm, gewählt ist; die weiteren Ziehstufen sind:

Arbeitsgang	1	2	3	4	5	6
Ecktopf ⌀ =	32	24	17,5	13	10	6,0 mm
Ecke r =	16	12	gew. 8	6,5	5	gew. 2,5 „

Die Werkstoffschwächung für die Wände der Kappe von 1 mm auf 0,6 mm beläuft sich für jeden Arbeitsgang auf $\frac{0,4}{6} = 0,07$ mm, d. h. für

$$
\begin{array}{cccccc}
 & \delta_1 & \delta_2 & \delta_3 & \delta_4 & \delta_5 & \delta_6 \\
(1 - 0,07 = 0,93) & 0,93\,\text{mm} & 0,86\,\text{mm} & 0,79\,\text{mm} & 0,72\,\text{mm} & 0,65\,\text{mm} & 0,6\,\text{mm}.
\end{array}
$$

Die Freiheiten, die man sich in der Formung bei runden Hohlteilen erlaubt (bei Verwendung von Qualitätsware), Ziehstufenmasse zu ändern, um Arbeitsgänge zu sparen, ist auch hier angewendet und bei größerer zugebilligter Toleranz im Arbeitsgang 3 geschehen; der vierte Arbeitsgang kann dadurch fortfallen, ist aber, wenn man die Fertigung mit $\pm 0,05$ mm Toleranz aufrechterhält, dieser in die Stufenfolge wieder einzureihen.

Eine noch größere Beanspruchung den Werkstoff auszusetzen, wie z. B. in der Abbildung mit 16, 11,5, 7,5, 3 angedeutet, stellt an ihn die allergrößten Anforderungen und hat bei weniger guter Beschaffenheit einen über die normalen Grenzen sich bewegenden Prozentsatz an Ausschußteilen gezeigt.

Ausführung 2. In ähnlicher Weise, wie man in der Ausführung 1 vorgegangen ist, kommt man bei der zweiten Ausführung ebenfalls zum Ziel. Bei den Ziehvorgängen der Ziehstufen tritt eine Werkstoffschwächung ein, deshalb nutzt man die Dehnung des Werkstoffes aus, die im Durchschnitt für Aluminium etwa 20% beträgt und hier aus Sicherheitsgründen bei der Bemessung der Ziehstufen mit 14% angenommen ist. Der Durchmesser der Eckscheibe bei 86 mm Mantelhöhe würde $2 \cdot 86 = 172$ mm betragen und mit Berücksichtigung der Werkstoffdehnung $172 - (172 \cdot 0,14) = 148$ mm Durchmesser. Von einer Scheibe von 148 mm Durchmesser ist die erste Ziehstufe 88 mm Durchmesser, für den Ecktopf der Kappe $\frac{88}{2} = 44$ mm, woraus $r = 22$ mm ist; die weiteren Ziehstufen sind:

Arbeitsgang	1	2	3	4	5	6	7
Ecketopf ⌀	44	32	(24)	17,5	13	(10)	6 in mm
Ecke r	22	16	12	(9,5) gew. 8	6,5	(5)	3 „ „

Aus dem Aufbau der Arbeitsgänge ist zu ersehen, daß zum Ziehen von Durchschnittswerkstoff 7 Arbeitsgänge nötig sind, wogegen bei Verwendung von Qualitätsware nur 5 Arbeitsgänge (4. und 5. Stufe fallen fort) erforderlich sind; der 3. Zug erhält an Stelle des Radius 12 mm, dann 9,5 mm. Diese Gegenüberstellung Ausführung 1 und 2 ist aus diesem Grunde gewählt, um zu zeigen, auf welcher Seite die größten Vorteile liegen. Sieht man von der größten Werkstoffbeanspruchung Ausführung 1 ab, so ist die Anzahl der Ziehgänge in Ausführung 2 um eine Ziehstufe größer, teuere Werkzeuge wie Ausführung 1 sind erforderlich. Die Behandlung der Radien für Ziehkanten der Ziehringe ist hier weniger Beachtung geschenkt, da sie in Beispielen des öfteren behandelt sind.

<h3 style="text-align:center">17. Beispiel nach Abb. 141 S. 146.</h3>

Aufgabe:

Eine Blechgrundplatte aus doppelt dekapiertem Eisenblech, 1 mm stark, ist nach obiger Abbildung herzustellen.

Fragen:

Auf welche Weise legt man die Scheibengröße fest? Wie groß ist die Anzahl der Fertigungsgänge? Von welchen Gesichtspunkten läßt man sich leiten, um den Beginn der Arbeitsgänge richtig zu wählen.

Lösung:

Zur Bestimmung der Scheibenform und Größe bedient man sich der zeichnerischen Darstellung; dieses geschieht in der Weise, daß zunächst ein Fadenkreuz errichtet wird und alle Mittelpunkte der Eckradien, die in der Flucht einer geraden Linie liegen, miteinander verbindet. Durch die exzentrische Lage eines Eckradius ist man gezwungen, vom Fadenkreuz aus einen zweiten Strahl nach dessen Mittelpunkt zu ziehen, um den Punkt A festzulegen. Auf alle gezogenen Linien sind nun die festgelegten Maße und die gestreckte Länge und Breite der Grundplatte aufzutragen. Die Verbindungslinie zu den Ecken bildet dann die vorläufige Umrahmung der Scheibe. Um den kürzesten Fertigungsweg der Grundplatte zu beschreiten, sind vorher einige Überlegungen notwendig.

Diejenigen Gesichtspunkte, von denen man sich leiten läßt, den Fertigungsanfang möglichst von der Mitte des Hohlteiles ausgehend zu bestimmen, sind die zweckmäßigsten. Ergeben sich bei der Festlegung der Arbeitsgänge Schwierigkeiten, sei es, daß die Beanspruchung des Werkstoffes zu groß ist, oder das Werkzeug wird, was vielfach

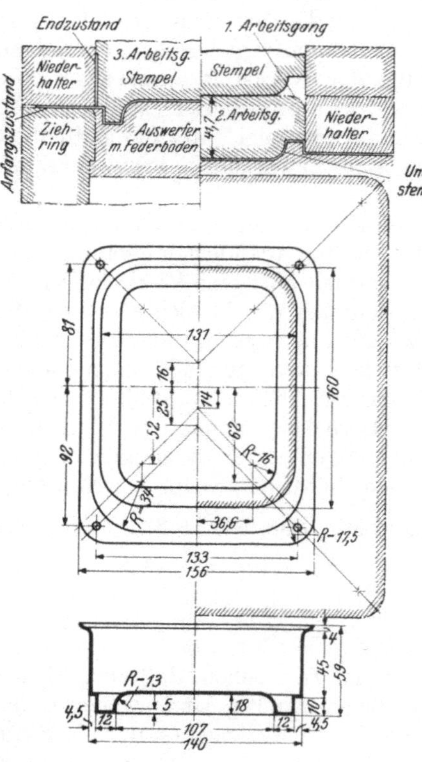

Abb. 141. Gezogene Blechgrundplatte.

vorkommt, zu empfindlich, dann schaltet man den Arbeitsgang, der für die Mitte des Hohlteiles in Frage kommt, aus und beginnt mit der zweiten Stufe. Der letztere Fall trifft hier bei der Fertigung der Grundplatte zu. Man zieht also zuerst das Rechteck $131 \cdot 160$ mm so hoch, daß es dem Flächeninhalt des zu fertigenden Hohlteiles entspricht, und beult, wie es aus der Darstellung des zweiten Arbeitsganges hervorgeht, den ursprünglichen Boden zurück. Wie tief der Boden gezogen werden muß, ergibt die Summe $10 + 4,5 + 12 + 5 + \dfrac{13}{4} = 41,7$ mm mit 13 mm Bodenabrundungskante. Bei der Zurückbeulung muß darauf geachtet werden, falls beim Scharfschlag an den Ecken eine größere

Faltenbildung entsteht, daß die Ecken des Ziehstempels so weit abgeflacht werden müssen, bis die Faltenbildung gänzlich beseitigt ist. Faltenbildung ist gleichbedeutend mit zuviel Werkstoffvorhandensein.

Die letzte Ziehstufe für den Mantel der Grundplatte ist in dem 3. Arbeitsgang ersichtlich. Das Werkzeug, in Abb. 102 S. 90 dargestellt, ist für eine Reibtriebpresse mit Niederhalter sehr geeignet, weil im letzten Moment, wenn beim Ziehen des Mantels die richtige Höhe erreicht ist, noch ein letzter Regulieraufschlag für die ganze Form erfolgen kann. Nach diesem Ziehgang erfolgt der Randabschnitt (Freischnitt) und die Hochstanzung für den Rand.

H. Preßwerkzeuge.

Frosch und Traversenwerkzeuge. Gesenke mit ganzen und geteilten Gesenkdruckflächen.

In der Gurppe der Gesenkpresserei unterscheidet man vier Arten von Werkzeugen: Frosch-Traversenwerkzeuge und Gesenke mit ganzen oder geteilten Gesenkdruckflächen. Bestimmend für die Wahl einer Werkzeugart ist die Form des Preßteiles. Da es sich nicht ohne weiteres sagen läßt, welchem Werkzeug man beim Pressen den Vorzug geben kann, so wird an Hand von fertigungstech-

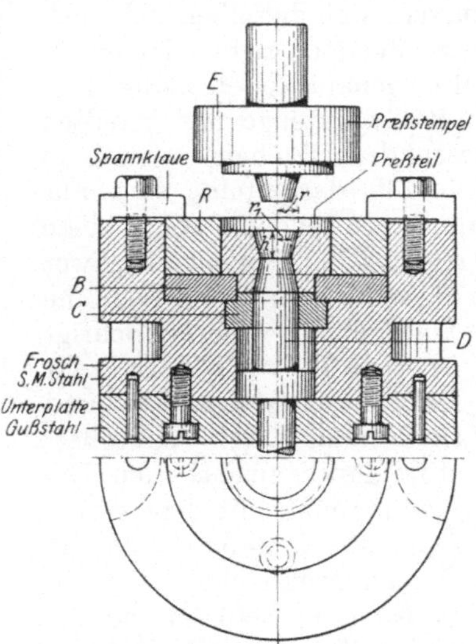

Abb. 142. Froschgesenk für Warmpreßmetall.

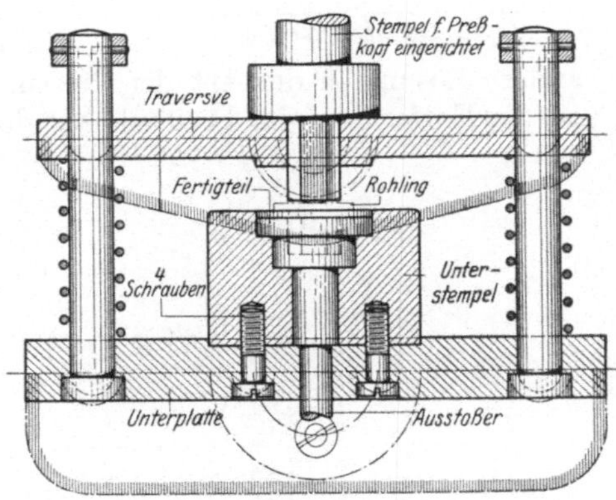

Abb. 143. Traversengesenk für Warmpreßmetall.

nischen Aufgaben gezeigt werden (siehe S. 149), wie die Pressung eines Teiles am besten vorzunehmen ist.

Abb. 142 zeigt ein Froschwerkzeug, bestehend aus Preßfrosch und eingebauten Gesenkbestandteilen. Ersterer ist je nach Umfang der Betriebsverhältnisse in genormten Größen vorhanden und wird, soweit es angängig ist, für mehrere Werkzeuge benutzt. Das eingebaute Werkzeug ist ebenfalls genormt und in Bestandteile gegliedert, die nur eingesetzt zu werden brauchen. Nach dem Schulbeispiel 18 S. 149 (Abb. 146a bis c) kommt ein derartiges Werkzeug in Betracht.

Eine zweite Werkzeugausführung ist das Gesenk mit Traverse Abb. 143, das nicht genormt werden kann, weil sich die Aufschlagstelle der Traverse bei der Verschiedenheit der Preßteile stets ändert. Aus der Konstruktion des Werkzeuges geht der Preßvorgang hervor; es ist für ähnliche Teile wie im Beispiel 19 (Abb. 148 a—c) behandelt, zu empfehlen..

Die am häufigsten vorkommenden Preßwerkzeuge sind die Gesenke mit ganzen Gesenkdruckflächen, wie in Abb. 144 gezeigt wird. Sie bereiten dem Werkzeugmacher je nach Form des Preßteiles besonders große Schwierigkeiten, weil es Gravierarbeiten sind, zu deren Ausführung größte Fachgeschicklichkeit gehört. Die Erfahrung, die man bei Benutzung dieser Werkzeuge gemacht hat, ist, daß eingesetzte Teile darin vermieden werden müssen, weil dieselben sich nach kurzer Zeit lockern und dem Preßteil Ungenauigkeiten zufügen.

Preßwerkzeuge mit geteilten Gesenkdruckflächen, wie in Abb. 145 dargestellt, sind nur dann anzuwenden, wenn keine

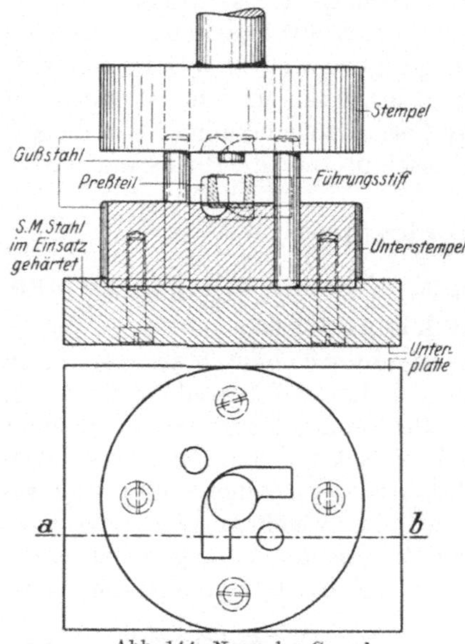

Abb. 144. Normales Gesenk.

andere Lösung in der Art der Pressung möglich ist. Besonders schwer ist die Entfernung der Preßteile aus dem Gesenk, wenn keine konische Formgebung berücksichtigt ist. Die Teile setzen sich sehr fest in einer Gesenkhälfte und sind kaum durch Ausstoßerstifte daraus zu entfernen. Die Handhabung mit dem Werkzeug ist so, daß, sobald die Gesenkdruckflächen sich in Preßstellung befinden, der bis zur Hälfte glühende Rohling eingeführt wird. Durch das Hineindrücken des hervorstehenden Rohlingteiles in das geteilte Gesenk wird die Form des Linsenkopfes mit dem in unmittelbarer Nähe befindlichen Ringstäbchen gepreßt. Nachdem das Auspressen des Teiles erfolgt ist, werden die

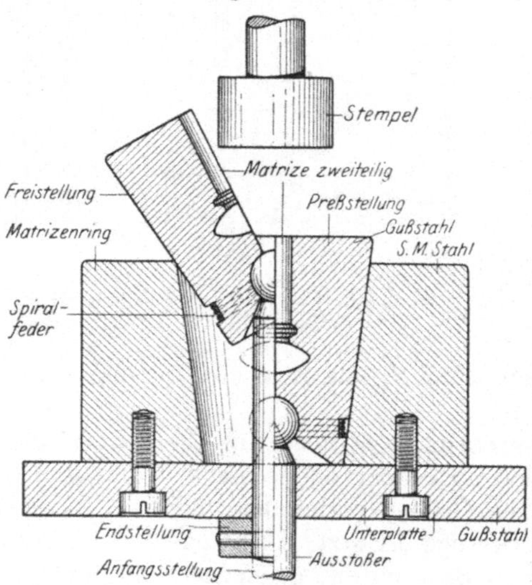

Abb. 145. Gesenk mit geteilten Gesenkdruckflächen.

Gesenkdruckhälften aus dem Gesenkring gestoßen und gleichzeitig geöffnet (siehe bildliche Darstellung); im Endzustand (Freistellung) wird die Herausnahme des Preßteiles vorgenommen.

Toleranzen.

Für Schnitteile:

Fertigung mit einem Freischnitt . . . . bis $\pm$ 0,2 mm
„ „ „ Führungsschnitt . . . . „ $\pm$ 0,1 „
„ „ „ Folgeschnitt . . . . „ $\pm$ 0,12 „
„ „ „ Gesamtschnitt . . . . „ $\pm$ 0,05 „

Für Stanzteile:

Fertigung mit einer einfachwirkenden Biegestanze . . . . . . bis $\pm$ 0,1 mm
„ „ „ doppelt wirkenden Biegestanze . . . . „ $\pm$ 0,15 „
„ „ „ Formschlagstanze . . . . „ $\pm$ 0,15 „
„ „ „ Prägestanze . . . . „ $\pm$ 0,12 „

Für Ziehteile:

Fertigung mit einem Zug . . . . bis $\pm$ 0,02 mm
„ „ „ Schnittzug . . . . „ $\pm$ 0,06 „
„ „ „ Schnittzugschnitt . . . . „ $\pm$ 0,075 „
„ „ „ Schnittzug mit Stanze . . . . „ $\pm$ 0,12 „

Für Preßteile:

In Metall: Kaltpressung . . . . bis $\pm$ 0,1 mm
Warmpressung . . . . „ $\pm$ 0,15 „
In Eisen: Warmpressung . . . . „ $\pm$ 0,3 „

Anmerkung: Soweit es sich um eine lückenlose Fertigung im Bereich der spannlosen Formung handelt, können obige Abweichungen vom Sollmaß als Durchschnittswerte angesehen werden.

Beispiele über Warmpressen von Metall.

18. Beispiel nach Abb. 146 S. 150.

Aufgabe:

Es sind 3 verschiedene Warmpreßteile nach gegebener Abbildung aus Warmpreßmessing herzustellen.

Fragen:

Wie muß zu Werke gegangen werden, um die Pressung richtig vornehmen zu können? Wie ist der Rohling in Größe und Form zu bestimmen?

Lösung:

Teil a,

Die ganze Warmpresserei, gleichgültig ob Eisen, Messing, Kupfer oder Zink in Frage kommt, basiert auf der Volumenberechnung des betreffenden Preßteiles. Ist z. B. eine Sechskantmutter mit Ansatz, die mit einem 39 mm metrischen Gewinde versehen werden soll, gegeben, so preßt man das Loch aus Werkstofferparnis mit hinein.

Das Volumen der Sechskantmutter setzt sich zusammen aus:

$$V = 34{,}65 \cdot 30 \cdot 3 \cdot 27 = 84199{,}5 \text{ mm für Sechskant}$$

$$V_1 = \frac{52^2 \pi \cdot 13}{4} \quad \ldots \ldots = 27608{,}36 \text{ mm für Ansatz}$$

$$Vg = 111\,807{,}86 \text{ mm}^3$$

abzüglich des Volumens beider eingepreßter, abgestumpfter Kegel

$$V_3 = \left[(r^2 + r_1^2 + r \cdot r_1) \cdot \frac{\pi \cdot h}{3}\right] \cdot 2$$

$$V_3 = \left[(16^2 + 12{,}5^2 + 16 \cdot 12{,}5) \cdot \frac{\pi \cdot 20}{3}\right] \cdot 2 = 25\,641{,}0 \text{ mm}^3,$$

daraus folgt $111\,807{,}86 - 25\,641 = 86\,166{,}86$ mm³.

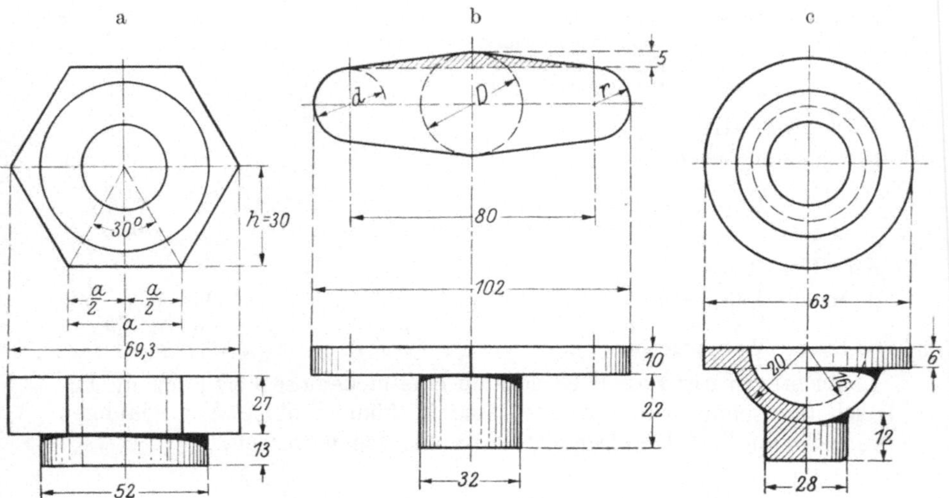

Abb. 146 a bis c. Warmpreßteile für Froschgesenke.

Wird zum Pressen dieses Preßteiles ein runder Querschnitt von 50 mm Durchmesser gewählt, so kann die Höhe h errechnet werden aus:

$$\frac{D^2 \cdot \pi}{4} \cdot h = \ldots 86\,166{,}86; \quad h = \frac{86\,166{,}86}{\frac{50^2 \cdot \pi}{4}} = 44 \text{ mm}.$$

Bei Nichtberücksichtigung der Lochpressung und einem 50 mm runden Querschnitt ergibt sich eine Höhe

$$h = \frac{111\,807{,}86}{1963{,}5} = 57 \text{ mm}, \text{ also}$$

ein Mehrverbrauch von rd 30 %.

Teil b.

Das Volumen dieses Flanschenteiles erhält man auf folgende Weise:

$$\text{Flansch} \quad V = \left(\frac{22^2 \cdot \pi}{4} + 80 \cdot 5 + 80 \cdot 22\right) \cdot 10 = 25\,403{,}3 \text{ mm}^3$$

$$\text{Zylinder} \quad V_1 = \frac{32^2 \cdot \pi}{4} \cdot 22 \ldots\ldots\ldots\ldots = 17\,693{,}5 \text{ mm}^3$$

$$Vg = 43\,094{,}8 \text{ mm}^3$$

Bei Verwendung von 30 mm Rundmessing zum Pressen des Teiles ist eine Höhe von $h = \dfrac{43\,094{,}8}{\frac{30^2 \cdot \pi}{4}} = 61$ mm erforderlich.

Teil c.

Das Volumen bestimmt sich hier aus:

$$\text{Halbkugel}\quad V = \frac{4 \cdot \pi \cdot r^3}{3 \cdot 2} = \frac{4 \cdot \pi \cdot 20^3}{6} = 16\,747 \text{ mm}^3$$

abzüglich der inneren Halbkugel.

$$\text{Innere Halbkugel}\quad V_1 = \frac{4 \cdot \pi \cdot r_\iota^{\,3}}{3 \cdot 2} = \frac{4 \cdot \pi \cdot 16^3}{3 \cdot 2} = 8574{,}3 \text{ mm}^3$$

$$\text{Flanschenring}\quad V_2 = \pi \cdot \frac{(D^2 - d^2)}{4} \cdot 6 = \pi \cdot \frac{(63^2 - 40^2)}{4} \cdot 6 = 11\,163{,}6 \text{ mm}^3$$

$$\text{Zylinder}\quad V_3 = \frac{D^2 \cdot \pi}{4} \cdot 12 = \frac{28^2 \cdot \pi}{4} \cdot 12 = 7389 \text{ mm}^3.$$

Wählt man hier 27 mm Rundmessing zum Rohling, so erfordert er eine Höhe von $h = \dfrac{16\,747 - 8574{,}3 + 111\,63{,}6 + 7389}{\dfrac{27^2 \cdot \pi}{4}} = 46{,}7$ mm.

Im vorliegenden Falle empfiehlt es sich, eine Vorpressung nach Abb. 147 vorzunehmen, weil die Werkstoffwanderung über scharfe Kanten des Unterstempels gehemmt und dadurch die Form des Teiles nicht einwandfrei ausgeprägt wird. Legt man einen Flanschendurchmesser von 60 mm zugrunde, so ergibt sich

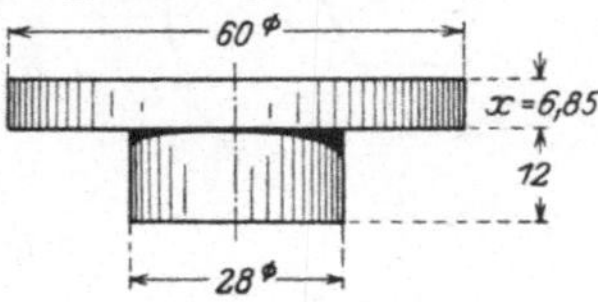

Abb. 147. Hilfsteil (Vorpressung).

$$x = \frac{16747 - 8574{,}3 + 11163{,}66}{\dfrac{60^2 \cdot \pi}{4}} = \text{rd } 6{,}85 \text{ mm.}$$

Nach diesem Arbeitsgang erfolgt die Fertigpressung des Teiles.

19. Beispiel nach Abb. 148 S. 150.

Aufgabe:

Nach obigen Abbildungen sind die Formteile a, b und c gegeben, die aus Warmpreßmessung gepreßt werden sollen.

Fragen:

Wie bestimmt man die Form und Größe des Rohlings und welche Abmessungen kommen dabei in Frage? Welche Werkzeugart eignet sich für diese Teile am besten?

Lösung:

Warmpreßteile mit fast zylindrischen Aushöhlungen preßt man am vorteilhaftesten in Traversenwerkzeugen. Bei der Warmpressung wird oft der Oberstempel mit dem Preßteil so fest zusammengepreßt, daß die Traverse stets als Abstreifmittel ihre Funktion zu verrichten hat.

Teil a.

Das Volumen ergibt:

Großer Zylinder . . $V = \dfrac{75^2 \cdot \pi}{4} \cdot 12$ . . . . $= 53\,008,8$ mm³

Kleiner Zylinder . . $V_1 = \dfrac{52^2 \cdot \pi}{4} \cdot 20$ . . . . $= 42\,474,4$ mm³

Sechskant . . . . . $V_2 = 15,6 \cdot 13,5 \cdot 3 \cdot 23$. $= 14\,531,4$ mm³

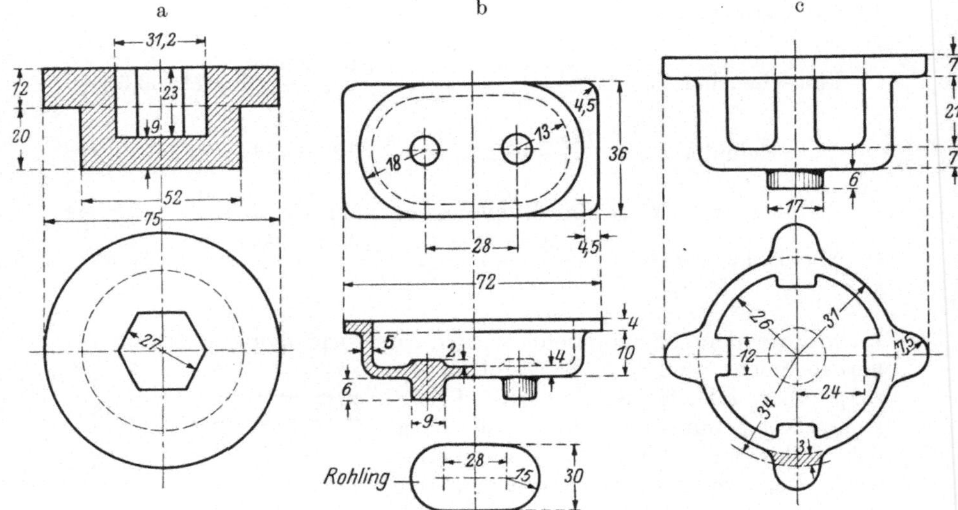

Abb. 148 a bis c. Warmpreßteile für Traversengesenke.

Zum Pressen des Preßteiles a eignet sich am besten 50 mm Rundmessing, das eine Höhe haben müßte von

$$h = \frac{53\,008,8 + 43\,474,4 - 14\,531,4}{\dfrac{50^2 \cdot \pi}{4}} = \text{rd } 41,2 \text{ mm}$$

Die Warmpressung des Teiles erfolgt in einem Arbeitsgang.

Teil b.

Das Volumen ergibt:

Flansch . $V = \left(72 \cdot 36 - \dfrac{36^2 \cdot \pi}{4} - 28 \cdot 36\right) \cdot 4$ . . . $= 2264,48$ mm³

Mantel. . $V_1 = (31 \cdot \pi + 2 \cdot 28) \cdot 5 \cdot 10$ . . . . . . $= 7669,50$ mm³

Boden . . $V_2 = \left(\dfrac{36^2 \cdot \pi}{4} + 28 \cdot 36\right) \cdot 4$ . . . . $= 8103,52$ mm³

4 Augen . $V_3 = \dfrac{9^2 \cdot \pi}{4} \cdot (6 + 2) \cdot 2$ . . . . $= 1017,75$ mm³

$Vg = 19\,055,25$ mm³.

Der ovalen Form des Preßteiles entsprechend muß auch die Form des Rohlings angepaßt sein, damit der Weg der Werkstoffwanderung nicht so groß wird und unganze Stellen im Preßteil verursacht. Unter Zugrundelegung der aus der Abbildung zu ersehenden Masse des Rohlingsquerschnittes ergibt sich zum Fertigpressen des Preßteiles eine Höhe von:

$$h = \frac{19055{,}25}{\dfrac{30^2 \cdot \pi}{4} + 28 \cdot 30} = \frac{19055{,}25}{1546{,}85} = 12{,}3 \text{ mm}$$

Die Warmpressung des Teiles erfolgt in einem Arbeitsgang.

Teil c.

Es darf nicht übersehen werden, daß das Preßmessing, sofern dieser Werkstoff in Frage kommt, im warmen Zustande keine zu großen Wege zum Füllen des Gesenkes zurücklegt, infolgedessen Bedacht auf die Werkstoffwanderung genommen werden muß.

Das Volumen ergibt:

Kleines Auge . . . . . $V = \dfrac{17^2 \cdot \pi}{4} \cdot 6$ . . $= \ \ 1361{,}58 \text{ mm}$

Boden . . . . $V_1 = \dfrac{62^2 \cdot \pi}{4} \cdot 7$ . . $= 21133{,}00 \text{ mm}$

4 Rumpfhalter . . . . . $V_2 = 4 \cdot 12 \cdot 7 \cdot 21$. $= \ \ 7056{,}00 \text{ mm}^3$

Kranz . . . . $V_3 = 57 \cdot \pi \cdot 5 \cdot 7$. $= \ \ 6267{,}00 \text{ mm}^3$

4 Augenverlängerungen . $V_4 = 3 \cdot 7 \cdot 15 \cdot 4$. $= \ \ 1260{,}00 \text{ mm}^3$

4 Halbaugen . . . . . . $V_5 = \dfrac{2 \cdot 15^2 \cdot \pi}{4} \cdot 7$. $= \ \ 2473{,}8 \ \ \text{ mm}^3$

$Vg = $ . . . . $39551{,}88 \text{ mm}^3$

Zweckmäßig ist Rundmessing von 45 mm Durchmesser für die Warmpressung des Teiles zu nehmen, und dazu ist eine Höhe von

$$h = \frac{39551{,}88}{\dfrac{45^2 \cdot \pi}{4}} = \text{rd } 25 \text{ mm}$$

erforderlich. Die Form dieses Teiles erfordert eine unbedingte Vorpressung, die so vorzunehmen ist, daß der Flansch mit seinen 4 Augen und der Innenform auf 7 mm gut ausgepreßt wird. Bei dieser Vorpressung ist an den Flansch eine Topfform von etwa $60 \cdot 48$ mit 28 mm Höhe angepreßt, damit bei der Fertigpressung des Teiles eine größere Werkstoffwanderung vermieden wird. Durch die an den Flansch angepreßte Topfform ergibt sich aber ein Boden von

$$\frac{D^2 \cdot \pi}{4} \cdot x + \frac{(D^2 - d^2) \cdot \pi}{4} = V_x - 6267{,}5 - 1260 - 2473{,}8 \text{ mm}^3$$

$$x = \frac{2949{,}58 - \dfrac{(60^2 - 48^2)}{4} \cdot 21}{\dfrac{60^2 \cdot \pi}{4}} = \frac{8116{,}58}{2827{,}4} = \text{rd } 2{,}8 \text{ mm},$$

der bei Erwärmung von 800° C sich sehr schnell abkühlt. Um das Teil während des Herausnehmens aus dem Warmpreßofen und Einführen in das Gesenk nicht zu schnell erkalten zu lassen, muß der Boden Übervolumen erhalten, der mit 5 mm voll und ganz genügt.

Nach diesen Erwägungen käme ein Mehrquantum an Werkstoff von

$$\frac{62^2 \cdot \pi}{4} \cdot 5 - 2,8 = 2827,43 \cdot 2,2 = 6220,34 \text{ mm}^3$$

in Frage. Bei genauer Ausrechnung des Volumens für das Teil ergab sich bei 45 mm Durchmesser für den Rohling eine Höhe von 25 mm, dieser Wert muß wegen des Übervolumens korrigiert werden und beträgt:

$$\frac{45^2 \cdot \pi}{4} \cdot x = 6220,34; \quad x = \frac{6220,34}{\frac{45^2 \cdot \pi}{4}} = 3,8 \text{ mm},$$

also $25 + 3,8 = 28,8$ mm Länge.

Zum Pressen dieses Teiles gehören drei Preßvorgänge.

20. Beispiel nach Abb. 149 S. 155.

Aufgabe:

Für die nach a, b und c aus Messing zu fertigenden Warmpreßteile sind die Abmessungen der Rohlinge festzulegen.

Fragen:

Auf welche Art ist der Rohling vorteilhaft zu pressen? Was für ein Werkzeug arbeitet für diese Teile am wirtschaftlichsten?

Lösung:

Teil a.

Das Preßteil hat für seine vorteilhafte Pressung ein aus flachem Werkstoff gebogenes Stück nötig, das annähernd der Form und dem Volumen des fertigen Preßteiles entsprechen muß.

Das Volumen ergibt:

2 Zuleitungen . $\quad V = \dfrac{18 \cdot \pi \cdot 25}{4} \cdot 2 + \dfrac{18^2 \cdot \pi \cdot 15}{4 \cdot 2} \cdot 2 \quad . = 16\,540 \text{ mm}^3$

Auge . . . . . $\quad V_1 = \dfrac{32^2 \cdot \pi}{4} \cdot 22 - \dfrac{20^2 \cdot \pi}{4} \cdot 17 \, . . . = 12\,353 \text{ mm}^3$

$V_g \quad . . . . = 28\,893 \text{ mm}^3$

Die passende Länge des Rohlings aus flachem Werkstoff sucht man durch Zirkelabgriff am mittleren Faden (siehe punktierte Linie) des Preßteiles festzustellen; ergibt in diesem Falle 86 mm. Wird die Annahme gemacht, 12 mm starken Werkstoff zu benutzen, so ergibt sich die Breite des flachen Werkstoffes aus

$$12 \cdot 86 \cdot x = 28\,893; \quad x = \frac{28\,893}{12 \cdot 86} = \text{rd } 28 \text{ mm}.$$

Vor allen Dingen ist darauf zu sehen, handelsübliche Waren zu verwenden, weil dadurch der Werkstoff leicht zu beschaffen ist, während bei nicht lagermäßigen Werkstoffen mit einer längeren Lieferzeit gerechnet werden muß.

Die Fertigpressung des Preßteiles erfolgt in einem Gesenk nach Abb. 144 S. 148.

Teil *b*.

Die Verwendung von Profilwerkstoff für Warmpreßteile muß annähernd dem Fertigteil angepaßt sein, damit eine einwandfreie Pressung erfolgen kann. Im vorliegenden Falle ist als vorteilhafter Werkstoff T-Profil zugrunde gelegt.

Das Volumen ergibt:

$$3 \text{ abgestumpfte Kegel} \quad V = (r^2 + r_1 + r \cdot r_1)\,\frac{\pi \cdot h}{3} = (7,5^2 + 12,5^2$$

$$+ 7,5 \cdot 12,5)\,\frac{\pi \cdot 15}{3} \cdot 3 \;. \; = 14430,5 \quad \text{mm}^3$$

$$\text{Gewindeansätze.} \; . \; . \; . \quad V_1 = \frac{29^2 \cdot \pi}{4} \cdot 12 \cdot 3 \; . \; . \; . \; . = 23778,72 \text{ mm}^3$$

$$\text{Zylinder-T-Teil} \; . \; . \; . \; . \quad V_2 = \frac{22^2 \cdot \pi}{4} \cdot 60 + 19 \; . \; . \; . = 30030,27 \text{ mm}^3$$

$$V_g \; . \; . \; . \; . \; . \; . \; . \; . \; . = 68239,5 \quad \text{mm}^3$$

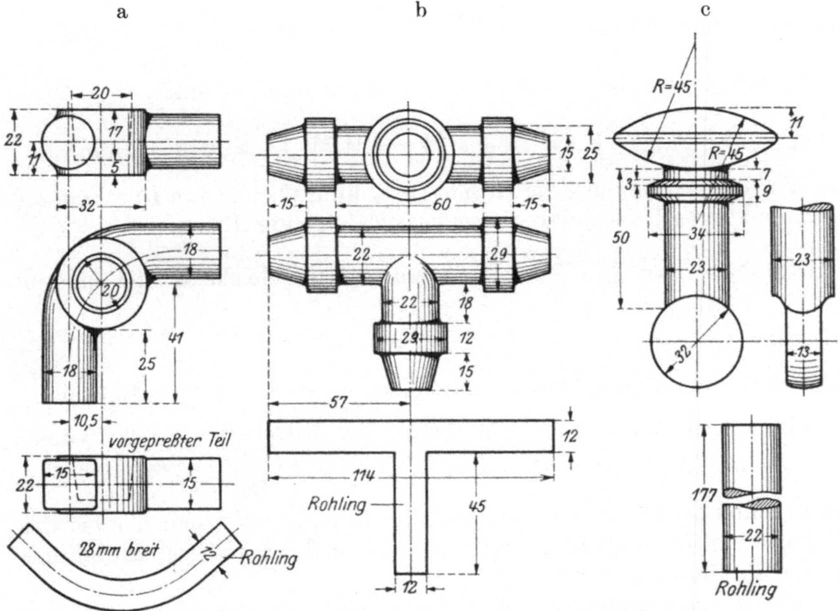

Abb. 149 a bis c. Warmpreßteile für Gesenke mit und ohne geteilten Gesenkdruckflächen.

Zur Festlegung des rohen Preßprofils denke man sich das Teil in einer geraden Form von 159 mm Länge und berechne auf Grund der Annahme von 12 mm starken flachen Werkstoff die Breite desselben:

$$12 \cdot 159 \cdot x = 68239,5; \quad x = \frac{68239,5}{12 \cdot 159} = 35,76 \text{ mm}.$$

Da nicht flacher, sondern T-förmiger Werkstoff zur Verwendung gelangt, so muß aus dem errechneten flachen Werkstoff, T-förmiger gebildet werden mit einer langen Seite 114 · 12, einer kurzen Seite 45 · 12 und einer Höhe von 35,76 mm.

Die einmalige Warmpressung erfolgt im Gesenk.

Teil c.

Preßteile in einer vorliegenden Form kommen in der Warmpresserei nicht selten vor und sind in den bisher dargestellten Werkzeugen nicht herzustellen. Die einzige Möglichkeit, derartige Teile pressen zu können, bietet uns das Gesenk mit geteilten Gesamtdruckflächen nach Abb. 145.

Das Volumen ergibt:

Linsenkopf $V = \pi \cdot h^2 \cdot \left(r - \dfrac{h}{3}\right) \cdot 2 = \pi \cdot 11^2 \left(45 - \dfrac{11}{3}\right) \cdot 2 = 31\,429{,}14\,\text{mm}^3$,

Einschnürung $V_1 = \dfrac{23^2 \cdot \pi \cdot 7}{4} = 2908{,}29\,\text{mm}^3$,

2 abgestumpfte Kegel

$$V_2 = (r^2 + r_1^2 + r \cdot r_1)\frac{\pi \cdot h}{3} \cdot 2 = (17^2 + 11{,}5^2 + 17 \cdot 11{,}5) \cdot \frac{\pi \cdot 3}{3} \cdot 2$$
$$= 3873{,}19\,\text{mm}^3,$$

34 mm langer Zylinder $V_3 = \dfrac{34^2 \cdot \pi}{4} \cdot 3 = 907{,}92 \cdot 3 = 2723{,}79\,\text{mm}^3$,

Zylinderteil $V_4 = \dfrac{23^2 \cdot \pi}{4} \cdot 38 = 415{,}47 \cdot 38 = 15787{,}86\,\text{mm}^3$,

angepreßtes Auge $V_5 = \dfrac{32^2 \cdot \pi}{4} \cdot 13 = 804{,}24 \cdot 13 = 10455{,}02\,\text{mm}^3$.

Für die Bestimmung der Größe des Rohlings bei 22 mm Durchmesser während seiner Umwandlung, ergeben sich folgende Höhen:

Linsenkopf $\quad h = \dfrac{31\,429{,}14}{\dfrac{22^2 \cdot \pi}{4}} = 82{,}67\,\text{mm}$ und auf gleiche Art die anderen

Höhen.

Einschnürung $h_1 = 7{,}63\,\text{mm}$, 2 abgestumpfte Kegel $h_2 = 10{,}20\,\text{mm}$, 34 mm langer Zylinder $h_3 = 7{,}20\,\text{mm}$, zyl. Mittelteil $h_4 = 41{,}53\,\text{mm}$, angepreßtes Auge $h_4 = 27{,}51\,\text{mm}$, $\quad Vg = \dfrac{67\,177{,}39}{380} = $ rd 177 mm.

Der 22 mm große Durchmesser für den Rohling ist wegen der bei der Erwärmung auftretenden Vergrößerung und des leichteren Einführens in die Preßform gewählt.

Die Warmpressung geht so vor sich, daß man den Linsenkopf mit seiner Einschnürung und den 34 mm langen Zylinder zuerst anstaucht; Zylinder des Rohlings muß $82{,}67 + 7{,}63 + 10{,}20 + 7{,}20 = 107{,}7\,\text{mm}$ aus dem geteilten Untergesenk heraushstehen. Im zweiten Arbeitsgang wird im Gesenk das Auge gepreßt.

Stähle für Werkzeuge der Stanzereitechnik und für Gesenke.

Auswahl und Behandlung der Werkzeugstähle.

Die Leistung und Lebensdauer eines Werkzeuges hängt von der richtigen Wahl des Stahles und von der Wärmebehandlung bei der Härtung ab; selbstverständlich ist auch maßgebend welcher Beanspruchung das

Werkzeug unterworfen ist. Nach Dr. ing. F. Rapatz-Düsseldorf, ist bezüglich Stahlauswahl und Behandlung folgendes beachtenswert:

Eine Anleitung für die Auswahl und Behandlung der Werkzeugstähle kann nur allgemeine Anhaltspunkte geben, da die Vielfältigkeit der Beanspruchung keine allgemein gültigen Regeln zuläßt. Es wird immer wieder von Fall zu Fall zu überlegen sein, welcher Stahl und welche Behandlung angewandt werden sollen, und es wird nötigenfalls der Rat des Stahlwerkes zu Hilfe genommen werden müssen.

1. Schnitte, Stanzen, Züge (Kaltarbeitswerkzeuge). Zur Auswahl des Stahles für Schnitte, Stanzen und Züge wird man zunächst zu unterscheiden haben, ob es sich um schlagende Werkzeuge handelt oder um solche, die einer schneidenden oder ruhig pressenden Beanspruchung unterliegen. Die Zahlentafel 1 gibt eine Übersicht über die für Schnitte, Stanzen, Züge zu verwendenden Stähle. Abb. 185 zeigt das Bruchaussehen einiger dieser Stähle in den verschiedenen Zuständen.

Stanzen (im engeren Sinne). Handelt es sich um schlagende Werkzeuge, also Stanzen im engeren Sinne, so verwendet man entweder Stähle, die durch den ganzen Querschnitt eine nicht allzu hohe Härte aufweisen und infolgedessen den Schlag aushalten können (diese Stähle sind legiert und werden in Öl gehärtet) oder Wasserhärter, die nur am Rande hart sind und einen nachgiebigen zähen Kern haben. Der Härtebruch und die Härteeigenschaften dieser Stähle sind in Abb. 185 dargestellt. Es eignen sich hierfür besonders die Stähle 1 und 2 (Wasserhärter) und als Ölhärter der Stahl 5. Eine Entscheidung darüber, welche Stähle besser sind, ist schwer zu treffen, da die Erfahrungen, die bisher gewonnen wurden, einander widersprachen. Es ließe sich vielleicht sagen, daß für ganz kleine Werkzeuge der in Öl zu härtende Stahl besser ist, weil der zähe Kern bei kleinen Werkzeugen nicht mehr so zur Geltung kommt. Es ist ferner ratsam, große Werkzeuge besser aus in Öl zu härtenden Stählen herzustellen, da bei großen Werkzeugen im Falle der Verwendung eines Wasserhärters Härteausschuß zu befürchten ist. Härteausschuß ist bei Wasserhärtern auch dann häufig, wenn heikle Formen vorliegen.

Schnittwerkzeuge. Die Anforderungen, die man an den Stahl für Schnittwerkzeuge stellt, sind: Der Stahl soll sich leicht bearbeiten lassen und soll nach dem Härten eine gute Härte und damit eine gute Schneidhaltigkeit haben, ohne sich beim Härten zu verziehen und vor allen Dingen auch bei den kompliziertesten Formen nicht zu reißen.

Da mit dem Härten des Stahles stets eine Volumvergrößerung verbunden ist, gibt es keine Stähle, die sich beim Härten nicht verziehen. Alle bis in den Kern durchhärtenden Stähle verziehen sich jedoch weniger und regelmäßiger als solche, die bei einem zähen Kern nur eine verhältnismäßig dünne, harte Oberflächenschicht erhalten. Da letzteres bei den Kohlenstoffstählen der Fall ist, ist bei ihnen die Gefahr des unregelmäßigen Verziehens am größten.

Handelt es sich um Schnittwerkzeuge, bei denen die genaue Form durch nachträgliches Schleifen richtiggestellt werden kann, so dürfte trotzdem in vielen Fällen der Kohlenstoffstahl der wirtschaftlichste

sein. Im allgemeinen jedoch wird es sich empfehlen, Chrom-, Wolfram-
und Mangan enthaltende Stähle zu verwenden, da diese Legierungs-
bestandteile durchhärtend wirken und das Verziehen des Stahles weit-
gehend hintanhalten. Besonders günstig in bezug auf regelmäßiges Verziehen verhalten sich die Stähle 10 und 11.

Für sehr große Stückzahlen empfiehlt sich Stahl 8, der allerdings
schwer bearbeitbar ist und deshalb die Werkzeuge verteuert. Dieser
Stahl ist zweckmäßig auch da anzuwenden, wo die zu schneidenden
Werkstoffe eine schleifende Wirkung auf das Werkzeug ausüben, wie
z. B. beim Schneiden von Papier, Hartgummi und anderen Isolierstoffen.
Bei einfachen Formen ist für den zuletzt genannten Verwendungszweck auch Stahl 4 empfehlenswert.

Für stärkere Bleche ist der Stahl 8 nicht gut geeignet, da er zu leicht
ausbricht. Vorteilhafter ist hier ein Kohlenstoffstahl mit rund 0,9% C
oder Stahl 6.

Die Verwendung von Schnellstahl setzt voraus, daß der Stahl bei
der Härtung sehr sorgsam behandelt wird, weil bei der hohen Härte-
temperatur leicht eine Entkohlung eintritt; auch die Gefahr des Verziehens ist beim Schnellstahl größer als bei dem obenerwähnten hoch-
prozentigen Chromstahl.

Züge. Für Ziehstempel sind zu empfehlen die Stähle 3, 4 und 8.
Der härteste, aber auch sprödeste von diesen in Stahl 4.

Für Ziehringe verwendet man am besten die Stähle 1, 3 und 4 und
Stahl 8 dann, wenn es sich um kleine Löcher handelt und wenn der Ring
gut gestützt ist.

2. Warmarbeitswerkzeuge. Die Anforderungen, die an Warmbearbei-
tungswerkzeuge zu stellen sind, ergeben sich daraus, daß sie der Schlag-
wirkung oder großem Druck widerstehen müssen und gleichzeitig gegen
die Erwärmung vom heißen Metallteil her möglichst unempfindlich sein
sollen. Zwischen Schlag- und Preßwerkzeugen kann man in bezug
auf die Anforderungen im allgemeinen den Unterschied machen, daß
die Preßwerkzeuge infolge ihrer längeren Berührung mit dem Preßgut
größere Widerstandsfähigkeit gegenWärme haben müssen als schlagende
Werkzeuge, wo die Berührung nur kurze Zeit dauert, hingegen braucht
bei Preßwerkzeugen auf Zähigkeit nicht so sehr geachtet werden wie
beim Schlagwerkzeug.

Das Unbrauchbarwerden dieser Werkzeuge kann in viererlei Weise
vor sich gehen:

1. Durch mechanische Abnutzung, der besonders stark ausgesetzte
Kanten unterliegen. Dieser Abnutzung würde durch möglichst hohe
Härte und Wärmebeständigkeit abgeholfen werden.

2. Durch Eindrücken der Gesenkflächen; auch hier hilft hohe Härte.

3. Durch Sprengen des Werkzeuges. Diese Art des Zubruchgehens
entsteht meist durch zu hohe Härte, welche dann zur Folge hat, daß die
für Schlagarbeit nötige Zähigkeit nicht mehr vorhanden ist. Eine weitere
Ursache für das Sprengen ist auch unzweckmäßige Konstruktion des
Gesenkes, die das Fließen des Werkstoffes erschwert und die erkaltete

Metallschicht zwischen den Gesenkteilen liegen läßt; ferner Prellschläge, durch einseitiges Aufliegen verursacht.

4. Durch die sogenannten „Brandrisse". Es sind dies kleine Risse, die im Verlauf der Arbeit quer zur Kante des Werkzeuges auftreten. Diese Erscheinung ist darauf zurückzuführen, daß der gehärtete Stahl durch Anlassen oder Glühen sein Volum verringert. Tritt nun dieses Schrumpfen, wie es durch die Erwärmung einzelner Stellen während der Arbeit gegeben ist, unregelmäßig ein, dann sind Schrumpfrisse, hier Brandrisse genannt, die Folge. Auch die mit den plötzlichen Temperaturschwankungen verbundenen Spannungen tragen zur Bildung der Brandrisse bei. Um deren vorzeitiges Auftreten zu vermeiden, geht man mit der Härte zweckmäßig nicht zu hoch, weil dann die mit dem Anlassen bei der Arbeit verbundenen Volumenverminderungen größer sind als dann, wenn man durch stärkeres Anlassen den Schrumpfvorgang schon teilweise vorwegnimmt. Man kann das Auftreten der Brandrisse nur hinausschieben, aber nicht verhindern, weil der erwähnte Anlaßvorgang letzten Endes unausbleiblich ist.

Man sieht also, daß gegen die zwei ersteren zerstörenden Einflüsse, Abnutzung und Eindrücken, hohe Härte geboten wäre, daß aber hingegen die Gefahr des Sprengens und das zu frühe Auftreten der Brandrisse ein Herabgehen mit der Härte verlangt. Man muß also, um sich vor allen Gefahren möglichst zu schützen, eine Härte wählen, die auf einer mittleren Linie liegt. Die zulässige höchste Brinellhärte wird sich nach der Form des Werkzeuges richten, aber 450 BE nicht viel übersteigen dürfen. Bei Gesenken mit tiefen Formen wird man sich im allgemeinen am besten zwischen 300 und 400 BE und bei Gesenken mit flachen Formen zwischen 400 und 450 BE halten. Diese Regeln sind nur als allgemeine Ratschläge aufzufassen und gelten nur für Gesenke, die nach Fertigstellung der Form noch gehärtet werden. Für Wasserhärter, das sind unlegierte Stähle, die eine glasharte Oberflächenschicht mit einem verhältnismäßig weichen Kern haben, gelten diese Regeln nicht, sondern nur für tiefer einhärtende, mehr oder weniger hochlegierte Stähle.

Aus wirtschaftlichen Gründen werden auch Gesenke mit weit weniger Härte gebraucht. Die Härte großer gewöhnlicher Schmiedegesenke aus unlegiertem oder schwach legiertem Stahl wird häufig 270 BE nicht übersteigen. In diesem Falle wird der Stahl in der Arbeitshärte angeliefert, eine nachträgliche Behandlung erübrigt sich dann. Oft ist es aber auch üblich, Gesenkstähle, die eigentlich für Härtung nach der Fertigstellung des Gesenkes bestimmt sind, in der Arbeitshärte, sogenannten Naturhärte, zu beziehen, um dem oft für die Härtung schlecht eingerichteten Gesenkverbraucher die Härtung zu ersparen. Man muß dann aber mit der Härtung unter der oben genannten für höchste Leistung erforderlichen zurückbleiben, weil der Stahl in Brinellhärten über 310 nicht mehr gut für die Herstellung der Gesenke bearbeitbar ist.

Für Preßwerkzeuge, wie etwa Warmpreßgesenke für die Strangpresse, kann man, wie oben schon angedeutet, mit der Härte höher gehen, man wird die Brinellhärte bis 470 steigern können. Eine Übersicht über die gebräuchlichsten Warmarbeitsstähle gibt Zahlentafel 2.

Zahlentafel 1

Übersicht über die gebräuchlichsten Stähle für Werkzeuge der Stanzereitechnik

Nr.	Stahlmarke	Ungefähre chemische Zusammensetzung:	Festigkeit im geglühten Zustand		Härt. i. Verwendungszust. Arbeitsfl.	im Kern 1cm	Wärmebehandlung			
			Brinell-H.	kg/mm²	Rockwell-H. [kg/mm²]	v. d. Oberfl. kg/mm²	Schmieden	Weichglühen	Härten	Anlassen
1	Kohlenstoffstahl	0,75—1,2 % C, 0,25 % Mn zuweilen mit 0,6—1,0 % Wo	160—200	60—70	63—67 C [225—245]	100—110	1000-850°	670—710°	800—820° in Wasser	nach Bedarf meist auf gelbe Anlaßfarbe
2	Kohlenstoffstahl mit höherem Mn.-Geh.	etwa 1 % C, etwa 0,4 % Mn	190—215	65—75	63—68 C [225—250]	100—120	950—850°	690—700°	780—800° in Wasser	Stanzen u. Gesenke in Wasser auskochen. Schnitte in Öl bei 200° kochen oder anlassen
3	Wasserhärtb. Chromstahl	etwa 1,4 % C, etwa 0,5 % Cr	190—215	65—75	63—68 C [225—250]	100—120	950—850°	690—700°	780—800° in Wasser	vom Boden aus anlassen auf gelbe Anl.-Farbe [200—220°] der Arbeitsfläche
4	Wolframstahl	ewa 1,4 % C, etwa 5 % Wo	240—275	85—95	66—68 C [240—250]	120—130	900—800°	720—730°	780—800° in Wasser	eventl. Auskochen in Wasser zwecks Spannungsausgl.
5	Chrom-Nickelstahl	0,3—0,5 % C 0,8—1,2 % Cr 3,0—5,0 % Ni	200—225	70—80	58—61 C [200—215]	200—210	1000-900°	700—750°	820—840° in Öl oder Preßluft	vom Boden aus anlassen auf gelbe Farbe der Arbeitsfläche
6	Silizium-Chrom Wolframstahl	0,4—0,5 % C, 0,5—1 % Si 1,0—1,5 % Cr bis 2 % Wo	170—200	60—70	58—60 C [200—210]	190—200	950—850°	700—710°	800—830° in Öl	nach Bedarf auf gelbe Anlaßfarbe
7	Chromstahl niedrig legiert	etwa 1 % C, etwa 1,2 % Cr	170—200	60—70	58—60 C [200—210]	200—210	950—850°	720—730°	835—850° in Öl	Auskochen in Öl bei 200—250°
8	Chromstahl hochlegiert	etwa 2 % C, etwa 13 % Cr	215—245	75—85	63—65 C [225—235]	220—230	1000-850°	780—820°	900—950° in Öl oder Preßluft	in Öl bei etwa 250° oder auf hellgelbe Anlaßfarbe anl.
9	Nickel-Wolframstahl	0,85 % C, 0,6 % Ni 1,0 % Wo	165—200	60—70	63—67 C [225—245]	90—100	950—850°	680—700°	820—840° in Wasser	nach Bedarf Arbeitsfläche auf gelbe Anlaßfarbe
10	Chrom-Wolfram-Manganstahl	1 % C, 0,25 % Si, 0,9 %/₁ Mn 1,10 % Cr, 1,5 % Wo	200—225	70—80	64—66 C [230—240]	230—240	950—850°	720—730°	790—830° in Öl	nach Bedarf bis blaue Anlaßfarbe an der Arbeitsfläche
11	Chrom-Manganstahl	0,9 % C, 0,20 % Si 0,9 % Mn, 0,5 % Cr	165—200	60—70	60—64 C [210—230]	210—230	950—850°	720—730°	790—810° in Öl	eventl. Auskochen in Öl oder auf 200° anlassen
12	Schnellstahl	0,65 % C, 4,3 % Cr 18,5 % Wo, 1,5 % Vd	235—255	80—90	63—67 C [225—245]	225—245	1150-900°	780—800°	1150—1300° in Öl	Anlassen bei 560—580°

Zahlentafel 2

Übersicht über die gebräuchlichsten Warmarbeitsstähle

Nr.	Stahlmarke	Ungefähre chemische Zusammensetzung:	Festigkeit im geglühten Zustand		Härte im Verwendungszustand		Wärmebehandlung			
			Brinell-H.	kg/mm²	Brinell-H.	kg/mm²	Schmie-den	Weich-glühen	Härten	Anlassen
1	Kohlenstoff-stahl	etwa 0,55 % C etwa 1,0 % Mn	meist naturhart geliefert	70—90	naturhart 205—260 580—640	naturhart 70—90 200—220	1000° | 850°	670° | 680°	— 800—820° in Wasser	meist naturhaft verwendet Vom Boden aus anlassen auf gelbe Farbe an der Arbeitsfl.
2	Silizium-stahl	etwa 0,60 % C etwa 2,0 % Si	meist naturhart geliefert	70—90	naturhart 205—260 290—410	naturhart 70—90 100—140	950° | 850°	680° | 700°	— 820—870° in Öl	meist naturhart verwendet etwa 350—400°
3	Chrom-Wolfram-Silizium-stahl	etwa 0,40 % C ,, 1,0 % Si ,, 1,0 % Cr ,, 1,80 % Wo	165 | 200	60 | 70	Flach-gesenke 375—430 Tiefgesenke 305—390	Flach-gesenke 130—150 Tiefgesenke 105—135	1000° | 800°	700° | 710°	850° 950° in Öl	Flachgesenke bei etwa 300° auf 130-150 kg [375-430 BH] Tiefgesenke bei etwa 450° auf 105—135 kg [305—390 BH]
4	Chrom-Nickel-Molybdän-stahl	etwa 0,60 % C ,, 0,80 % Cr ,, 0,30 % Mo ,, 1,50 % Ni	200 | 235	70 | 80	Flach-gesenke 375—460 Tiefgesenke 305—390	Flach-gesenke 130—160 Tiefgesenke 105—135	950° | 850°	650° | 680°	800—850° in Öl 830—880° in Preßluft	Flachgesenke bei etwa 360° auf 130-160 kg [375-460 BH] Tiefgesenke bei etwa 500° auf 105—135 kg [305—390 BH]
5	Chrom-Nickel.stahl	etwa 0,40 % C ,, 1,0 % Cr ,, 4,0 % Ni	200 | 235	70 | 80	Flach-gesenke 435—495 Tiefgesenke 305—390	.Flach-gesenke 150—170 Tiefgesenke 105—135	1000° | 900°	660° | 680°	850—900° in Luft 830—900° in Öl	Flachgesenke b.etwa 300-350° auf 150-170 kg [425-495 BH] Tiefgesenke bei etwa 500° auf 105—135 kg [305—390 BH]
6	Chrom-Wolfram-stahl	etwa 0,30 % C ,, 2,5 % Cr ,, 9,0 % Wo ,, 0,40 % Vd	235 | 260	80 | 90	410 460	140 160	1100° | 900°	780° | 800°	950° 1000° in Öl	etwa 550—600°

11

Für die Leistungsfähigkeit eines Stahles ist natürlicherweise aber nicht allein seine Festigkeit bei gewöhnlicher Temperatur, sondern auch seine Eigenschaften in der Wärme maßgebend. Abb. 184 gibt die Widerstandsfähigkeit einiger Stähle in der Wärme wieder. Diese Zahlen geben zwar nicht die bei der betreffenden Temperatur gemessene Festigkeit an, sondern die Härte nach dem Anlassen bei diesen Temperaturen; diese Härten dürften aber sicherlich ein Maß für die Anlaßbeständigkeit sein, abgesehen von den Schwierigkeiten, die Wärmefestigkeiten selbst richtig zu deuten. Aus der Abbildung geht hervor, welche erheblichen Unterschiede in dieser Hinsicht zwischen den einzelnen Stählen selbst bei gleicher Ausgangsfestigkeit in der Kälte bestehen. Den Anforderungen als Warmarbeitswerkzeug werden die Stähle im allgemeinen um so mehr Rechnung tragen, je beständiger sie in der Wärme sind. Es wird also der hochlegierte Chrom-Wolframstahl immer der leistungsfähigste sein; man wird aber für größere Werkzeuge sich für diesen Stahl wegen des Preises nicht entschließen können. Bei hohen Ansprüchen wird man sich aber die Grenze der Leistungsfähigkeit der Stähle vor Augen halten müssen; man wird z. B. von einem Chrom-Nickelstahl nicht verlangen können, daß er Arbeitstemperaturen bis 500 oder gar 600° dauernd aushält, Temperaturen, die heute besonders bei Metallpressen häufig vorkommen.

3. Allgemeines über die Wärmebehandlung der Stähle. Die Werkzeugstähle werden in der Regel vom Stahlwerk geglüht angeliefert, so daß ein Glühen für den Werkzeugstahlverbraucher nur bei gehärteten und abgenutzten Werkzeugen in Frage kommt, die wieder neu aufgearbeitet werden sollen.

Glühen. Für die Glühung kann als ungefähre Regel angesehen werden, daß unlegierte und leichtlegierte Stähle bei etwa 700° zu glühen sind. Die Stähle sind einige Stunden auf Temperatur zu halten. Auf die Abkühlung braucht dann kein besonderes Gewicht gelegt zu werden. Dies gilt aber nur dann, wenn bei der Glühung 720° auf keinen Fall überschritten wurden. In diesem Falle kann bei rascher Abkühlung auch bei unlegierten und leicht legierten Stählen teilweise Härtung eintreten. Hochlegierte Stähle, z. B. Schnellstähle u. dergl. sind aus der Glühtemperatur von 750—800° so langsam abzukühlen, daß die Abkühlungsgeschwindigkeit bis 680° nicht mehr als 15—20° in der Stunde beträgt. Bei diesen Stählen, wo langsame Abkühlung wichtig ist, ist langes Halten auf der angegebenen Glühtemperatur nicht von Bedeutung.

Um bearbeitete Werkzeuge vor dem Härten möglichst spannungsfrei zu bekommen, empfiehlt sich bei den Kohlenstoffstählen eine Glühung von etwa 600—650° und bei den höher legierten etwa 700—750°.

Härten und Anlassen. Für die Härtung lassen sich keine allgemeinen Regeln sagen, es sind jeweils die von dem Stahlwerk angegebenen Härtevorschriften zu beachten.

Nach dem Härten ist es immer empfehlenswert, die Werkzeugteile auf etwa 100—150° C anzulassen, wobei die Härte noch unverändert bleibt, die Spannungen jedoch schon erheblich vermindert werden.

Bei Wasserhärtern ist in den meisten Fällen ein Anlassen auf gelb und noch dunkler empfehlenswert.

Besser noch als das Anlassen nach der Farbe ist das Anlassen auf Temperatur in einem Salz- oder Ölbad, weil das Anlassen dann durchgreifend und gleichmäßig erfolgen kann. Die verschiedenen, den Anlaßfarben entsprechenden Temperaturen sind in der Tafel 3 angegeben. Als Regel gilt, daß längeres Anlassen bei niedrigerer Temperatur dem kürzeren Anlassen bei höherer Temperatur vorzuziehen ist. Bei Salzbädern ist zu empfehlen, die Werkzeuge über $^1/_2$ Stunde auf Temperatur zu lassen.

Härteprüfung. Für die Härteprüfung empfiehlt sich bei geglühten Stählen der Brinellapparat und bei gehärteten Stählen der Rockwellapparat. Die Gründe, warum bei gehärteten Stählen der Brinellapparat nicht zweckmäßig ist, sind folgende: Bei der Brinellhärteprüfung ergibt sich gegenüber der Rockwellprüfung ein verhältnismäßig tiefer Eindruck, der bei fertigen Werkzeugen sehr oft störend wirkt. Ferner wird bei der Brinellprüfung die Kugel abgeplattet, und die Prüfung ergibt zu geringe Werte.

Wenn diese Gefahr auch bei der Rockwellprüfung nicht besteht, so muß doch betont werden, daß auch diese die Härteeigenschaften des Stahles nicht vollständig richtig angeben kann, weil auch bei ihr die außerordentlich harten und wirksamen Karbide auf die Rockwellhärte wenig Einfluß haben. Immerhin ist aber die Rockwellhärteprüfung eine gute Kontrolle, ob die Härtung richtig erfolgte.

Zahlentafel 3.   Glühfarben und entsprechende Temperaturen.

Farbenbezeichnung	Hitze in Grad	Farbenbezeichnung	Hitze in Grad
Dunkelbraun	550	Hellrot	850
Braunrot...............	630	Gut Hellrot............	900
Dunkelrot..............	680	Gelbrot...............	950
Dunkelkirschrot	740	Gelb	1000
Kirschrot	770	Hellgelb...............	1100
Hellkirschrot	800	Gelbweiß	1200
Weiß ....1300° und darüber			

I. Kostenbestimmung.

(Grundsätze und Voraussetzungen.)

Der Einfluß veränderlicher Stößelspiele bei Schnittpressen auf die Produktion. In vielen Stanzereibetrieben wird heute noch, obwohl man sich merklich umgestellt hat, unwirtschaftlich gearbeitet, weil die meisten Pressen mit unveränderlichen Drehzahlen des Schwungrades laufen. Ferner läuft die Presse häufig leer, und zwar bei gewissen Vorschüben des Streifens, weil nach jedem Vorschub des Werkstoffes der Pressenschlitten eingerückt wird. Diese beiden Übelstände bedeuten aber für die Fertigung erhebliche Verluste, und deshalb soll in folgenden Darlegungen gezeigt werden, auf welche Weise Abhilfe möglich ist.

Vergegenwärtigt man sich als Nächstliegendes das Schneiden an Schnittpressen, so ist die größte Vorwärtsbewegung des Streifens von der Schnelligkeit der aufeinanderfolgenden Stößelhübe abhängig. Diese Vorschubstrecke des Werkstoffes, die während der Aufwärts- und eines Teiles der Abwärtsbewegung des Stößels zurückgelegt sein muß, um in der Zeit des Schneidens eine Ruhelage für den Streifen zu haben,

Abb. 150. Presse mit veränderlichen Stößelspielen.

ist sehr verschieden. Es ist deshalb und besonders bei sperrigen Teilen ganz unmöglich, bei veränderlichen Stößelhüben hintereinander ohne jegliche Unterbrechung des Arbeitstaktes den Streifen bis zu Ende zu schneiden. Da keineswegs die Fertigung der Teile von der Geschicklichkeit der Arbeiterin abhängen soll, so muß vor allen Dingen der selbsttätige Vorschub von dem Handvorschub des Werkstoffstreifens unterschieden werden. Bei Handvorschub ist aber nur dann ein ununterbrochenes Schneiden gewährleistet, wenn man der Presse bei Einzelantrieb einen Regelmotor mit Tachometer oder bei Riemenantrieb ein Stufenvorgelege gibt. Viele Stanzereibetriebe sind nun nicht in der Lage, sich den Einzelantrieb für ihre vorhandenen Pressen leisten zu können, und so wird in Abb. 150 der Antrieb einer Presse mit einem Stufenvorgelege gezeigt, mit der annähernd gleiches erreicht werden kann, als wenn sie mit Regelmotor arbeiten würde.

Diese Presse nach Abb. 150 hat einen Schnittdruck von rd 22 000 kg, ist mit einem vierstufigen Vorgelege ausgerüstet und hat dadurch veränderliche Stößelhübe von 10 000, 7500, 5600 und 4200 in der Stunde. Um eine große stündliche Leistung zu erzielen, konnte der Arbeitstakt der Presse, der Handvorschubzeit des Streifens entsprechend, schrittweise gesteigert werden. Bei der Festlegung des Arbeitstempos muß aber auch die Art des Werkzeuges gewisse Berücksichtigung finden. Es ist z. B. nicht gleichgültig, ob ein Werkzeug mit Seitenschneider oder mit Einhängestift zur Verwendung gelangt, da bei dem ersten Werkzeug die Vorschubbewegung weniger zeitraubend ist als bei dem mit Einhängestift. Werkzeuge, die mit einem Einhängestift versehen sind, verlangen besondere Geschicklichkeit, weil hierbei außer der Vorwärtsbewegung noch Heben und Senken des Streifens erforderlich ist. Das Diagramm für Stückzeitermittlung Abb. 151 gibt Anhaltspunkte für gesteigerte Erzeugung in der Massenfertigung bei Berücksichtigung dieser Unterschiede. Die Werte des Diagramms haben sich aus der Praxis ergeben, und zwar für Werkzeuge mit Seitenschneider. Sind die Werkstoffdicke und der Vorschub des Werkstoffstreifens bekannt, so können aus Abb. 151 die minutlichen Stößelhübe, die die Presse machen soll, abgelesen werden; die wirkliche stündliche Leistung ist für Band um rd 3% und für Streifen um rd 10% niedriger als der abgelesene Wert. Das liegt daran, daß während der Fertigung der Teile Zeitverluste auftreten bei der Einführung der Streifen in das Werkzeug und beim Streifenauslauf, teils auch bei Arbeitsunterbrechung zur Erledigung persönlicher Ange-legenheiten der Ar-beiter.

Außer den Ver-suchen mit Seiten-schneider - Werkzeu-gen sind die stünd-lichen Leistungen beim Arbeiten mit Einhängestift - Werk-zeugen wichtig. Aus diesem Grund sind Schnittstreifen ge-genübergestellt, die mit beidenWerkzeug-arten bearbeitet sind. Abb. 152 zeigt Schnittstreifen, die mit Seitenschneider, und Abb.153 Schnitt-streifen, die ohne Seitenschneider ge-schnitten sind. Die stündlichen Leistun-

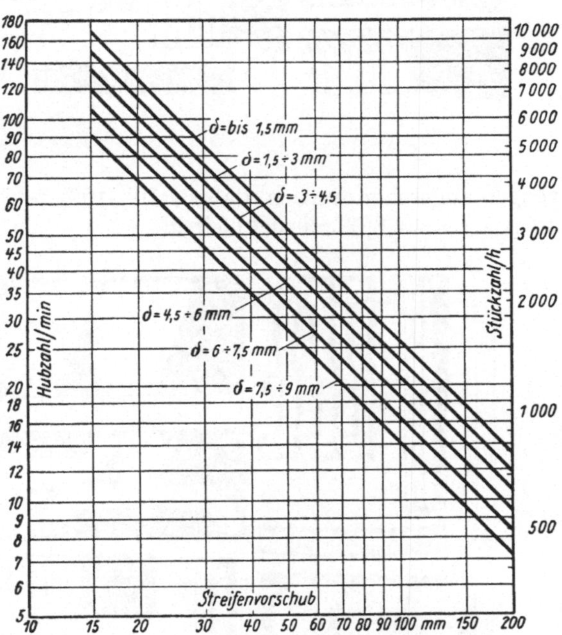

Abb. 151. Diagramm für Bestimmung der minutlichen Stößelhübe.

gen sind in Zahlentafel 83a gegenübergestellt. Aus dieser ist zu ersehen, daß man mit einem Satz Stufenscheiben bei Pressen nicht auskommt, son-dern sich deren zwei, je nach Größe des Betriebes, bedienen muß. Je näher man nämlich mit den Stößelspielen in der Minute den aus Abb. 151 ab-gelesenen kommt, um so besser wird der Erfolg sein. Es muß vermieden werden, daß der Unterschied zwischen einzustellender und eingestellter Stößelhubzahl so groß ist wie bei Schnitt r, da dann der Pressenschlit-ten bei jedem einzelnen Schnitt eingeschaltet werden muß. In solchem Falle ist es ratsam, die Schwungradgeschwindigkeit herabzusetzen, da-mit der Arbeitstakt der Vorschubzeit des Werkstoffstreifens angepaßt ist; Schwungradumdrehungen herabzusetzen ohne vorherige Überlegung heißt, den Schnittdruck der Presse erheblich vermindern, da dieser von dem Quadrat der Geschwindigkeit des Schwungrades abhängig ist. Besonders sollte auch darauf geachtet werden, daß die Schnittstempel

in der Mitte des Streifens schneiden, damit der Streifen sich nicht
verbiegt und zu Hemmungen Anlaß gibt (siehe Schnitt 153 q). Ganz allgemein kann als Durchschnitt für stündliche Leistungen gegenüber den
auszunützenden stündlichen Stößelhüben bei Seitenschneiderwerk-

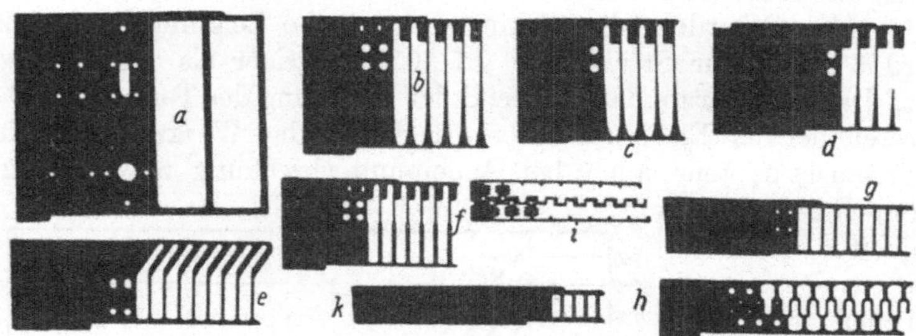

Abb. 152. Schnittmuster mit Seitenschneideranwendung.

zeugen angesehen werden, daß sie 10—15% und bei Einhängestiftwerk-
zeugen bis zu 30% zurückbleiben.

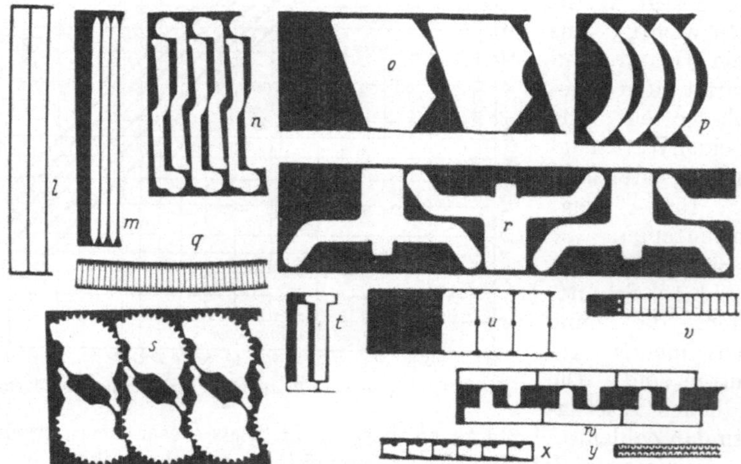

Abb. 153. Schnittmuster mit Einhängestift-Werkzeuge geschnitten.

**Errechnung der Anzahl der Teile im Streifen und Festlegung der
Streifenbreite.** Zur Berechnung der Streifenbreite muß die Teilbreite
des Schnitteiles (in Schnittstellung) und die Werkstoffstärke bekannt
sein. Ist z. B.

$$R_b = \text{Randbreite}$$
$$T_l = \text{Teillänge (in Schnittstellung)}$$
$$S_s = \text{Seitenschneiderabschnitt}$$
$$B_r = \text{Streifenbreite}$$

so folgt mit Seitenschneider $(R_b + S_s) \cdot 2 + T_l = B_r$.
und ohne Seitenschneider $2\,R_b + T_l = B_r$.

Bei einem einfach wirkenden Scheibenschnitt mit Vorlocher, bei welchem der Scheibendurchmesser 15 mm und die Werkstoffstärke 1,5 mm ist, kommt unter Zuhilfenahme des Diagramms Abb. 155 eine Streifenbreite, wenn der Schnitt ohne Seitenschneider arbeitet, von

$$2\,R_b + T_l = Br = 2 \cdot 1,2 + 15 = 17,4 \text{ mm Breite}$$

zustande. Die Abmessung für R_b findet man, wenn auf dem Diagramm für Werkstoffbreitenermittlung $\delta = 1,5$ mm (Werkstoffstärke) aufgesucht wird, dann aufwärts bis zum Schnittpunkt der Kurve geht und

| Schnitte | Werkstoff | | | | stdl. Stößelhübe | | stdl. Leistung mit \| ohne Seitenschneiderwerkzeug | |
	Art	Beschaffenheit	Stärke mm	Vorschub mm	nach Bild 2	der Masch.	mit	ohne
a	SM-Stahl	Streifen	2	26	5000	5600	4103	—
b	Neusilber	„	0,5	8,5	10000	10000	8620	—
c	„	„	0,5	8,5	10000	10000	8597	—
d	„	„	0,5	8,5	10000	10000	8605	—
e	Messing..........	„	0,25	6	10000	10000	8593	—
f	„	„	0,25	6	10000	10000	8590	—
g	SM-Stahl	„	0,7	6	10000	10000	8583	—
h	Messing..........	„	0,5	9	10000	10000	8600	—
i	„	„	0,3	11	10000	10000	8580	—
k	SM-Stahl	„	0,7	4,7	10000	10000	8600	—
l	„	„	0,3	14	10000	10000	—	7196
m	Messing..........	„	0,3	6,5	10000	10000	—	7234
n	SM-Stahl	„	2	26,5	5000	5600	—	3872
o	Bronze	„	0,5	70	2300	4200	—	1507
p	SM-Stahl	„	1,5	23	6500	5600	—	4144
q	„	„	0,5	4	10000	10000	—	7713
r	„	„	3,5	182	840	4200	—	755
s	Neusilber	„	0,5	48	3300	4200	—	2442
t	Messing..........	„	0,5	13	10000	10000	—	6522
u	Aluminium........	„	0,3	26	5000	5600	—	4105
v	SM-Stahl	„	0,7	6	10000	10000	—	7602
w	Messing..........	„	0,5	58	2700	4200	—	1877
x	Pertinax	„	1	18	9000	10000	—	7381
y	Neusilber	„	0,3	4,3	10000	10000	—	16014 doppelt schnitt.

Abb. 154. Schnittleistungstabelle.

von dort aus horizontal nach links den Wert für die Randbreite = 1,2 mm abliest. Ist ferner

T_b = Teilbreite (in Schnittstellung),
Z_m = Werkstoffbreite zwischen zwei Ausschnitten,
V_s = Vorschub in mm,
S = Werkstoffstärke,
L = Länge des Streifens,
G = Gewicht,
γ = spez. Gewicht,
x = Anzahl der Teile im Streifen,

so folgt: $T_l + Z_m = V_s.$

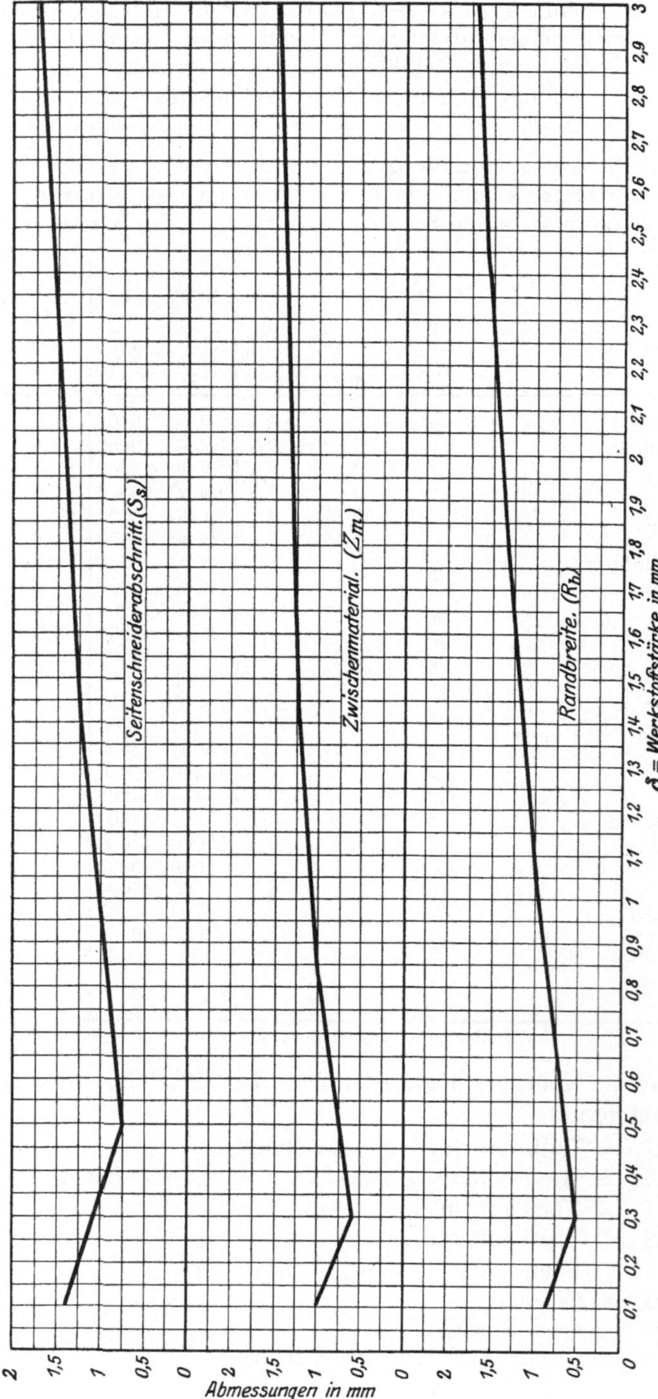

Abb. 155. Streifenwerkstoff-Diagramm.

Im Ausnahmefalle, wenn kein Werkstoff zwischen zwei Ausschnitten stehen bleibt, ist $T_l = V_s$.

Das Gewicht des Streifens ermittelt sich: $B_r \cdot (T_b + Z_m) \cdot x \cdot \delta \cdot \gamma = G$ und die Länge des Streifens $(T_l + Z_m) \cdot x = L$, daraus die Teile im Streifen $x = \dfrac{L}{T_l + Z_m}$.

Ein Kalkulationsbeispiel sei für Messingscheiben von 15 mm Durchmesser und 1,5 mm Stärke, die ein- und dreischnittig hergestellt werden sollen, getrennt durchgeführt.

Legt man eine Streifenlänge von 800 mm zugrunde, so ergibt sich eine Anzahl im Streifen

$$x = \frac{L}{T_l + Z_m} = \frac{800}{15 + 1,25} = \text{rd } 49 \text{ Stück je Streifen.}$$

Die Werte für Z_m und R_b sind aus dem Diagramm Abb. 155 zu ent-

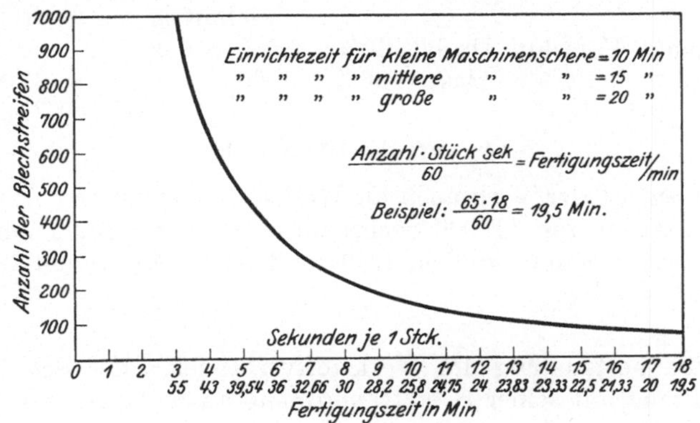

Abb. 156. Diagramm für Streifenschneiden.

nehmen, die Teilbreite ist mit 15 mm bekannt; mithin ergibt sich ein Gewicht $G = B_r \cdot (T_l + Z_m) \cdot x \cdot \delta \cdot \gamma = 17,4\,(15 + 1,25) \cdot 49 \cdot 1,5 \cdot 8,7 = 0,180$ kg. Zu dem errechneten Gesamtgewicht sind 3% für Ausschußteile hinzuzurechnen.

Bei dreischnittiger Herstellungsweise nach Abb. 24 a ergibt sich folgendes Resultat: Die Strecke a ist bei 15 mm Scheibe $= 2 \cdot 7,5 + 1,25 = 16,25$ mm, und die Strecke $b = 7,5 + 0,62 = 8,1$ mm. Nach dem Pytagoras findet man die Größe $c = \sqrt{a^2 - b^2} = \sqrt{16,25^2 - 8,1^2} = 14$ mm.

Die Streifenbreite setzt sich zusammen aus:

$$2 \cdot c + 2 \cdot 7,5 + 2 \cdot 1,2 = 2 \cdot 14 + 2 \cdot 7,5 + 2 \cdot 1,2 = 45,4 \text{ mm}.$$

Da man es mit drei Schnittreihen zu tun hat, bei welchen die erste und die dritte Reihe gleiche Anzahl von Teilen im Streifen besitzen, während die mittlere Reihe sich um ein halbes Teil in der Längsrichtung verschiebt, so folgt bei einer Streifenlänge von 800 mm

$$\text{für Reihe 1 und 3} \quad x = \frac{2\,L}{T_l + Z_m} = \frac{2 \cdot 800}{16,25} = \text{rd } 98 \text{ Stück,}$$

$$\text{„ „ 2} \quad x_1 = \frac{L - 7,5}{T_l + Z_m} = \frac{800 - 7,5}{16,25} = 48 \text{ Stück,}$$

also eine Gesamtstückzahl von $98 + 48 = 146$ Stück je Streifen. Das Gewicht für den Streifen bei 800 mm Länge ist:

$$B_r \cdot (T_l + Z_m) \cdot x \cdot \delta \cdot \gamma = 45{,}4 \cdot (15 + 1{,}25) \cdot 48 \cdot 1{,}5 \cdot 8{,}7 = 0{,}462 \text{ kg}$$

bei 146 Stück. Zu dem errechneten Gesamtgewicht sind 3% für Ausschußteile hinzuzurechnen.

Werkstoffverbrauch für 100 Scheiben.

Einschnittig hergestellt

$$\frac{180 \cdot 100}{49} = 367 \text{ g}$$

dreischnittig hergestellt

$$\frac{462 \cdot 100}{146} = 317 \text{ g}$$

Stückzeitbestimmung.

Aus dem Diagramm Abb. 151 kommen für 16,25 mm Vorschub und 1,5 mm 1,5 mm Werkstoffstärke rd 10000 stündliche Hübe für die Presse in Frage.

	einschnittig	dreischnittig
Für automat. Vorschub abzügl. 15%	8500 Stück	25500 Stück
„ Hand- „ bis 30%	7000 „	21000 „

1. Aufgabe (Abb. 63b).

Wie hoch ist der Verbrauch an Werkstoff, Fertigungszeit der Teile und Werkzeugen für 700000 Sechskantmuttern mit 15,02 mm Außendurchmesser, 5,7 mm großem Loch und einer Stärke von 3 mm, in Eisen und Messing.

Lösung:

Für die Feststellung des Werkstoffverbrauches der Schnitteile ist das Werkzeug mit seiner Schnittanordnung ausschlaggebend, und deshalb baut sich von diesem die ganze Kostenbestimmung auf.

Werkzeugbestimmung. Die durchschnittliche Lebensdauer eines Führungsschnittes nach den auf S. 61 stehenden Angaben beträgt unter Berücksichtigung einer Sicherheit und wenig gradhaltiger Teile rd 60 Schliffe zu je 15000 Schnitteilen; daraus ergibt sich ein Schnitt mit $\dfrac{700000}{60 \cdot 15000} = $ rd 1 Schnittstempel.

Wegen günstigen Werkstoffverbrauches periodisch wiederkehrender Schnitteile ist ein dreifach. wirkender Schnitt mit Vorlocher gewählt.

Bestimmung der Schnittkastengröße. Länge des Schnittkastens. Dreimalige Vorschublänge des Blechstreifens plus rd 40 mm

Teilbreite T_l errechnet $= 13$ mm $\left.\right\}$ in diesem Falle ist $T_l = V_s$
Vorschub V_s gegeben $= 13$ mm

$$\text{Länge} = 3 \cdot 13 + 40 \text{ mm} = \textbf{79 mm.}$$

Breite des Schnittkastens. Zweimalige Randbreite R_b, plus zweimalige Teillänge T_1, plus Strecke des dritten Teiles T_3 (versetzt geschnitten), plus $2 \cdot 20$ mm für Klauenspannung.

Nach Diagramm Abb. 155:

$$2 \cdot R_b + 2 \cdot T_b + T_3 = B_r \text{ zuzüglich 40 mm}$$
$$2 \cdot 1{,}75 + 2 \cdot 15{,}02 + 7{,}51 = 37{,}55; \text{ rd } 37{,}6 + 40 = \textbf{77,6 mm.}$$

Nach Normalie Abb. 43:

Schnittkastengröße 100×77 mm gewählt.

Bestimmung der Stempelkopfgröße (für dreifach wirkenden Schnitt).
Länge des Stempelkopfes. Dreimalige Vorschublänge des Blechstreifens, plus 20 mm

$$3 \cdot 13 + 20 = \mathbf{59 \ mm.}$$

Breite des Stempelkopfes. Blechstreifenbreite plus rd $2 \cdot 10$ mm

$$37{,}6 + 2 \cdot 10 = \mathbf{57{,}6 \ mm.}$$

Nach Normalie Abb. 42:

Stempelkopfgröße 60×57 mm gewählt.

Werkstoffverbrauch.

Für Messingblech Tafelgröße $\quad 800 \times 1600$ mm $\Big\}$ vorausgesetzt
,, Eisenblech $\qquad$,, $\qquad 1000 \times 2000$ mm

Streifenlänge für Messing, für Eisen

$$800 \ mm, \quad 1000 \ mm \ \text{gewählt.}$$

Streifenbreite $Br = 37{,}6$ mm (bereits festgesetzt).

Verbrauch an Messingblech 3 mm. Anzahl der Teile im Streifen für eine Schnitteilreihe

$$x = \frac{L}{T_l} = \text{Anzahl der Teile} = \frac{\text{Länge des Streifens}}{\text{Teillänge}} = \frac{800}{13} = 61 \ \text{Stück.}$$

Bei einem dreifachen Schnitt kommen aber für 2 Reihen Schnitteile im Blechstreifen je $61 - 1 = 60$ Teile in Frage, und daraus ergibt sich eine Gesamtstückzahl für den Streifen

$$61 + 2 \cdot 60 = 181 \ \text{Teile.}$$

Die Anzahl der Streifen für 700 000 Teile ergibt sich aus:

$$\frac{\text{Anzahl der zu fertigenden Teile}}{\text{Anzahl der Teile in Streifen}} = \frac{700\,000}{181} = 3868 \ \text{Streifen}$$

und Anzahl der Messingtafeln für 1600 mm Länge:

$$\frac{\text{Länge der Tafel}}{\text{Streifenbreite}} = \text{Anzahl der Streifen je Tafel,}$$

also $\dfrac{1600}{37{,}6} = 42$ Streifen und $42 \cdot 181 = 7602$ Teile je Tafel; Anzahl der Tafeln für 700 000 Stück plus 3% Fabrikationsausschuß

$$\frac{721\,000}{7602} = 94{,}8 \ \text{Tafeln} \ (800 \times 1600 \ \text{mm Tafelgröße})$$

Gesamtgewicht $\quad 94{,}8 \cdot 1600 \cdot 800 \cdot 3 \cdot 8{,}7 = 3167{,}078$ kg.

Nettogewicht der Sechskantmuttern inkl. Abzug des Loches der Mutter

für 100 Teile $\left(\dfrac{7{,}51 \cdot 6{,}5}{2} \cdot 6 \cdot 3 - \dfrac{5{,}7^2 \cdot \pi}{4} \cdot 3 \right) \cdot 8{,}7 \cdot 100 = 0{,}320$ kg,

für 700 000 Teile, $7000 \cdot 0{,}320 = 2240$ kg.

Der Werkstoffabfall beträgt $3167{,}078 - 2240 = 927{,}078$ kg.

Verbrauch an Eisenblech 3 mm. Streifenbreite mit 67,6 mm bekannt. Anzahl der Teile im Streifen für eine Schnitteilreihe

$$x = \frac{L}{T_l} = \frac{1000}{13} = 76 \text{ Stück.}$$

Gesamtstückzahl der Teile im Streifen (bei dreifach wirkendem Schnitt)

$$76 + 2 \cdot 75 = 226 \text{ Teile.}$$

Anzahl der Streifen $\frac{700\,000}{226} = \text{rd } 3098$ Streifen.

Anzahl der Streifen und Schnitteile je Tafel

$$\frac{2000}{37,6} = 53 \text{ Streifen und } 53 \cdot 226 = 11\,978 \text{ Teile.}$$

Anzahl der Tafeln inkl. 3% Ausschußteile

$$\frac{721\,000}{11\,978} = \text{rd } 60,2 \text{ Tafeln } (1000 \times 2000 \text{ mm Größe).}$$

Gesamtgewicht: $60,2 \cdot 1000 \cdot 2000 \cdot 3 \cdot 7,8 = 2817,360$ kg.

Nettogewicht der Schnitteile für 100 Stück:

$$\left(\frac{7,51 \cdot 6,5}{2} \cdot 6 \cdot 3 - \frac{5,7^2 \cdot \pi}{4} \cdot 3 \right) \cdot 7,8 \cdot 100 = 0,283 \text{ kg,}$$

für 700 000 Teile: $7000 \cdot 0,283 = 1981$ kg.

Gesamtgewicht für 100 Teile: $\frac{2817,360}{7000} = 0,404$ kg.

Der Werkstoffabfall beträgt: $2817,360 - 1981 = 836,360$ kg.

Fertigung der Schnitteile. Die Zeit für das Schneiden von Blechstreifen über 1000 Streifen ermittelt sich nach dem Diagramm Abb. 156 mit einer Stückzeit von 3,1 Sek. je Streifen.

Für Messing $\frac{3868 \cdot 3,1}{60} = \text{rd } 200$ Min. (Einrichtezeit der Schere 15 Min. für die gesamte Streifenanzahl.)

Für Eisen $\frac{3098 \cdot 3,1}{60} = 176,7$ Min. (Einrichtezeit für die Schere ebenfalls 15 Min.)

Nach dem Diagramm Abb. 151 kommen für 13 mm Vorschübe 10 000 Stößelhübe in Frage.

Die Zeit, die zum Schneiden der 700 000 Teile mit einem dreifach wirkenden Schnitt erforderlich ist, beträgt

$\frac{700\,000}{10\,000 \cdot 3} = 23,3$ Stunden zuzüglich rd 25% $= 23,5 + 25\% = \text{rd } 29,5$ Std.

Die maximale Leistung in 29,5 Stunden bei Verwendung eines dreifach wirkenden Schnittes wäre $29,5 \cdot 3 \cdot 10\,000 = 885\,000$ Teile, statt 700 000 Stück; die Zuschlagszeit von $29,5 - 23,5 = 6$ Stunden ist Verlustzeit.

Einspannzeit für die Werkzeuge: Zu je 15 000 Teilen rd 20 Min.

Gesamtzeit für die Werkzeuge $\frac{700\,000}{15\,000} = 47\,\text{mal } 20$ Min. $= 15,5$ Std.

Übersicht für 700 000 Schnitteile.

Verbrauch an 3 mm Messingblech

Gesamtgewicht . . . . 3167,078 kg
Nettogewicht . . . . 2240,000 „
Abfall . . . . 929,078 „

Zeitaufwand für die zu fertigenden Teile.

Einrichtezeit für Schere . . 15 Min. (für Messing- und Eisenblech gleich)
Schneidezeit für Messingstreifen . . 200 Min.
  „   „   Eisenstreifen . . . 176,7 „
Einspannzeit für den Einrichter . . 15,5 Stunden
Zeit zum Schneiden der Teile . . . 29,5   „
Verlustzeit 6   „

Verbrauch an 3 mm Eisenblech

Gesamtgewicht . . . . 2817,360 kg
Nettogewicht . . . . 1981,000 „
Abfall . . . . 836,000 „

Werkzeuge.

In beiden Fällen ist ein dreifach wirkender Schnitt erforderlich.
Schnittkastengröße nach Normalie Abb. 43 . . . 100 × 77 mm
Stempelkopfgröße   „   „   „ 42 . . . 60 × 57 mm

2. Aufgabe (Abb. 66c).

Es sind Werkstoffverbrauch, Fertigungszeit der Teile und Anzahl der erforderlichen Werkzeuge für 20 000 gegebene, 1,5 mm starke Bronzewinkel festzustellen.

Die Abmessungen sind:

Länge der Schenkel 32   mm
Breite der Schenkel . . . . 6,5 „
Augenradius . . . . 2,5 „
Loch ∅ der 4 Löcher 3   „
Loch ∅ der 2 Löcher . . . . 1,5 „

Lösung:

Durch Aufzeichnung des Schnitteiles, 18 mm Vorschub und 45 mm Teilbreite festgestellt.

Da die Teile eine Toleranz von $\pm\,0,12$ mm aufweisen dürfen, ist ein Folgeschnitt mit 2 Seitenschneidern gewählt.

Schnittkastengröße.

Länge $3 \cdot T_l + Z_m + 40 = 3 \cdot 18 + 1,25 + 40 = 95,25$ rd 95,5 mm

Breite $2 \cdot R_b + 2\,S_p + T_b +$ Spannfläche

$2 \cdot 1 + 2 \cdot 1 + 45 + 2 \cdot 20 = 89$ mm.

Schnittkastengröße nach Normalie Abb. 43 . . . . . 100 × 77 mm gewählt.

Stempelkopf.

Länge $3 \cdot T_l + Z_m + 2 \cdot 10$ mm $= 3 \cdot 18 + 1 + 2 \cdot 10 = 75$ mm

Breite $2 \cdot R_b + 2\,S_p + T_b + 2 \cdot 10 = 2 \cdot 1,25 + 2 \cdot 1,25$

$+ 45 + 20 = 69,5$ mm.

Stempelkopfgröße nach Normalie Abb. 42 . . . . 80 × 77 mm gewählt.

Werkstoffverbrauch.

Streifenbreite . . 49,5 mm (Tafelgröße 800 × 1600 mm)
Streifenlänge . . . 1600 mm (Wegen Winkelbiegung diagonale
Vorschub . . . . 18 mm Walzrichtung beachten.)

$$\frac{L}{T_l + Z_m} = \frac{1600}{18} = 88 \text{ Teile im Streifen}$$

und $\dfrac{L_l}{2\,R_b + 2\,S_p + T_b} = \dfrac{800}{49,5} = 16$ Streifen je Tafel.

Erforderliche Streifen bei 3% an Ausschußteilen.

$$\frac{20\,000 + 600}{88} = 234 \text{ Streifen und } \frac{20\,600}{16 \cdot 88} = 14,6 \text{ Tafeln.}$$

Gesamtgewicht: $14,6 \cdot 800 \cdot 1600 \cdot 1,5 \cdot 8,7$ . . . . $= 242,945$ kg

Gewicht für 100 Teile $\dfrac{242,945 \cdot 100}{20\,000}$ . . . . $=\ \ \ 1,214$ kg

Nettogewicht für 100 Teile . . . . $=\ \ \ 0,504$ kg

Abfall von 100 Teilen . . . . $=\ \ \ 0,710$ kg

Fertigung der Schnitteile.

Einrichtezeit für Streifenschere. . . . . . . 15 Min.

Schneidezeit für Blechstreifen nach Diagramm

Abb. 156 $\dfrac{234 \cdot 7,5}{60} =$ . . . . rd 30 „

Einrichtezeit für das Schnittwerkzeug . . . 15 „

Schnittzeit für 20 000 Teile: Nach Diagramm 151 sind bei 18 mm Vorschub des Streifens rd 8500 Pressenhübe notwendig, hieraus folgt: $\dfrac{20\,600}{8500} = 2,43$ Stunden zuzüglich 15% für Fertigungsausschuß $= 2,43 + 0,37 = 2,9$ Stunden.

Winkelstanzung (Augen des Teiles): Die Durchschnittszeit für die Winkelstanzung des Schnitteiles beträgt rd 5,5 Sek., mithin ergibt sich eine Gesamtzeit von $\dfrac{20\,600 \cdot 5,5}{60 \cdot 60} = $ rd 31,5 Stunden. Einrichtezeit für die Winkelstanze $= 15$ Min.

Übersicht für 20 000 Schnitt- und Stanzteile.

Verbrauch an 1,5 mm Bronzeblech:

Gesamtgewicht . . . . 242,945 kg
Gesamtnettogewicht $200 \cdot 0,504$ . . . . . 100,800 „
Gesamtabfall . . . . 142,145 „

Zeitaufwand für die zu fertigenden Teile:

Einrichtezeit für Schere . . . . 15 Min.
Schneidezeit für Streifen . . . . 30 „
Einrichtezeit für das Schnittwerkzeug . . . . 15 „
Zeit zum Schneiden der Teile . . . . 2,9 Stunden
Einrichtezeit für die Winkelstanze . . . . 15 Min.
Zeit zum Stanzen der Teile . . . . 31,5 Stunden

Werkzeuge:

1 Schnitt mit Vorlocher und 2 Seitenschneider
1 Schnittkasten nach Normalie Abb. 43 . . . . 100 × 77 mm
1 Stempelkopf nach Normalie Abb. 42 . . . . 80 × 77 „
1 Winkelstanze für beide Augen

3. Aufgabe (Abb. 111a).

Es ist der Verbrauch an Werkstoff, Teilzeiten und Anzahl der Werkzeuge für 6 000 000 Hülsen mit 12 mm Durchmesser, 25 mm Höhe, desgleichen für 3 000 000 Hülsen mit 32 mm Durchmesser und 45 mm Höhe, Ausführung in 0,3 mm Messingblech, aufzustellen.

Die Fertigung der Hülsen soll mit möglichst automatisch wirkenden Maschinen geschehen.

Lösung:

Die Lebensdauer von Schnittzügen beträgt im Durchschnitt 600 000 bis 750 000 Teile bei viermaliger Auswechslung der Ziehringe.

Werkzeugbestimmung. Für 12 mm große Hülse. Die Anzahl der Schnittstempel ermittelt sich aus

$$\frac{6\,000\,000}{750\,000} = \text{rd } 8 \text{ Stempel.}$$

Bei ungleicher Anzahl runder Ausschnitte im Streifen erhält man stets den günstigsten Werkstoffverbrauch, deshalb sind 3 Schnittzüge dreifach wirkend nach Abb. 94 gewählt.

Schnittkastengröße. Scheibendurchmesser der 12 mm Hülse ist

$$x = \sqrt{D^2 + 4\,D \cdot h} = \sqrt{12^2 + 4 \cdot 12 \cdot 25,5} = 37 \text{ mm Durchmesser.}$$

Wird nach dem Diagramm Abb. 155 $Z_m = 0,6$ mm $\cdot R_b = 0,5$ mm gewählt, so ergibt sich eine Streifenbreite, wenn $b = \sqrt{c^2 - a^2}$
$= \sqrt{37,6^2 - 18,8^2} = \text{rd } 32,8$ mm ist (siehe Abb. 24a), von

$$2 \cdot 32,8 + 37 + 2 \cdot 0,5 = 103,6 \text{ rd } 104 \text{ mm.}$$

Bei einer Klauenspannfläche von 20 mm ist eine Größe des Schnittkastens von $104 + 2 \cdot 20 = 144$ rd 150 mm lang und 150 mm breit genügend groß.

Nach Normalie Abb. 43 .... 156×180 mm gewählt.

Für die 32 mm große Hülse ist die Scheibengröße

$$x = \sqrt{32^2 + 4 \cdot 32 \cdot 45,5} = 82,5 \text{ mm}$$

und die Streifenbreite

$$2 \cdot R_b + 45,5 = 2 \cdot 0,5 + 45,5 = 46,5 \text{ mm.}$$

Für diese Hülse kommt kein Schnittkasten in Frage, sondern ein Froschwerkzeug mit eingebauten Werkzeugbestandteilen nach Abb. 93. Die Anzahl der Schnittzüge ermittelt sich aus

$$\frac{3\,000\,000}{750\,000} = 4 \text{ Werkzeuge.}$$

Werkstoffverbrauch. Für 12 mm Hülse (als Werkstoff Messingband $104 \times 0,3$ mm). Wird Z_m mit 0,6 mm eingesetzt und 3% an Ausschußteilen gerechnet, so ist die Streifenlänge

$$L = \frac{(6\,000\,000 + 180\,000) \cdot 37,6}{1000 \cdot 3} = 77456 \text{ m.}$$

Gesamtgewicht $104 \cdot 35 \cdot 37{,}6 \cdot 0{,}3 \cdot 8{,}7 \cdot 61\,800 \ldots \quad = 22\,124{,}400\,\text{kg}$

und je 100 Teile $104 \cdot 35 \cdot 37{,}6 \cdot 0{,}3 \cdot 8{,}7 \ldots \ldots \quad = \quad\quad 0{,}358\,\text{kg}$

Nettogewicht je 100 Teile $\dfrac{37^2 \cdot \pi}{4} \cdot 0{,}3 \cdot 8{,}7 \cdot 100 \ldots = \quad\quad 0{,}280\,\text{kg}$

$\quad\quad$ „ $\quad$ von $6\,000\,000 = 0{,}280 \cdot 6\,000\,000 \ldots = 16\,800 \quad\quad \text{kg}$

Abfall für je 100 Teile $0{,}358 - 0{,}280 \ldots \ldots \quad = \quad\quad 0{,}078\,\text{kg}$

Gesamtabfall $22\,124{,}400 - 16\,800 \ldots \ldots \ldots \quad = \quad 6324{,}400\,\text{kg}$

$\quad\quad$ Für 32 mm Hülse (als Werkstoff Messingband $84 \times 0{,}3$ mm).
Nach Diagramm Abb. 155 $Z_m = 0{,}6$ gewählt; für Ausschuß 3%.

Gesamtlänge $\dfrac{3\,090\,000 \cdot (82{,}5 + 0{,}6)}{1000} = \text{rd } 256\,780 \text{ m}, \quad\quad$ und Gewicht

$\quad 103 \cdot (82{,}5 + 0{,}6) \cdot 84 \cdot 0{,}3 \cdot 8{,}7 \cdot 30\,000 \ldots \ldots = 56\,280\,\text{kg}$

Nettogewicht je 100 Teile $\dfrac{82{,}5^2 \cdot \pi}{4} \cdot 0{,}3 \cdot 8{,}7 \cdot 100 \ldots = 1{,}395\,\text{kg}$

$\quad\quad$ „ $\quad$ von $3\,000\,000 = 1{,}395 \cdot 30\,000 \ldots \ldots = 41\,850\,\text{kg}$

Abfall für je 100 Teile $1{,}876 - 1{,}395 \ldots \ldots \ldots = 0{,}481\,\text{kg}$

Gesamtabfall $56\,280 - 41\,850 \ldots \ldots \ldots \ldots = 14\,430\,\text{kg}$

Fertigung der Ziehteile. Für 12 mm Hülse. Eine Schnitt-Ziehpresse mit Walzentransport gewählt. Anzahl der stündlichen Hübe der Presse $= 3000$. Unter der Voraussetzung, daß 3 gleiche Pressen in Frage kommen, die von einer Arbeiterin bedient werden können, folgt:

$$3000 \cdot 3 \cdot 3 = 27\,000 \text{ Stück je Stunde.}$$

Fertigungszeit für 6 000 000 Teile $\ldots \ldots \dfrac{6\,180\,000}{27\,000} = 229$ Std.

$\quad\quad$ „ $\quad\quad$ „ $\quad\quad$ 100 $\quad\quad$ „ $\ldots \ldots \dfrac{60 \cdot 100}{27\,000} = 0{,}22$ Min.

Leistet der Schnittzug durchschnittlich 15 000 Teile, so kommen

$\dfrac{6\,108\,000}{3 \cdot 15\,000} = \text{rd } 138\text{maliges Einspannen der Werkzeuge in Frage.}$

Einrichtezeit für jedes Werkzeug 30 Min., folgt eine Gesamtzeit von $30 \cdot 138 = 69$ Stunden.

Der zuerst von einer 37 mm großen Scheibe zu ziehende Topfdurchmesser hat nach dem Diagramm Abb. 107 einen Durchmesser von 22 mm. Um diesen auf 12 mm Hülsendurchmesser zu bringen, muß die Hülse zweimal nachgezogen werden, auf 16 mm und auf 12 mm Durchmesser.

Diese Ziehgänge sollen auf 3 Tellerpressen mit Zuführungsapparat erfolgen, die von einer Arbeiterin zu bedienen sind; Hubanzahl der Pressen 3600 stündlich. Leistung der Arbeiterin

$$(3600 - 15\%) \cdot 3 = 9180 \text{ Teile in der Stunde.}$$

Gesamtzeit $\dfrac{6\,180\,000}{9180} = 673{,}2$ Stunden

(gleiche Stundenzahl für 16 mm und 12 mm Durchmesser).

Ein Ziehring mit im Durchschnitt 250000 Ziehgänge gerechnet ergibt

$$\frac{6180000}{3 \cdot 250000} = \text{rd } 9\text{maliges Einspannen.}$$

Einspannzeit mit 20 Min. eingesetzt ergibt eine Gesamtzeit von

$$\frac{9 \cdot 20}{60} = 3 \text{ Stunden.}$$

Für 32 mm Hülse. Eine Schnittziehpresse mit Walzentransport gewählt. Anzahl der stündlichen Hübe der Presse 3000. Verwendung von 3 gleichen Pressen vorgesehen. Stündliche Leistung

$$3000 \cdot 3 = 9000 \text{ Stück je Stunde.}$$

Fertigungszeit für 3000000 Teile $\dfrac{3090000}{9000} = 344$ Std.,

,, ,, 100 ,, $\dfrac{60 \cdot 100}{9000} = \text{rd } 0,7$ Min.

Schnittleistung der Schnittzüge, durchschnittlich mit 15000 Teilen gerechnet, kommen $\dfrac{3090000}{15000} = 206$maliges Einspannen der Werkzeuge in Frage.

Einrichtezeit für jedes Werkzeug 20 Min., folgt eine Gesamtzeit von $20 \cdot 206 = 68,5$ Stunden.

Der zuerst von einer 82,5 mm großen Scheibe zu ziehende Topf hat 47 mm Durchmesser und muß auf 32 mm Durchmesser nachgezogen werden.

Bei Benutzung von 3 Tellerpressen mit Zuführungsapparat, die von einer Arbeiterin bedient werden sollen, folgt bei 3600 stündlichen Stößelhüben eine Leistung der Arbeiterin

$$(3600 - 15\%) \cdot 3 = 9180 \text{ Teile in der Stunde.}$$

Gesamtzeit $\dfrac{3090000}{9180} = 336,5$ Stunden.

Anzahl der Werkzeugeinspannungen $\dfrac{3090000}{3 \cdot 250000} = \text{rd } 5$mal.

Einspannzeit mit 20 Min. eingesetzt $\dfrac{5 \cdot 20}{60} = 1,66$ Stunden.

Übersicht.

Für 12 mm Hülse (6000000 Teile).

Gesamtgewicht (Messingband 104 × 0,3 mm)	22124,400 kg
Nettogewicht	16800,000 ,,
Gesamtabfall	6324,400 ,,

Zeitaufwand für die zu fertigenden Teile.

Einspannzeit der Schnittzüge	=	69 Stunden
Fertigungszeit der vorgezogenen Hülsen	=	229 ,,
Zweimalige Einspannzeit für 2 Nachzüge 2 · 3 . .	=	6 ,,
,, Fertigungszeit für die Hülsen 2 · 673,2 .	=	1346,4 ,,

Werkzeuge.

3 Schnittzüge, dreifach wirkend

3 Schnittkästen nach Normalie Abb. 43 … 156 × 180 mm

3 Stempelköpfe   ,,   ,,   ,,   42 … 140 × 146 mm

9 Ziehstempel . . . .   22 mm ⌀

9   ,, ...   16 mm ⌀

9   ,, ...   12 mm ⌀

12 Ziehringe z. Nachziehen d. Hülse 22 mm ⌀ ; 6 Ziehstempel

12   ,,   ,,   ,,   ,,   ,,   16 mm ⌀ ; 6   ,,

12   ,,   ,,   ,,   ,,   ,,   12 mm ⌀ ; 6   ,,

Für 32 mm Hülse (3 000 000 Teile):

Gesamtgewicht, Messingband 84 × 0,3 mm . . . . 56 280,000 kg

Nettogewicht . . . . 41 850,000 ,,

Gesamtabfall . . . . 14 430,000 ,,

Zeitaufwand für zu fertigende Teile:

Einspannzeit der Schnittzüge . . . . 68,5 Stunden

Fertigungszeit der vorgezogenen Hülsen . . . . 344 Stunden

Einspannzeit für den Nachzug 1 . . . . 1,66 rd 2 Stunden

Einspannzeit für den Nachzug 2 . . . . 1,66 rd 2 Stunden

Fertigungszeit für nachzuziehende Hülsen . . . . 336,5 Stunden

Werkzeuge.

4 Schnittzüge mit Frosch

4 Einspannfrösche nach Abb. 103a, Nr. 2

4 Schnittringe

6 Ziehringe

4 Niederhalter Nr. 3

4 Ziehstempel

6 Ziehringe zum Nachziehen der Hülse von 47 auf 32 mm Durchmesser

4 Ziehstempel.

4. Aufgabe (Abb. 100a).

Wie hoch belaufen sich die Selbstkosten über 350 000 Lötösen aus 0,5 mm Messingblech nach obiger Abbildung?

Bei Abgabe der Kosten sind die Herstellungskosten der Teile und die Werkzeugkosten mit und ohne Zuschläge getrennt anzugeben.

Lösung:

Ist der Hülsendurchmesser 2 mm, die Höhe 2,5 mm, der Radius des Flansches $r = 2$ mm, das Stäbchen 1,2 mm lang, 1 mm breit und die Mittenentfernung der beiden Abrundungen des Teiles 4 mm, so kommt folgende Streifenbreite in Betracht:

Scheibe für Hülse

$$\text{daraus} \quad \frac{d^2 \cdot \pi}{4} + 4\,d \cdot \pi \cdot h + \pi\left(\frac{D^2 - d^2}{4}\right) = \frac{x^2 \cdot \pi}{4},$$

$x = \sqrt{d^2 + 4\,d \cdot h + D^2 - d^2} = $ rd 4,8 mm zuzüglich $Z_m = $ rd 5,5 mm.

Die Streifenbreite ergibt sich aus der Scheibengröße . . . . 5,5 mm

der Mittenentfernung der beiden Abrundungen . . . . 4,0 ,,

der Stäbchenlänge . . . . 1,2 ,,

zweimal der Randbreite ($R_b = 2 \cdot 0,6$) . . . . 1,2 ,,

,,   ,,   Seitenschneiderabschnitte . . . . 3,0 ,,

——————
14,9 mm

(Bei Einziehteilen ist der doppelte Ablesewert für S_s zu nehmen) rd 15 mm.

Der erste Seitenschneider schneidet den Streifen auf 13,5 mm breit, und diese Breite ist als Scheibengröße zu denken, von wo aus die Ziehgänge zu bestimmen sind.

Aus dem Ziehdiagramm sind die stufenweisen Ziehgänge:

1. Zug	2. Zug	3. Zug	4. Zug	5. Zug	6. Zug
8,4 mm	6,4 mm	4,8 mm	3,7 mm	2,7 mm	2 mm

Den Streifen bis zu seinem Ende gut auszunützen, ist ein zweiter Seitenschneider im Werkzeug notwendig.

Ist nun der erste Ziehgang 8,4 mm, der zweite 6,4 mm, so ergibt sich daraus ein Vorschub von $\frac{8,4 + 6,4}{2} + 2 \cdot 0,75 = 8,9$ mm.

Werkzeugbestimmungen.

Schnittkastengröße: 7 Arbeitsgänge sind für die Fertigung der Lötöse erforderlich, mithin ergibt sich eine Länge von $7 \cdot 8,9 + 40 = 102,3$ rd 105 mm und eine Breite von $15 + 2 \cdot 10 = 35$ mm. Schnittkastengröße nach Normalie Abb. 43 77×100 mm gewählt.

Stempelkopfgröße:

$$\text{Länge } 7 \cdot 8,9 + 2 \cdot 10 = 82,3 \text{ rd } 83 \text{ mm}$$
$$\text{Breite } 15 + 2 \cdot 10 \quad = 35 \text{ mm}$$

Stempelkopfgröße nach Normalie Abb. 42 ... 38×80 mm gewählt.

Werkzeugkosten.

Schnittkasten:

	mit Zuschlägen	ohne Zuschläge
Arbeitslohn	1,20 M.	1,20 M.
200% Unkosten	2,40 „	—
Werkzeugstahl	2,65 „	2,65 „
S.M.-Stahl	1,20 „	1,20 „
	7,45 M.	5,05 M.

Stempelkopf:

	mit Zuschlägen	ohne Zuschläge
Arbeitslohn	1,45 M.	1,45 M.
200% Unkosten	2,90 „	—
S.M.-Stahl	1,30 „	1,30 „
	5,65 M.	2,75 M.

Werkzeugmacherlöhne etwa ... 285,00 M. ... 95,00 M.

Gesamtkosten:

	mit Zuschlägen	ohne Zuschläge
Schnittkasten	7,45 M.	5,05 M.
Stempelkopf	5,65 „	2,75 „
Arbeitslohn	285,00 „	95,00 „
	298,10 M.	102,80 M.

Stanze mit Tellertransport:

	mit Zuschlägen	ohne Zuschläge
Arbeitslohn	60,00 M.	60,00 M.
200%	120,00 „	—
Werkzeugstahl	1,50 „	1,50 „
S.M.-Stahl	1,00 „	1,00 „
	480,60 M.	165,30 M.

Die Werkzeugkosten auf 100 Teile verteilt ergeben:

$$\frac{298{,}10 \cdot 100}{350\,000} = 0{,}085 \text{ M.} \quad \text{bzw.} \quad \frac{102{,}80 \cdot 100}{350\,000} = 0{,}03 \text{ M.}$$

Werkstoffverbrauch.

(800 mm Streifenlänge gewählt).

Anzahl der Teile im Streifen: $\dfrac{800}{8{,}9} = 90$ Teile.

Anzahl der Streifen je Tafel $\dfrac{1600}{15} = 106$ Stück.

Gesamtanzahl der Streifen bei 3% an Ausschußteilen:

$$\frac{350\,000 + 10\,500}{90} = \text{rd } 4005 \text{ Streifen.}$$

Gesamtgewicht der Streifen:

$$4005 \cdot 15 \cdot 0{,}5 \cdot 800 \cdot 8{,}7 = 209{,}057 \text{ kg}$$

und für 100 Teile:

$$\frac{209{,}057 \cdot 100}{360\,500} = 0{,}058 \text{ kg.}$$

Nettogewicht für 100 Teile:

$$\left(\frac{5{,}5^2 \cdot \pi}{4} + 4 \cdot 5{,}5 + 1 \cdot 1{,}2 + \frac{1^2 \cdot \pi}{4} + \frac{4^2 \cdot \pi}{8}\right) \cdot 0{,}5 \cdot 8{,}7 \cdot 103 = 0{,}043 \text{ kg.}$$

Abfall für 100 Teile: $0{,}058 - 0{,}043 = 0{,}015$ kg.

Gesamtnettogewicht für 350 000 Teile:

$$0{,}043 \cdot 3605 = 155{,}015 \text{ kg.}$$

Gesamtabfall: $209{,}057 - 155{,}015 = 54{,}042$ kg.

Angenommener Preis für Nutzmessing je kg . . . $=$　　1,80 M.
　　　　,,　　　　　,,　　,, Messingabfall je kg . . . $=$　　0,80 ,,
Gesamtpreis für Messing abzüglich Abfall . . . . $=$ 333,00 ,,
Preis für 100 Teile inkl. Abfall . . . . rd $=$　0,093 ,,
　　,,　　,, Gesamtabfallmessing . . . . $=$　43,20 ,,

Fertigungskosten der Teile.

Einrichtezeit der Blechschere . . . . $=$　　15 Min.
Schneidezeit von 4005 Streifen nach Diagramm Abb. 156

$$\frac{3{,}1 \cdot 4005}{60} = \text{rd.} \quad \ldots \ldots \ldots \ldots \ldots \quad = 207 \text{ Min.}$$

Unter Zugrundelegung folgender Löhne:

für	Einrichter	Maschinenarbeiter	Arbeiterin
	1,25 M./h	0,95 M./h	0,65 M./h

kommen Beträge wie folgt in Frage:

Einrichtezeit für Blechschere $\dfrac{0{,}95 \cdot 15}{60}$ . . . . $= 0{,}24$　M.

Schneidezeit für 4005 Streifen $\dfrac{0{,}95 \cdot 207}{60}$ . . . . . $= 3{,}28$　M.

　　,,　　　,, 100 Teile (zu 100 Teilen $=$ 1,11 Strei-

fen notwendig) $\dfrac{3{,}28 \cdot 1{,}11}{4005}$ . . . . $= 0{,}0009$ M.

Einrichtezeit des Verbundwerkzeuges $\dfrac{360\,500}{15\,000} = $ rd 24mal

je 20 Min. $\dfrac{1,25 \cdot 20 \cdot 24}{60}$ . . . . $= 10,00$ M.

und für 100 Teile $\dfrac{10,00 \cdot 100}{350\,000}$ . . . . rd $= 0,003$ M.

Schneidezeit für 350 000 Teile nach Diagramm Abb. 151:

10 000 Hübe minus 15 %; $\dfrac{350\,000}{9500} = 36,84$ Stunden

je 0,65 M. $= 36,84 \cdot 0,65$ . . . . rd $= 23,95$ M.

für 100 Teile $\dfrac{23,95 \cdot 100}{350\,000}$ . . . . rd $= 0,007$ M.

Winkelstanzung des Teiles. Tellerpresse mit 3000 Hüben in der Stunde gewählt.

Einrichtezeit 20 Min. je 1,25 M. . . . . $= 0,42$ M.

für Störungszeit zu je 70 000 Teilen 15 Min. ange-
nommen $\dfrac{350\,000 + 10\,500}{70\,000} = $ rd 5maliges Einstellen des Werkzeuges.

Gesamtzeit $0,42 + \dfrac{1,25 \cdot 15}{60} \cdot 5$ . . . . rd $= 2,00$ M.

und auf 100 Teile $\dfrac{2,00 \cdot 100}{350\,000}$ . . . . rd $= 0,0006$ M.

Stanzzeit für 350 000 Teile: $\dfrac{350\,000 + 10\,500}{3000} = 12$ Stunden

je 0,65 M. . . . . $= 7,80$ M.

für 100 Teile $\dfrac{7,80 \cdot 100}{350\,000}$ . . . . rd $= 0,0021$ M.

Übersicht.

	mit Zuschlägen für		ohne Zuschläge für	
Werkzeugkosten:	350 000 Teile M.	100 Teile M.	350 000 Teile M.	100 Teile M.
Verbundwerkzeug . .	298,10	0,080000	102,80	rd. 0,03000
Stanze m. Tellerap. .	182,50	0,052000	62,50	„ 0,01800
Werkstoffverbrauch:				
Messingblech 0,5 mm	376,20	0,107000	376,20	„ 0,10700
10 % Handl.-Unk. .	37,62	0,010000	—	—
Löhne m. Zuschlägen:				
Schere einrichten . .	0,24	0,000002	0,24	—
200 % Zuschl. . . .	0,48			
Streifen schneiden .	3,28	0,000900	3,28	0,00090
200 % Zuschl. . . .	6,56	0,001800	—	—
Presse einrichten . .	10,00	0,003000	10,00	0,00300
200 % Zuschl. . . .	20,00	0,006000	—	—
Teile fertigen	23,95	0,007000	23,95	0,00700
200 % Zuschl. . . .	47,90	0,014000	—	—
Stanze einrichten . .	2,00	0,000600	2,00	0,00060
200 % Zuschl. . . .	4,00	0,001200	—	—
Teile stanzen . . .	7,80	0,002100	7,80	0,00021
200 % Zuschl. . . .	15,60	0,004200	—	—
Gesamtsumme	1036,23	0,289802	588,77	0,16671

5. Aufgabe (Abb. 146a).

Wie hoch sind die Selbstkosten über 5000 Warmpreßmessingteile nach vorliegender Abbildung, wenn diese zweimal im Jahre in obiger Stückzahl gefertigt werden sollen?

Aus der Ausarbeitung sollen

1. der Werkstoffverbrauch für 5000 Stück bzw. 100 Stück,
2. der Brennstoffverbrauch,
3. die Höhe der Werkzeugkosten

zu ersehen sein.

Lösung:

Die Haltbarkeit der Preßform kann

für Froschgesenke	auf etwa	800 Preßteile
„ Traversengesenke	„ „	15000—20000 Preßteile
„ Gesenke mit oder ohne geteilte Gesenkdruckflächen	„ „	15000—20000 „

veranschlagt werden; Voraussetzung dabei ist keine zu schwache Dimensionierung der Werkzeuge.

Werkzeugbestimmung.

Gewählt Froschgesenk; Frosch als vorhanden angenommen. Anzahl der Gesenkunterstempel bei 3% Ausschuß an Preßteilen.

$$\frac{5000 + 150}{800} = 6,4 \text{ rd } 7 \text{ Unterstempel.}$$

Der Verschleiß an Vollstempel kann im Durchschnitt mit 2500 Pressungen als verbraucht angesehen werden.

$$\frac{5000 + 150}{2500} = \text{rd } 2 \text{ Oberstempel.}$$

Werkzeugkosten.

	für 5000 Preßteile	für 100 Preßteile
Werkzeugstahl	83,60 M.	16,70 M.
10% Zuschlag	8,35 „	1,666 „
Löhne	234,00 „	4,68 „
200% Zuschlag	468,00 „	9,36 „
Summa	793,95 M.	32,406 M.
	rd 794,00 M.	

Werkstoffverbrauch.

Nach dem Beispiel 18 Abb. 146a ist Rundmessing von 50 mm Durchmesser bei 44 mm Höhe festgelegt, wozu 2 mm für den Sägenschnitt angenommen ist. Mit Berücksichtigung von 3% an Ausschußteilen ist der Verbrauch

für 5000 Teile   für 100 Teile

$$5150 \cdot \frac{50 \cdot \pi}{4} \cdot 46 \cdot 8,7 = 3235,817 \text{ kg} \qquad \frac{3235,817 \cdot 100}{5000} = 64,716 \text{ kg}$$

1 kg Messing = 1,80 M. angenommen

$$3235,817 \cdot 1,80 = 5824,47 \text{ M.} \qquad 64,716 \cdot 1,80 = 116,50 \text{ M.}$$

1 kg Abfallmessing mit 0,90 M. angenommen

$$\text{für 100 Teile } 103 \cdot \frac{50^2 \cdot \pi}{4} \cdot 2 \cdot 8,7 = 3,5 \text{ kg je } 0,90 \text{ M.} = 3,15 \text{ M.}$$

Fertigung der Teile.

Zuschneiden der Teile mit 83 Minuten je 100 Stück angenommen und mit 50-Minuten-Stunde gerechnet, ergibt

<table>
<tr><td align="center">für 5000 Teile</td><td align="center">für 100 Teile</td></tr>
<tr><td align="center">$\dfrac{0,95 \cdot 83 \cdot 51,50}{50} = 81,215$ M.</td><td align="center">$\dfrac{0,95 \cdot 83}{50} = 1,577$ M.</td></tr>
</table>

Warmpressen (Reibtriebpresse mit 12 Hüben minutlich angenommen). Rechnet man

das Einführen des Rohlings in das Gesenk mit . . . . . 0,69 Min.
„ Einschalten der Presse mit . . . . 0,22 Min.
„ Herausnehmen des Preßteiles aus dem Gesenk mit . 0,69 Min.

so erfolgt eine Stundenleistung bei 50 Min./Std.

$$\frac{50}{0,69 + 0,22 + 0,69} = \text{rd } 31,5 \text{ Preßteilen,}$$

diese mit 0,95 M. eingesetzt in Mark:

<table>
<tr><td align="center">für 5000 Teile</td><td align="center">für 100 Teile</td></tr>
<tr><td align="center">$\dfrac{0,95 \cdot 5150}{31,5} = 155,32$ M.</td><td align="center">$\dfrac{0,95 \cdot 103}{31,5} = 3,106$ M.</td></tr>
</table>

Die Einrichtezeit für das Gesenk beträgt durchschnittlich 30 Min. und für $7 + 2$ Auswechselstellungen der Werkzeugbestandteile

<table>
<tr><td align="center">$\dfrac{9 \cdot 1,25 \cdot 30}{50} = 6,75$ M.</td><td align="center">$\dfrac{6,75 \cdot 103}{5000} = 0,119$ M.</td></tr>
</table>

Gasverbrauch: Festgestellter stündlicher Gasverbrauch des Warmpreßofens 1 m³. Der Preis je Kubikmeter mit 0,15 M. eingesetzt ergibt

<table>
<tr><td align="center">$\dfrac{1 \cdot 5150}{31,5} = \text{rd } 164 \text{ m}^3$</td><td align="center">$\dfrac{1 \cdot 103}{31,5} = \text{rd } 3,17 \text{ m}^3$</td></tr>
<tr><td align="center">$164 \cdot 0,15 = 24,60$ M.</td><td align="center">$317 \cdot 0,15 = 0,476$ M.</td></tr>
</table>

Übersicht.

Werkzeugkosten:	für 5000 Teile	für 100 Teile
Froschgesenk mit ⎫ 7 Unterstempel ⎬	794,00 M.	31,00 M.
2 Oberstempel ⎭		
Werkstoffverbrauch	5824,47 „	116,50 „
10% Handelsunkosten	58,24 „	11,65 „
Gasverbrauch	24,60 „	0,476 „
Löhne inkl. Zuschläge		
Teile zuschneiden	81,215 „	1,57 „
200% Zuschlag	162,430 „	3,14 „
Einrichten des Gesenkes	6,75 „	0,119 „
200% Zuschlag	13,50 „	0,238 „
Teile pressen	155,32 „	3,106 „
200% Zuschlag	310,64 „	6,212 „
Summa	7431,165 M.	174,011 M.

6. Aufgabe (Abb. 149 a).

Es ist beabsichtigt, das Kniestück nach obiger Abbildung in größeren Mengen laufend warm zu pressen. Als Anfangsproduktion sind zunächst

1000 Teile in der Woche in Aussicht genommen, die nach Ablauf von 8 Wochen auf das 2,5fache gesteigert werden müßte.

Lösung:

Die gepreßte Fläche des Teiles beträgt

$$\frac{3,2 \cdot \pi}{4} + (1,8 \cdot 3,3) \cdot 2 = \text{rd } 19,6 \text{ cm}^2.$$

Durchschnittliche Flächenpressung mit ca. 6000 kg/cm² angenommen folgt ein Gesamtdruck von $19,6 \cdot 6000 \simeq 120\,000$ kg.

Fertigung der Teile.

Zuschneiden der Teile aus Flachmessing 50 Minuten je 100 Stück und ergibt bei einer 50-Minuten-Stunde

$$\frac{0,95 \cdot 50}{50} = 0,95 \text{ M.}$$

Beim Rohlingvorstanzen (Presse mit 20 Hübe/min und 50-Minuten-Stunde zugrunde gelegt) folgt, wenn folgende Zeiten in Frage kommen:

Einführen des Rohlings in das Werkzeug . . . . 2 Sek.
Einschalten der Presse . . . . 1 „
Herausnehmen des Rohlings aus dem Werkzeug . . . . 2 „
Zeit der Schlittenbewegung der Presse . . . . 3 „

Summa: 8 Sek.

eine Stundenleistung $\frac{3000}{24} = 125$ Teile und bei 0,95 Stundenverdienst

$$\frac{0,95 \cdot 103}{125} = 0,78 \text{ M.}$$

Einrichtezeit der Stanze bei je 20 000 . . . . 20 Min.
$\frac{1,25 \cdot 20}{50} = 0,50$ M. und für 100 Teile $\frac{0,50 \cdot 100}{20\,000}$ . . . . . $= 0,0025$ M.

Werden die Hand- und Maschinenzeiten beim Warmpressen wie die der vorigen Aufgabe mit 1,6 Minuten eingesetzt, so folgt eine Stundenleistung von

$$\frac{50}{116} = 31,5 \text{ Preßteilen;}$$

diese mit 0,95 M. Stundenverdienst eingesetzt und unter Berücksichtigung von 3 % Ausschuß an Teilen ergeben

$$\frac{0,95 \cdot 103}{31,5} = 3,106 \text{ M.}$$

Einrichtezeit für 1 Gesenk und je 20 000 Preßstücke = 1 Std. = 1,25 M. Angenommen, es kämen 2 Arbeitsschichten zu je 8 Stunden in Frage, so wäre zur Erledigung von 2500 Teilen in der Woche

$$\frac{2,5 \cdot 1000}{2 \cdot 8 \cdot 31,5 \cdot 6} = 1 \text{ Maschine}$$

nötig, oder bei nur einer Schicht 2 Maschinen erforderlich.

Für die Vorpressung des Teiles kämen genau so viele Maschinen wie bei der Fertigpressung des Teiles im Gesenk in Frage.

Für das Vorbiegen des Rohlings aus Flachmessing zum Fertigpressen ist nur eine kleine Reibtriebpresse von rd 15 000 kg Druckleistung notwendig.

Werkstoffverbrauch.

Nimmt man, wie aus dem Beispiel 20 Abb. 149a ersichtlich ist, den festgelegten Werkstoff mit $12 \cdot 28 \cdot 86$ mm an und rechnet als Sägenschnitt zum Abschneiden der Flachstücke 1,5 mm dazu, so kommen bei inkl. 3% Ausschußstellen, für 100 Teile

$$1,2 \cdot 2,8 \cdot (8,6 + 0,15) \cdot 103 \cdot 8,7 = 26,345 \text{ kg}$$

und Abfall $1,2 \cdot 2,8 \cdot 0,15 \cdot 8,7 \cdot 103 = 0,443$ kg in Betracht. Die Bewertung des Werkstoffes bei Flachmessing 1 kg $= 1,80$ M. und Abfall 1 kg $= 0,90$ M. folgt für 100 Teile $26,345 \cdot 1,80 = 47,43$ M. und Abfall $0,443 \cdot 0,90 = 3,987$ M.

Werkzeugkosten.

Legt man bei solchen unbestimmten Angaben eine halbjährige Produktion von 65000 Teilen zugrunde, so würden bei 20000 Pressungen $\frac{65000}{20000} = 3,2$ rd 4 Werkzeugauswechslungen, also 4 Warmpreßgesenke erforderlich sein.

	für 4 Gesenke	für 4 Biegestanzen
Arbeitslohn	2100,00 M.	240,00 M.
200% Zuschlag	4200,00 „	480,00 „
Werkzeugstahl	120,00 „	85,00 „
10% Handelsunkosten	12,00 „	8,40 „
	6432,00 M.	812,40 M.

Gesamtkosten $6432 + 812,40 = 7244,40$ M. Bei einer halbjährigen Produktion von 65000 Stück entfällt auf 100 Teile ein Betrag in Höhe von

$$\frac{7244,40 \cdot 100}{65000} = \text{rd } 11,15 \text{ M.}$$

Übersicht für 100 Teile.

Werkzeugkosten	11,15	M.

Werkstoffverbrauch:

Flachmessing 12×28 mm abzüglich Abfall	43,45	„
10% Handelsunkosten	4,34	„
Gasverbrauch (wie in voriger Aufgabe)	0,32	„

Löhne inkl. Zuschlag:

Teile zuschneiden	0,95	„
200% Zuschlag	1,90	„
Einrichten der Presse	0,0025	„
200% Zuschlag	0,0050	„
Teile vorstanzen	0,78	„
200% Zuschlag	1,56	„
Einrichten der Presse	0,0062	„
200% Zuschlag	0,0124	„
Teile warmpressen	3,106	„
200% Zuschlag	6,212	„
Summe:	73,7941 M.	

K. Moderne Stanzereimaschinen.

Entfettungsanlage. Hand in Hand mit der Stanzerei arbeitet die Entfett-, Glüh-, Beiz- und Metallbrennerei, die die Teile so vorbereitet, daß sie wieder für weitere Arbeitsgänge gebrauchsfähig sind. Ein wichtiges Glied dieser Gruppe ist die Entfetterei, die sämtliche öligen Teile, ehe sie geglüht oder gebrannt werden, ölfrei macht. Man bedient sich hier einer Entfettungsanlage, sogenannten Trichloräthylen-Anlage, die den Vorteil hat, die Teile sehr schnell zu entfetten und Öl und Entfettungsflüssigkeit ohne wesentliche Verluste zurückzugewinnen.

Ein besonderer Vorzug dieses „Tri"-Entfettungsmittels gegenüber Benzin ist, daß es nicht feuergefährlich ist. In Abb. 157 wird eine Tri-anlage gezeigt, die in der Gefäßanordnung von der auf dem Markt erhältlichen abweicht. Man unterscheidet in der Anlage zunächst ganz allgemein das Wasch-, Destillier- und Sammelgefäß und die Förderpumpe, die reines sowohl wie schmutziges Tri nach ihrem Bestimmungsort befördert. Dieser Anlage sind ein Trivorwärmer und zwei Filter beigeordnet, damit dem gebrauchten Tri die gröbsten Verunreinigungen vor dem Destilliergefäß entzogen werden. Das Trichloräthylen ist schwerer als Wasser, verdampft aber leichter als dieses (Siedepunkt 83° C). Es kann in einem offenen Gefäß gegen Verdampfung durch eine Wasserdecke geschützt werden. Ferner löst es alle öligen, harzigen Bestandteile, wozu auch Farbe usw. gehört, auf, greift aber Zellstoff dabei nicht an. Wegen des chloroformähnlichen Geruches, der auf den Arbeiter etwas betäubend wirkt, müssen die sich entwickelnden Dämpfe durch guten Abzug beseitigt werden. Aus Gründen der Wirtschaftlichkeit bei dem sonst großen Verbrauch an Trichloräthylen hat man der Entfettungsanlage eine Anlage zur Rückgewinnung des Entfettungsmittels angeschlossen. Die Handhabung der Anlage ist einfach.

Man öffnet das Waschgefäß durch den Deckel, entnimmt aus ihm die darin übereinanderstehenden Siebe, die mit Entfettungsteilen zu füllen sind, und läßt sie mittels Schwenkkran in das Gefäß wieder hinein. Der Behälter wird hierauf wieder geschlossen und der Deckel durch Exzenterhebel festgedrückt. Der Entfettungsvorgang spielt sich in dem gut abgeschlossenen Waschgefäß ab. Durch die Einlaßventile tritt das Tri im warmen Zustande, etwa 78° C vom Sammelbehälter gepumpt, in den Waschbehälter ein, berieselt die zu entfettenden Teile und wirkt kurze Zeit auf diese ein. Nach dem Schließen der Einlaßventile werden die Ablaßhähne geöffnet, damit das schmutzige Tri abfließen kann. Beim Abfluß des verunreinigten Tris passiert es zunächst einen Filter, wo die gröbsten Verunreinigungen abgesondert werden, wird dann zum Vorwärmer (Temp. etwa 40° C) hinaufgepumpt und fließt von dort wieder durch einen Filter zum Destilliergefäß. Da die Flüssigkeit im Vorwärmer eine Temperatur von etwa 40° C angenommen hat, ist für die vollständige Verdampfung des Tris im Destilliergefäß nur die Hälfte der Destillierzeit notwendig. Diese Zeitersparnis kann zu produktiven Arbeiten ausgenutzt werden.

Glühöfen. Die Glüherei muß zur Stanzerei in einem bestimmten

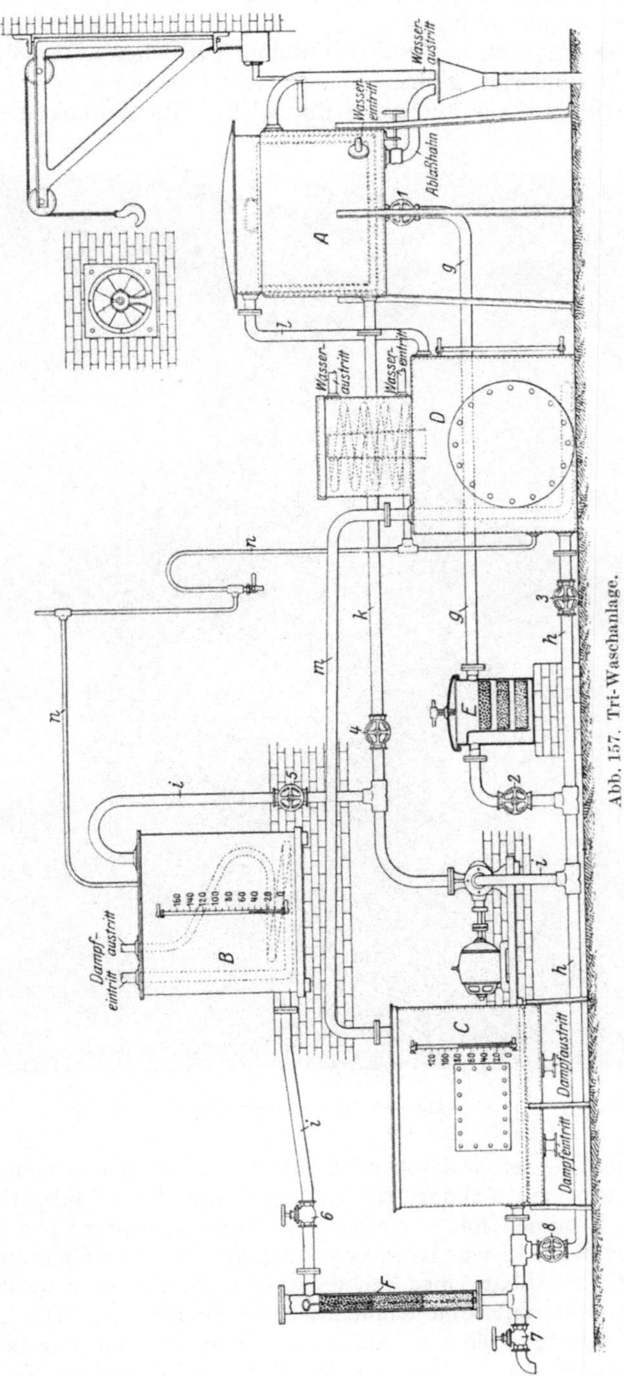

Abb. 157. Tri-Waschanlage.

Leistungsverhältnis eingestellt sein, zumal wenn es gilt, große Mengen von Teilen zu überwältigen.

Man bedient sich außer den gewöhnlichen Öfen noch solcher, die vollständig zunderfrei glühen, und ferner Glühautomaten, die speziell für Ziehteile in Frage kommen. Ein solcher Glühautomat besteht im

Abb. 158. Hülsenglühautomat.

wesentlichen aus dem feststehenden, innen rund ausgemauerten und mit Gasdüsen versehenen Ofengestell, in dem während der Glühperiode eine gußeiserne Trommel mit eingegossener Schnecke rotiert. Die Steigung bzw. Länge der Schnecke ist so bemessen, daß bei einer Ofentemperatur von 800° C ihr Ablauf einer Zeit entspricht, die die Teile während der Ofendurchwanderung zum Glühendwerden gebrauchen. Die Trommel hat zwei Öffnungen, eine zu Anfang der Schnecke (auf der Stirnseite) und die andere am Auslauf (an der Mantelseite), welche als Ausfallöffnung für die geglühten Teile dient. Die rotierende Bewegung der Trommel geschieht auf Rollenlagern durch Zahnradgetriebe und Stufen-

Abb. 159. Hülsenbeizautomat.

Abb. 160. Schnittpresse mit Greifertransport.

scheiben, so daß die Glühdauer den zu glühenden Teilen angepaßt werden kann. Vor der Stirnseite der rotierenden Trommel ist noch ein

Beschickungsraum angebracht, der das Zuführen von Teilen in bequemer Art zuläßt.

Metallbeizanlage. Die Beizerei und Brennerei ist fast in gleicher Weise in Anspruch genommen wie die Glüherei und deshalb ist sie gezwungen, vieles auf maschinelle Art zu erledigen. So z. B. wendet man zum schnelleren Beizen automatische Beiztrommeln an, die mit ihrem Unterteil in bleiblechverkleideten Säure- und Wasserbehältern rotieren. Es sind dies in der Regel drei hintereinander auf einer sich drehenden Welle befestigte, perforierte Beiztrommeln aus Aluminiumblech, in deren Innern je ein Schneckengang zum Weitertransportieren der zu beizenden Teile dient. Der Auslauf des einen Schneckenganges mündet in den Anfang des anderen, so daß die zu beizenden Teile von einem Behälter in den anderen gelangen. Bei dem gegenseitigen Scheuern der Teile in den Trommeln wird der Beizvorgang verkürzt. Ein besonderer Hinweis sei hier noch gegeben, daß bei der Beizerei und Metallbrennerei die Abwässer besser ausgenutzt werden könnten, als es bisher in den Betrieben geschieht. Läßt man die säure- und kupferhaltigen Abwässer, ehe sie zur Kalkgrube gelangen, über Eisenspäne fließen, so wird an den Eisenspänen das Kupfer niedergeschlagen, und es bildet sich schwefelsaures Kupfer (Kupferschlamm). Wenn diese mühelose Gewinnung eines Kupferproduktes schon in der Vorkriegszeit als ertragsreich galt, so ist zu heutiger Zeit erst recht darauf zu sehen, diese Gewinnung sich zu eigen zu machen.

Schnitt- und Ziehpressen. Von dem Bestand der Pressen sowie deren Aufstellung hängt die wirtschaftliche Fertigung der Teile ab. Deshalb sieht die moderne Stanzerei darauf, alle herzustellenden Teile mit zweck-

Abb. 161. Schnittpresse für Anker- und Statorbleche.

entsprechend wirtschaftlich arbeitenden Maschinen herzustellen. Dabei gilt das Bestreben, Pressen zu benutzen, die auch bei geringerer Anzahl der Teile wirtschaftlich arbeiten, und gibt infolgedessen universell gebauten Maschinen den Vorzug. Wie weit die Grenze gezogen werden kann um automatisch arbeitende Maschinen zu verwenden, ersieht man aus einer gut organisatorisch geführten Vor- und Nachkalkulation. Ein sehr wesentlich zu beachtender Faktor ist die Verwendung von Streifen- oder Bandwerkstoff. Manche Stanzerei läßt den Streifenwerkstoff von Hand betätigen, obwohl es hierzu sehr wirtschaftlich arbeitende Maschinen mit selbsttätigem Zuführungsapparat gibt. In Abb. 160 ist eine Presse mit Greiferzuführung veranschaulicht, worauf Band- und Streifenwerkstoff ohne Schwierigkeiten Verwendung finden kann. Der Vorzug hierbei ist der, daß die Presse bis zum Streifenende ununterbrochen arbeitet, daß eine Person zwei Maschinen bedienen kann und dadurch etwa 50% an Arbeitslöhnen erspart wird.

Außer den automatisch arbeitenden Pressen mit geradliniger Werkstofftransportbewegung werden oft Maschinen mit kreisförmigem Werkstofftransport, wie z. B. zum Schneiden von größeren Stator- oder Ankerblechen für Elektromotoren oder Dynamomaschinen, benötigt. Diese Maschinen werden dort angewendet, wo Gesamtschnitte wegen zu hoher Schnittdrücke nicht mehr anwendbar sind.

In Abb. 161 wird eine Presse mit kreisförmigem Werkstofftransport gezeigt, mit der bei Verwendung von harten und auswechselbaren Teilringen eine genaue Teilung in den zu schneidenden runden Blechen erreicht wird. Der Antrieb der Maschine sowie Regulierung der Vorschubzeit für das zu schneidende Teil kann einmal vom Schwungrad der Maschine, ein anderes Mal durch das am Maschinenkörper anmontierte Rädervorgelege (Nortonkasten) erfolgen. Ein sehr beachtenswerter Vorteil dieser Presse ist, daß die Teildurchmessergrößen der zu lochenden Bleche durch Maschinenschlittenverstellung einstellbar sind und mehrere von einer Person bedient werden können.

In einer einigermaßen wirtschaftlich arbeitenden Stanzerei dürfte keine kombinierte Schnitt-Ziehpresse fehlen, denn eine solche Maschine kann so ergiebig ausgenutzt werden, daß sie sich in kurzer Zeit amortisiert hat. Kleine Hülsen z. B. können drei- oder fünffach mit einmal geschnitten und zugleich gezogen, der Streifen bzw. der Bandwerkstoff, wenn erforderlich, auch automatisch betätigt werden (siehe Abb. 162). Die gleiche Presse erhält man auch mit Revolverteller, so daß Hülsen, die weitere Ziehgänge durchzumachen haben, insbesondere solche, bei denen Niederhalteranwendung in Frage kommt, halbautomatisch weitergezogen werden können (siehe Abb. 163).

Eine besonders vervollkommnete Schnitt-Ziehpresse ist die Zieh-Zackpresse, in Abb. 164 und 165 dargestellt. Bei dieser Maschine ist nur nötig, um wirtschaftlich zu arbeiten, Maßtafeln zu verwenden, weil dadurch der Werkstoff am günstigsten ausgenutzt wird. Die Arbeitsweise der Maschine geht so vor sich, daß man zunächst das Blech mittels vier federnder Greifer am Schaltschlitten festklemmt, dann durch Einschalten der Einrückstange die Mechanismen freigibt. Der Schlitten

führt in einer durch die Wechselräder bestimmten genauen Teilung das
Blech zum Schnittzug, der eine Reihe fertigschneidet; hierauf schaltet
die Maschine automatisch für das Zwischenschneiden der zweiten Reihe
um und transportiert den Schlitten in genau der gleichen Teilung zu-

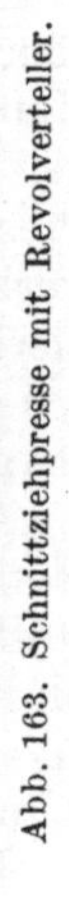

Abb. 163. Schnittziehpresse mit Revolverteller.

Abb. 162. Schnittziehpresse.

rück. Bei diesem Rücktransport des Schlittens treten bis zur vollstän-
digen Verarbeitung der Maßtafeln die beiden seitlich vom Werkzeug
angebrachten Abfallzerschneider in Tätigkeit. Nach Beendigung des
zuletzt geschnittenen und gezogenen Teiles wird der Transportschlitten

automatisch in die Anfangsstellung zurückgeführt, wobei die Maschine zum Ruhestand selbsttätig ausrückt. Die Zeit, während die Maschine arbeitet, kann noch ausgenutzt werden, indem die Arbeiterin eine zweite

Abb. 165. Zickzackpresse.

Abb. 164. Zickzackpresse.

solche Maschine bedient. Um die Maschine ergiebig ausnutzen zu können sind Radsätze in einer Tabelle aufgestellt, die es ermöglichen, Scheiben von 45—75 mm Durchmesser bei minimalem Werkstoffverbrauch schneiden und ziehen zu können (siehe Abb. 166).

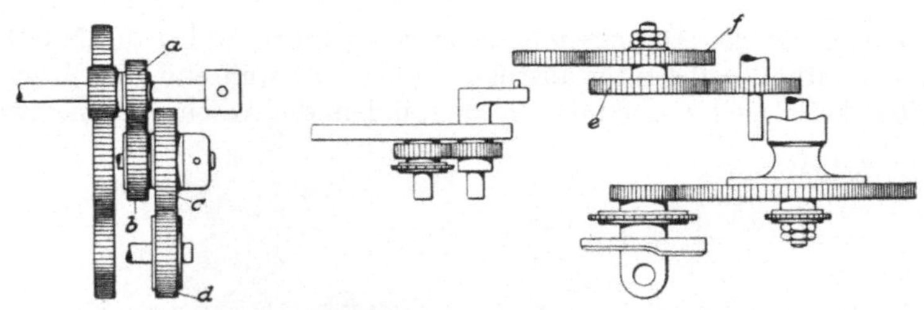

Scheib. ∅	a	b	c	d	e	f	Maßtafel	Stck. p. Tafel
45	60	40	60	56	45	92	533 · 573	11 · 14
46	63	43	60	56	44	89	545 · 586	11 · 14
47	66	46	60	56	49	95	556 · 598	11 · 14
48	65	46	60	56	47	90	568 · 606	11 · 14
49	66	48	60	56	50	94	579 · 622	11 · 14
50	55	41	60	56	46	85	591 · 634	11 · 14
51	58	41	56	56	48	87	602 · 556	11 · 12
52	69	56	63	56	46	82	614 · 567	11 · 12
53	63	53	64	56	47	82	625 · 578	11 · 12
54	60	51	64	56	46	79	637 · 588	11 · 12
55	63	53	62	56	51	86	648 · 598	11 · 12
56	62	53	62	56	52	86	660 · 609	11 · 12
57	61	53	62	56	53	86	671 · 619	11 · 12
58	55	49	62	56	57	91	683 · 630	11 · 12
59	58	52	62	56	56	88	694 · 640	11 · 12
60	57	52	62	56	55	85	706 · 651	11 · 12
61	56	52	62	56	54	82	717 · 554	10 · 11
62	55	52	62	56	61	91	729 · 563	10 · 11
63	48	46	62	56	53	78	740 · 572	10 · 11
64	41	40	62	56	60	87	746 · 580	10 · 11
65	65	57	55	56	54	77	763 · 589	10 · 11
66	65	58	55	56	59	83	775 · 598	10 · 11
67	48	45	57	56	52	72	786 · 607	10 · 11
68	61	56	55	56	58	79	798 · 616	10 · 11
69	57	53	55	56	58	78	809 · 624	10 · 11
70	53	50	55	56	61	81	821 · 633	10 · 11
71	69	66	55	56	65	85	832 · 517	8 · 11
72	63	61	55	56	58	75	844 · 524	8 · 11
73	62	61	55	56	59	75	855 · 531	8 · 11
74	44	43	54	56	60	75	867 · 538	8 · 11
75	45	47	57	56	67	83	878 · 576	8 · 11

Abb. 166. Zahnräder für Zickzackpresse.

Nicht alle gezogenen Hülsen können bei dem ersten Ziehgang ihren Bestimmungsdurchmesser erhalten, weil dieser stets von der Größe der Hülsenscheiben abhängig ist. Es tritt häufig der Fall ein, daß Hülsen des ersten Ziehganges in einem oder mehreren hintereinanderfolgenden

Abb. 167. Ziehpresse mit Einführungskanal.

Ziehgängen kleiner gezogen werden müssen. Man bedient sich hierbei zwecks wirtschaftlicher Fertigung horizontaler Ziehpressen, die durch ihren Füllkanal und Greifschieber selbsttätig die Teile dem Ziehstempel zuführen (siehe Abb. 167). Bei dieser Maschine ist die Arbeiterin dauernd gezwungen, sich mit dem Füllen des Magazins zu beschäftigen und ihre Arbeitsbehändigkeit hat gleichen Schritt mit der Schnelligkeit der arbeitenden Presse zu halten. Treten aber Hülsen zum Kleinerziehen in größeren Mengen auf, so wird die wirtschaftliche

Fertigung bis auf das äußerste gesteigert, wenn die Maschine mit einem automatischen Zuführungsapparat ausgerüstet und somit zum Vollautomaten wird.

Haben Hülsen durch Vor- bzw. Nachziehen ihren Fertigdurchmesser erhalten, so ist mit der Topfform des Teiles der Endzustand nicht immer erreicht. Kommen für Hülsenteile solche mit geschweifter Form vor, so sind eine Anzahl von Stanzgängen vorzunehmen, die mehr oder weniger von der Form des Teiles abhängen. Von der Jahresproduktion wiederkehrender Teile hängt die wirtschaftliche Herstellung auf Revolverpressen ab. In Abb. 168 wird eine derartige Maschine gezeigt, bei der mit vier hintereinanderfolgenden Stanzvorgängen das Teil fertig hergestellt wird. Sie kann aber auch, wenn zwingende Gründe zur Steigerung der Produktion vorliegen, bis auf die höchst zu leistende Stückzahl gebracht werden, wenn man dieselbe mit einem automatischen Zuführungsapparat ausrüstet.

Die bis auf das äußerste gesteigerte Produktion kann soweit gehen, daß die Fertigung der Teile nur bei Anwendung von Vollautomaten als rentabel zeigt. Die Arbeitsweise solcher Maschine ist folgende: Der schräg angeordnete Zuführungsapparat wird halbvoll mit Hülsen gefüllt, die hier in einer ganz bestimmten Lage

Abb. 168. Revolverziehpresse.

geordnet und durch einen Füllkanal dem Revolver zugeführt werden. Das Hülsenordnen in einer bestimmten Lage geschieht im Zuführungsapparat auf Grund der Schwerkraft des Hülsenbodens. Diese sinnreiche Ausnutzung der Schwerkraft der Hülse bewerkstelligt erst die Hülseneinbettung im rotierenden Transportteller, von wo aus die Hülse, wenn sie die höchste Stelle mit dem Transportteller erreicht hat, dem Füllkanal zugeführt wird. Ist die dauernde Zuführung von Teilen größer, als die Maschine verarbeiten kann, so wird unterhalb des Zuführungsapparates der Füllkanal automatisch abgesperrt und bei Bedarf auf dieselbe Weise wieder geöffnet. Vom Füllkanal gelangen die Hülsen in den Revolverteller; sie werden dem Schnittstempel zugeführt, der den Hülsenboden ausschneidet und dann durch den am Maschinenschlitten befindlichen Ausstoßer beim Weitertransport des Revolvertellers aus demselben herausgestoßen (siehe Ab. 169). Der Endzustand der meisten Hohlteile ist mit dem Vor- und Nachziehen und Formstanzung noch nicht erreicht. Es folgen meist hinter den Stanzgängen der Hülsen

Abb. 170. Stanzautomat.

Abb. 169. Automatische Schnittpresse.

noch Auslochungen, Durchzüge ausgelochter Öffnungen und bis zum Schlußarbeitsgang des Teiles vieles andere mehr. Die Verwendbarkeit von Halb- und Vollautomaten für die zuletzt erwähnten Arbeitsgänge sind rein kalkulatorischer Art. Durch eine Umgestaltung der Maschine Abb. 170 vom Vollautomaten zur normalen Presse, die denkbar ein-

fach vorzunehmen ist, tritt die Wirtschaftlichkeit der Maschine als Voll-
automat mehr in den Vordergrund, als wenn sie als normale Presse

Abb. 171 und 172. Hülsenbeschneidemaschinen.

arbeiten würde, bei der die Teile von der Arbeiterin zugeführt und
entfernt werden müssen.

Beschneidemaschinen. Hülsen, die fertig gezogen und gestanzt sind, werden fast durchgängig auf Länge abgestochen. Dies kann genau so

Abb. 174. Einnietmaschine mit einer automatischen Zuführung.

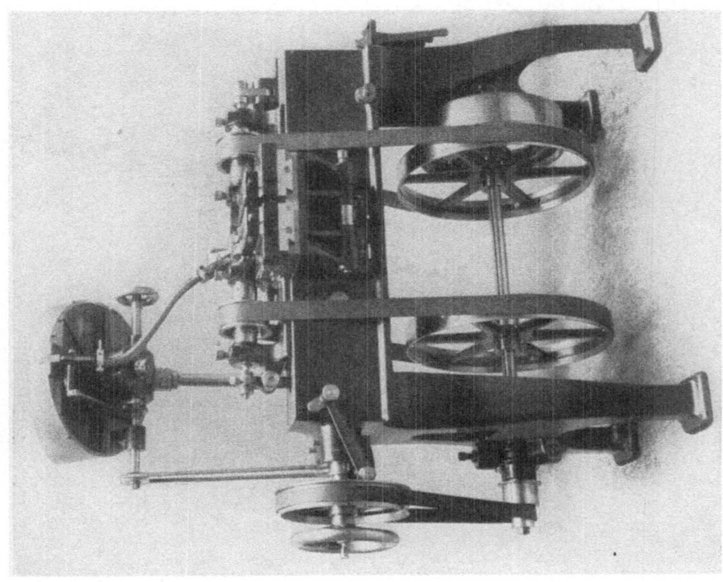

Abb. 173. Automatische Abstechmaschine.

wie bei allen anderen Maschinen halb- oder ganzautomatisch erfolgen, nur ist dabei zu beurteilen, auf welche einfachste und praktische Weise der Abstich erfolgen soll. Abb. 171 und 172 veranschaulichen Abstech- bzw. Hülsenbeschneidebänke, die als Halb- oder Vollautomaten arbeiten können, trotz ihrer einheitlichen Konstruktionsart aber Verschieden-

Abb. 176. Gewindedrückautomat.

Abb. 175. Einnietmaschine mit zwei automatischen Zuführungen.

heiten in der Arbeitsweise aufweisen. Vergleicht man Abb. 171 mit Abb. 172, so sieht man, daß die Zuführung der Hülse zur Spannpatrone bei beiden Maschinen auf gleiche Art geschieht, daß dagegen das Beschneiden des Hülsenrandes verschieden ausgeführt wird. Bei ersterer handelt es sich um einen in üblicher Weise durch den Abstechstahl vor-

Abb. 177. Pressenaufstellung für Serienfertigung[1].

genommenen Abstich zylindrischer Hülsen, wobei die abgestochene Hülse durch eine neu zugeführte durch die ausgebohrte Spindel gedrückt wird und so in den Sammelkasten gelangt. Das Beschneiden des Hülsenrandes mit der Maschine nach Abb. 172 beruht nicht auf Ab-

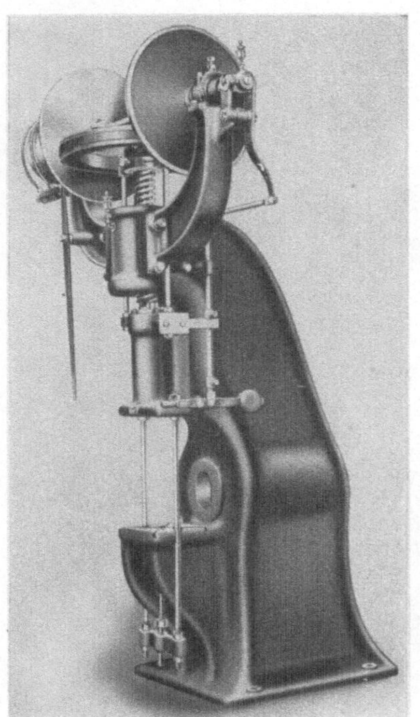

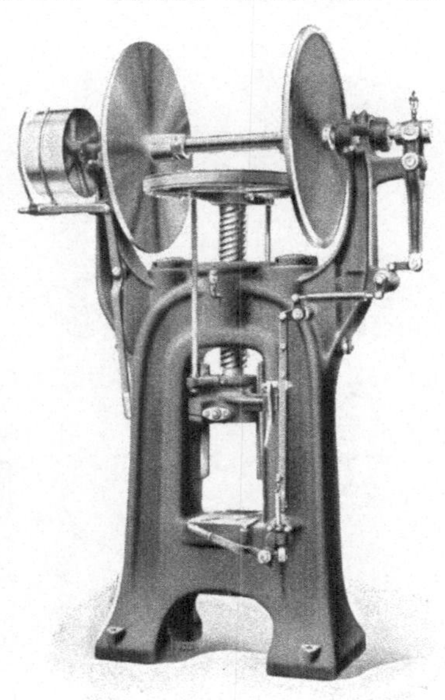

Abb. 178.
Reibtriebpresse mit offenem Maschinenkörper.

Abb. 179. Reibtriebpresse mit geschlossenem Maschinenkörper.

stechen mittels Abstechstahles, sondern durch rotierendes Scheibenmesser, wie es z. B. bei Kreisscheren zu finden ist. Diese Beschneideart

---

[1] Maschinen von der Firma Kircheis.

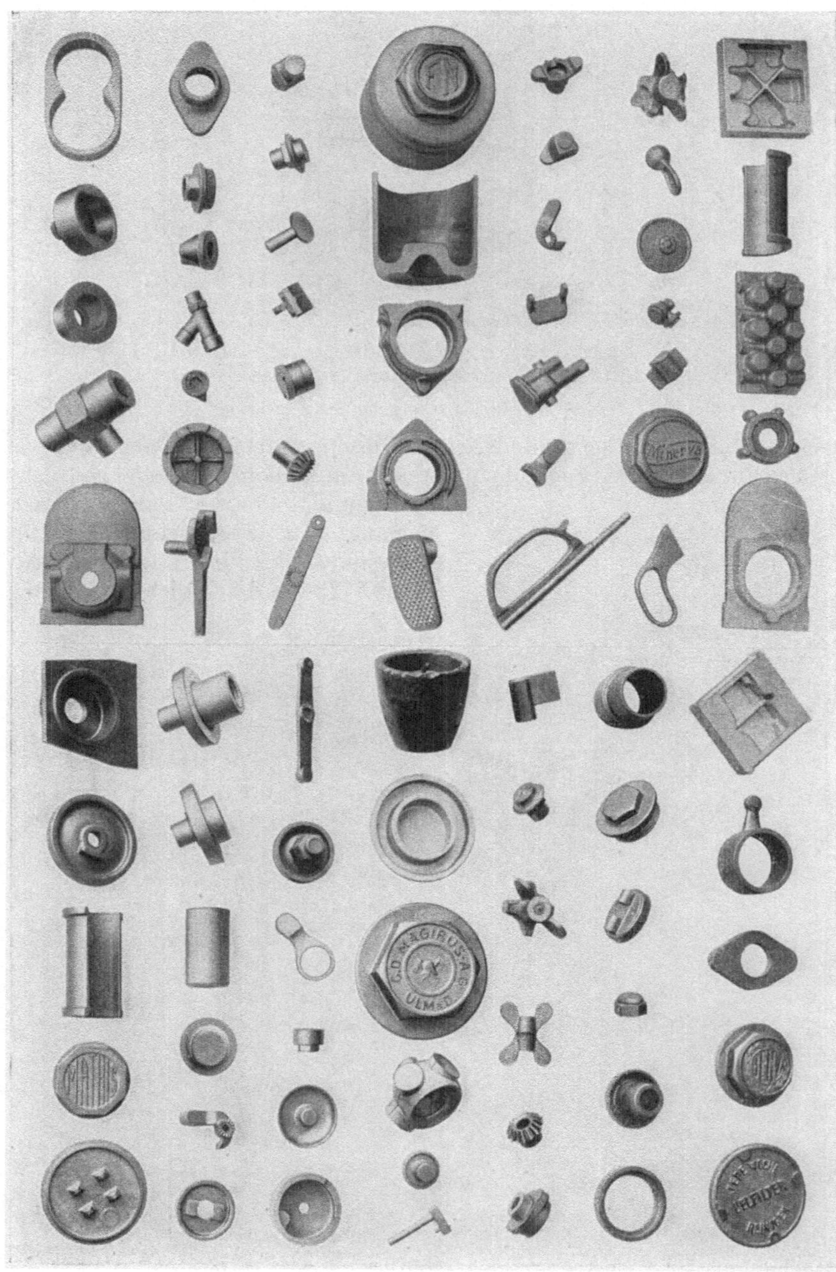

Abb. 180.

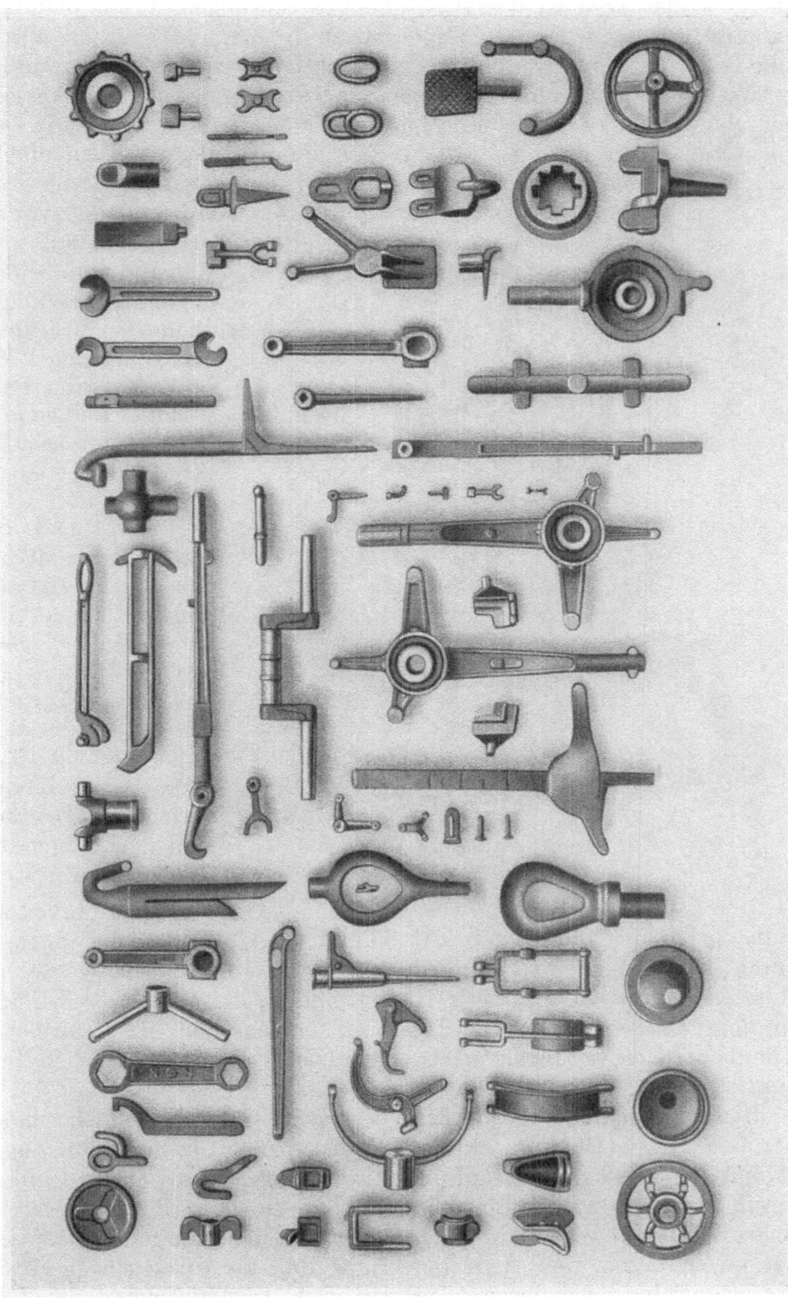

Abb. 181.

wird angewendet, um die Späneentwicklung, die der Abstechstahl während
des Abstiches verursacht und zu häufigen Störungen der Maschine Anlaß gibt, zu vermeiden. Im Gegensatz zu der ersteren Maschine werden
alle Hülsen in die Spannpatrone eingeführt und wieder herausgestoßen.

Wie aus Abb. 173 hervorgeht, handelt es sich hier um eine Abstechmaschine mit zwei Abstechschlitten zur Aufnahme von zwei und
mehreren Abstechstählen. Damit sehr dünnwandige Hülsen, die besonders empfindlich in ihrer Einspannung sind, keine Deformationen
erhalten, werden diese, bevor der Abstich der Hülse erfolgt, zwischen zwei dauernd rotierenden Dornen, d. h. dem Abstechdorn
und dem Hülsenbodenmitnehmer gefaßt und nach Anzahl der Hülsenab-
stiche in kurzen hin-
tereinanderfolgenden
Intervallen abge-
stochen.

Bezeichnend für
die immer moderner
werdenden Herstel-
lungsmethoden sind
die Maschinen nach
Abb. 174 und 175.
Es sind dies Verniet-
maschinen, die Mes-
singnippel mit Hül-
senkappen zusammen
vernieten. Deutlich
geht aus ihnen der
stufenweise Entwick-

Abb. 182.

lungsgang hervor, wie
man zuerst die Nippel automatisch und die Hülsenkappe von Hand
durch den Füllkanal zusammenführen ließ, während bei der zweiten
Maschine beide Zuführungen Nippel und Hülsenkappe, vollständig
automatisch geschehen. Die Leistung der Maschine ist derart, daß
stündlich 2500 Nietungen erfolgen können, was einer täglichen Produktion von 20000 Teilen entspricht.

Gewindedrückmaschinen. Eine besondere Gattung von Maschinen
ist die für Hülsen eingerichtete Gewindedrück- oder Gewinderollmaschine
(Abb. 176). Es können darauf verschiedene Größen von Gewindehülsen
gerollt werden, und die Einstellbarkeit bei dieser ist die denkbar einfachste. Alle Bewegungen, die von der Maschine ausgeführt werden,
sind zwangsläufig, weil, wenn die Wippenrolle zu drücken beginnt, die
Abwälzung des Gewindes stets passen muß. Die Zubringung der Teile
geschieht nach dem gleichen Prinzip wie bei den bereits geschilderten
Maschinen. Des besseren Verständnisses wegen sei darauf hingewiesen,

daß der Gewindedorn eine Linksdrehung ausführt, da bei fertiger Ge-
winderollung die Hülse sich durch den Abstreifer abschrauben lassen
muß. Auch hier ist die
Einstellung für geringe
und gesteigerte Produk-
tion durch halb- und
vollautomatischen An-
trieb leicht zu erreichen.

In Abb. 177 ist ein
Idealzustand der Mas-
senfertigung für Fas-
sungshülsen dargestellt,
aus der die von den Ma-
schinen verrichteten Ar-
beitsgänge zu ersehen
sind. Die durch die
Transportvorrichtungen
geschaffene Versorgung
der Maschinen mit Tei-
len bedingt aber für jede
den gleichen Arbeitstakt,
demzufolge mit einer
stets konstanten täg-
lichen Produktion ge-
rechnet werden kann, die
auf andere Weise nicht
möglich ist.

Reibtriebpressen. Das
Warmpressen von Me-
tallteilen in geeigneten
Werkzeugen ist mit
Reibtriebpressen am
vorteilhaftesten vorzu-
nehmen. Die Leistungen
solcher Pressen belaufen
sich bis zu 200 000 kg
Druck und werden in

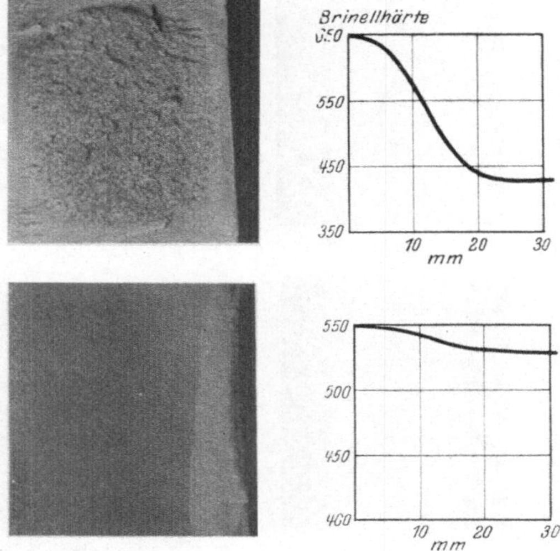

Abb. 183. Bruchaussehen und Härteverlauf eines nicht
durchhärtenden und eines durchhärtenden Stahles.

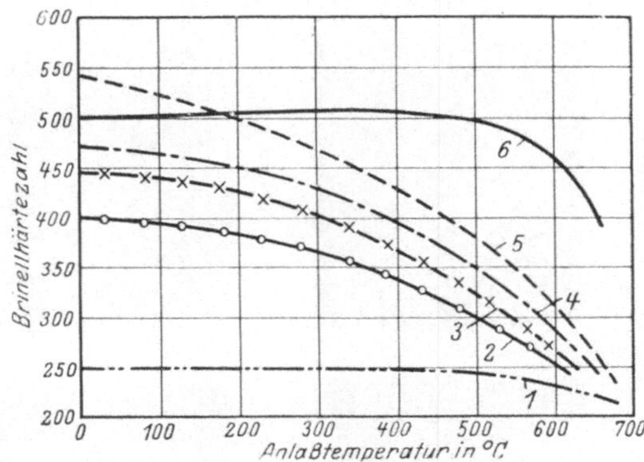

Abb. 184. Anlaßbeständigkeit verschiedener Warmarbeitsstähle.

abgestuften Größen für verschiedenhohe Drucke gebaut. Um keine zu
große Leerlaufzeit in ihren Schlittenbewegungen zu haben, rüstete
man diese Presse mit zwangsweisem Ausstoßer und einstellbarer
Schlittenbewegung aus. Abb. 178 zeigt eine Presse mit offenem Maschinenkörper für kleine Preßteile, Abb. 179 eines olche mit geschlossenem
Maschinenkörper für größere Warmpreßteile. Das Einspannen der Preßwerkzeuge geschieht in der gleichen Weise wie bei Exzenterpressen; die
Wirkungsweise der Maschine geht aus der Abbildung deutlich hervor.

Die Vielseitigkeiten der Arbeiten einer modernen Stanzerei zeigt die
in den Abb. 180—182 dargestellte Auswahl von Musterteilen über Zieh-,
Stanz- und Warmpreßergebnisse.

Abb. 185 und 186. Bruchaussehen einiger Stanzwerkzeugstähle in verschiedenen Zuständen.

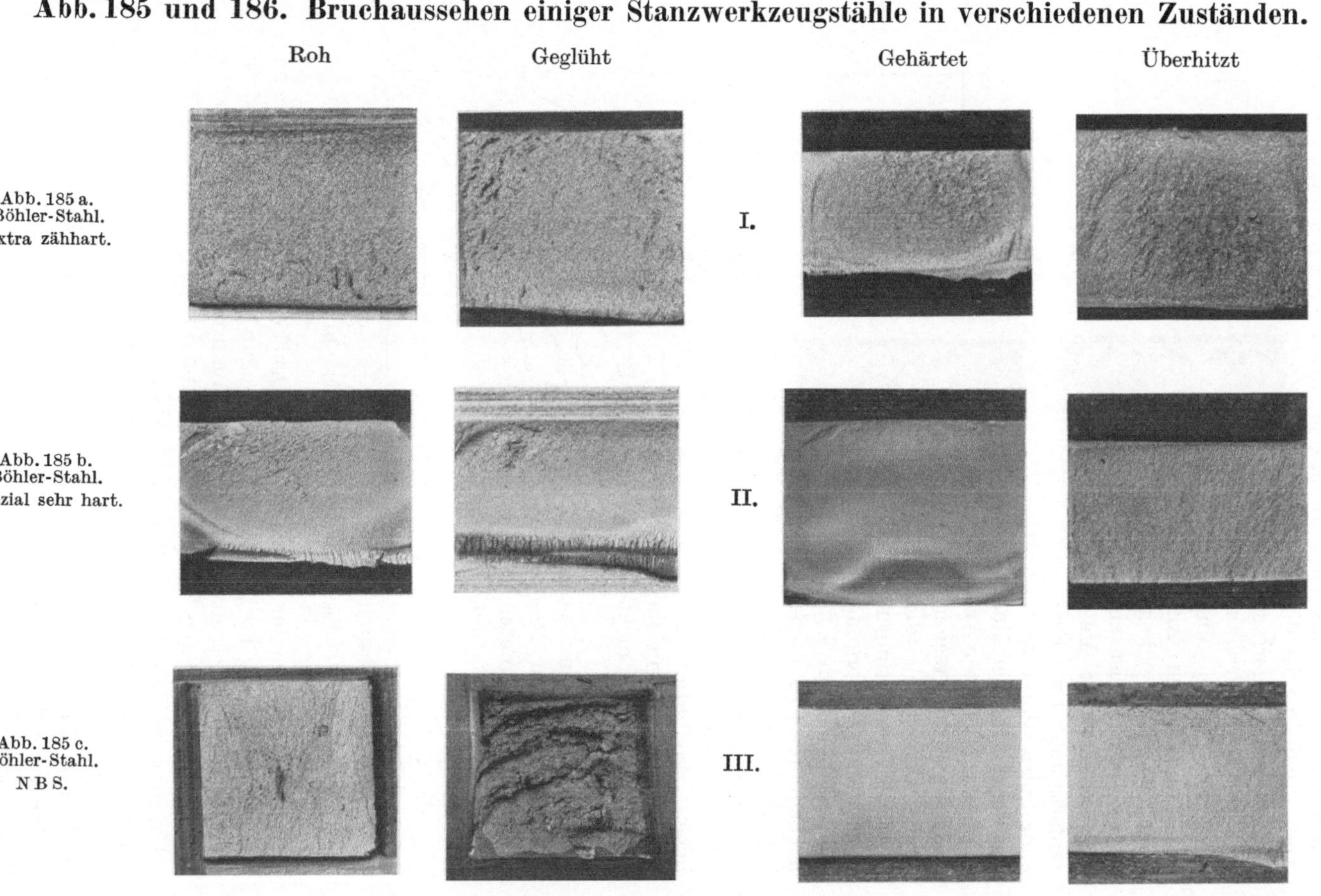

Abb. 185 a bis c.

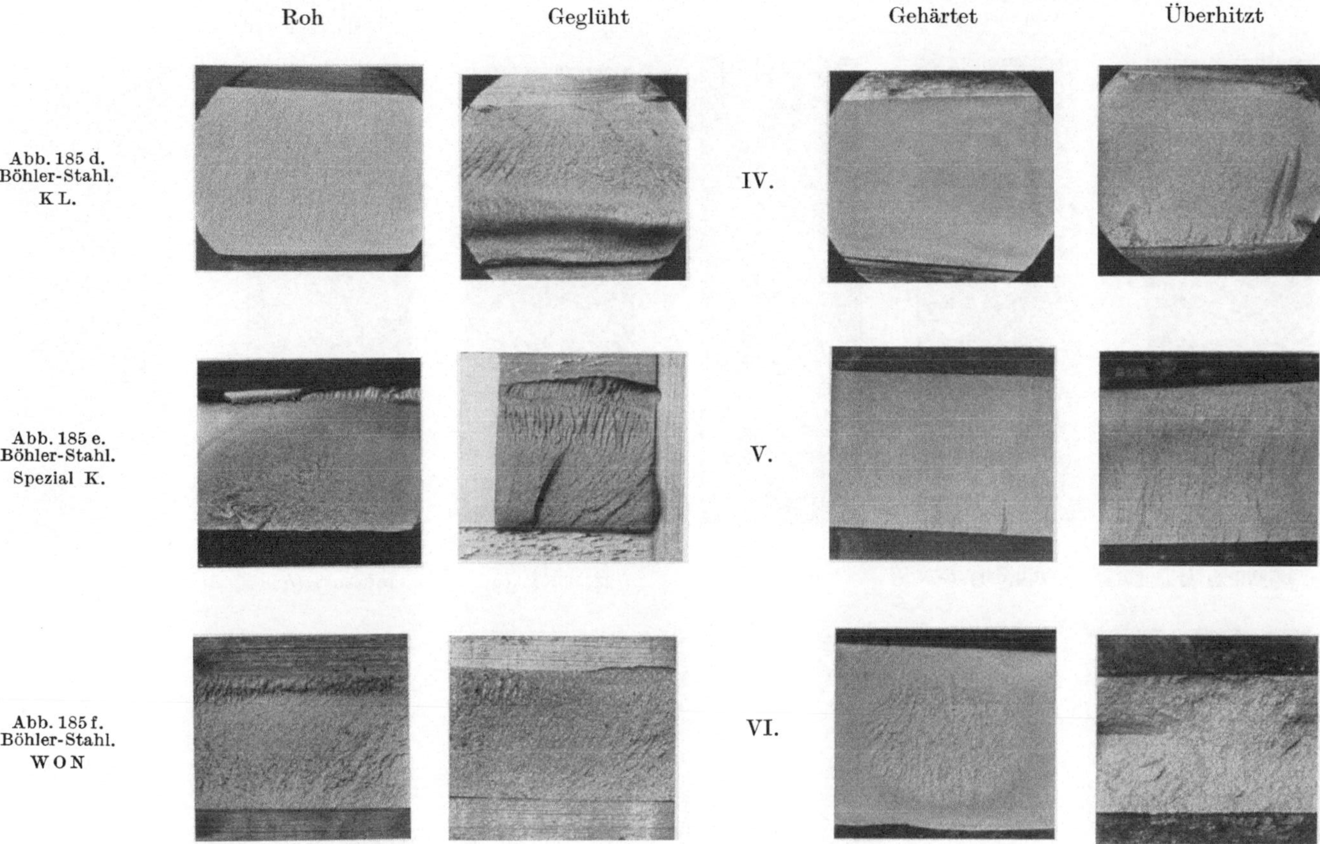
Roh
Geglüht
Gehärtet
Überhitzt
Abb. 185 d.
Böhler-Stahl.
K L.
Abb. 185 e.
Böhler-Stahl.
Spezial K.
Abb. 185 f.
Böhler-Stahl.
W O N
IV.
V.
VI.
Bruchaussehen einiger Stanzwerkzeugstähle in ˙verschiedenen Zuständen. 207
Abb. 185 d bis f.

Roh
Geglüht
Gehärtet
Überhitzt
Abb. 185 g.
Böhler-Stahl.
Extra M G.
VII.
a) Roh
b) Geglüht
c) Gehärtet
d) Roh
e) Geglüht
f) Gehärtet
Abb. 186 a bis c.
Kohlenstoffstahl.
Abb. 186 d bis f.
Chromnickelstahl.

g) Roh   h) Geglüht   i) Gehärtet

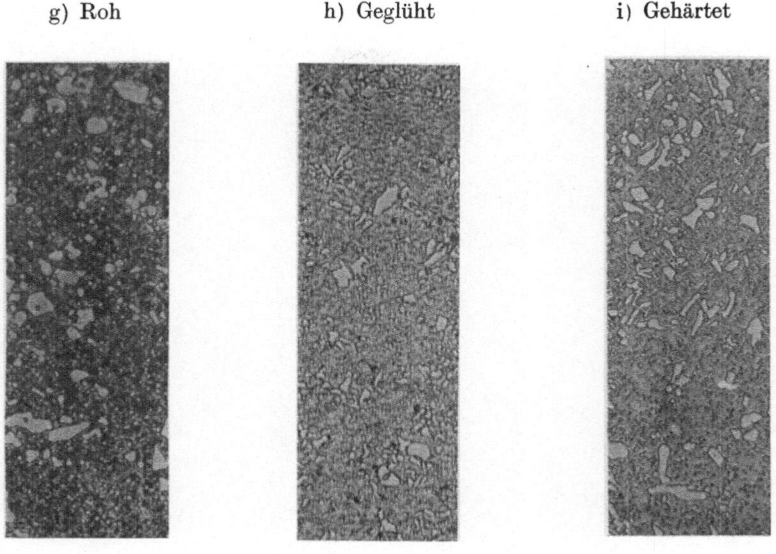

Abb. 186 g bis i.
Chromstahl (hochlegiert).

k) Roh   l) Geglüht   m) Vergütet

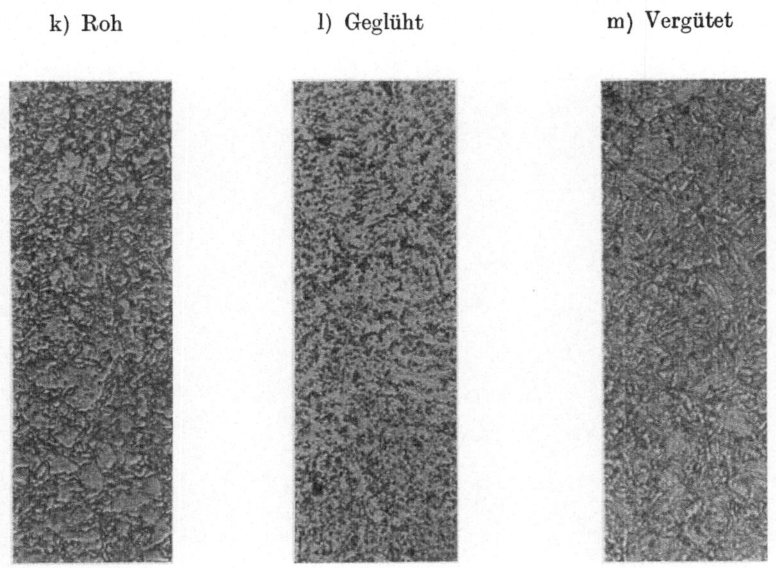

Abb. 186 k bis m.
Chromnickelstahl (Warmarbeitsstahl).

Kaczmarek, Stanzerei. 3. Aufl.   14

Grundzüge der Zerspanungslehre. Eine Einführung in die Theorie der spanabhebenden Formung und ihre Anwendung in der Praxis. Von Dr.-Ing. **Max Kronenberg**, Beratender Ingenieur, Berlin. Mit 170 Abbildungen im Text und einer Übersichtstafel. XIV, 264 Seiten. 1927. Gebunden RM 22.50

Spanlose Formung. Schmieden. Stanzen, Pressen, Prägen, Ziehen. Bearbeitet von Dipl.-Ing. **M. Evers**, Dipl.-Ing. **F. Großmann**, Dir. **M. Lebeis**, Dir. Dr.-Ing. **V. Litz**, Dr.-Ing. **A. Peter**. Herausgegeben von Dr.-Ing. **V. Litz**, Betriebsdirektor bei A. Borsig G. m. b. H., Berlin-Tegel. (Schriften der Arbeitsgemeinschaft Deutscher Betriebsingenieure, Band IV.) Mit 163 Textabbildungen und 4 Zahlentafeln. VI, 152 Seiten. 1926. Gebunden RM 12.60

Handbuch der Fräserei. Kurzgefaßtes Lehr- und Nachschlagebuch für den allgemeinen Gebrauch. Gemeinverständlich bearbeitet von **Emil Jurthe** und **Otto Mietzschke**, Ingenieure. Sechste, durchgesehene und vermehrte Auflage. Mit 351 Abbildungen, 42 Tabellen und einem Anhang über Konstruktion der gebräuchlichsten Zahnformen an Stirn-, Spiralzahn-, Schnecken- und Kegelrädern. VIII, 334 Seiten. 1923. Gebunden RM 11.—

Schmieden und Pressen. Von **P. H. Schweißguth**, Direktor der Teplitzer Eisenwerke. Mit 236 Textabbildungen. IV, 110 Seiten. 1923. RM 4.—

Die hydraulischen Schmiede-Pressen nebst einer Untersuchung über den Vorgang beim Pressen eines Stahlstückes in geschlossener Matrize. Von Dr.-Ing. **Franz Jos. Hofmann**. 60 Seiten. 1912. RM 22.—

Gewindeschneiden. Von Oberingenieur **Otto Max Müller**. Zweite, vermehrte und verbesserte Auflage. (Heft 1 der „Werkstattbücher".) Mit 167 Figuren im Text. 49 Seiten. 1928. RM 2.—

Lehrgang der Härtetechnik. Von Studienrat Dipl.-Ing. **Joh. Schiefer** † und Fachlehrer **E. Grün**. Dritte, verbesserte Auflage. Mit 175 Textabbildungen. VI, 211 Seiten. 1927. RM 7.50; gebunden RM 8.75

Über Dreharbeit und Werkzeugstähle. Autorisierte deutsche Ausgabe der Schrift „On the art of cutting metals" von Fred. W. Taylor, Philadelphia, von Prof. **A. Wallichs**, Aachen. Vierter, unveränderter Abdruck. Mit 119 Figuren und Tabellen. XII, 231 Seiten. 1920. Gebunden RM 8.40

Die Dreherei und ihre Werkzeuge. Handbuch für Werkstatt, Büro und Schule. Von Betriebsdirektor **Willy Hippler**. Dritte, umgearbeitete und erweiterte Auflage. I. Teil: **Wirtschaftliche Ausnutzung der Drehbank**. Mit 136 Abb. im Text und auf 2 Tafeln. VII, 259 Seiten. 1923. Gebunden RM 13.50

Die Berechnung des Werkstoffverbrauches bei gestanzten, gezogenen und gedrehten Gegenständen im Bereich der Metallindustrie. Von Ing. **Leonhard Glück**. Mit 125 Textabbbildungen und 10 Zahlentafeln. V, 91 Seiten. 1923. RM 3.20; gebunden RM 4.—

Die Werkzeugmaschinen, ihre neuzeitliche Durchbildung für wirtschaftliche Metallbearbeitung. Ein Lehrbuch von Professor **Fr. W. Hülle,** Dortmund. Vierte, verbesserte Auflage. Mit 1020 Abbildungen im Text und auf Textblättern sowie 15 Tafeln. VIII, 611 Seiten. 1919. Unveränderter Neudruck 1923. Gebunden RM 24.—

Die Grundzüge der Werkzeugmaschinen und der Metallbearbeitung. Von Professor **Fr. W. Hülle,** Dortmund. In zwei Bänden. Erster Band: **Der Bau der Werkzeugmaschinen.** Sechste, vermehrte Auflage. Mit 512 Textabb. IX, 269 Seiten. 1928. RM 6.50; gebunden RM 7.75 Zweiter Band: **Die wirtschaftliche Ausnutzung der Werkzeugmaschinen.** Vierte, vermehrte Auflage. Mit 580 Abb. im Text und auf einer Tafel sowie 46 Zahlentafeln. VIII, 309 Seiten. 1926. RM 9.—; gebunden RM 10.50

Moderne Werkzeugmaschinen. Von Ing. **Felix Kagerer.** Zweite, verbesserte Auflage. (Technische Praxis, Band III.) Mit 155 Abbildungen und 16 Tabellen. 265 Seiten. 1923. Gebunden RM 3.—

Die Arbeitsgenauigkeit der Werkzeugmaschinen. (Prüfbuch.) Von Professor Dr.-Ing. **G. Schlesinger,** Berlin. Mit 31 Abbildungsgruppen. 40 Seiten. 1927. Gebunden RM 6.—; durchschossen RM 7.—

Werkzeuge und Einrichtung der selbsttätigen Drehbänke. Von **Ph. Kelle,** Oberingenieur in Berlin. Mit 348 Textabbildungen, 19 Arbeitsplänen und 8 Leistungstabellen. V, 154 Seiten. 1929. RM 15.—; gebunden RM 16.50

Automaten. Die konstruktive Durchbildung, die Werkzeuge, die Arbeitsweise und der Betrieb der selbsttätigen Drehbänke. Ein Lehr- und Nachschlagebuch von **Ph. Kelle,** Oberingenieur in Berlin. Zweite, umgearbeitete und vermehrte Auflage. Mit 823 Figuren im Text und auf 11 Tafeln, sowie 37 Arbeitsplänen und 8 Leistungstabellen. XI, 466 Seiten. 1927. Gebunden RM 26.—

Die Werkzeuge und Arbeitsverfahren der Pressen. Mit Benutzung des Buches „Punches, dies and tools for manufacturing in presses" von Joseph V. Woodworth von Professor Dr. techn. **Max Kurrein,** Charlottenburg. Zweite, völlig neubearbeitete Auflage. Mit 1025 Abbildungen im Text und auf einer Tafel sowie 49 Tabellen. IX, 810 Seiten. 1926. Gebunden RM 48.—

Spanabhebende Werkzeuge für die Metallbearbeitung und ihre Hilfseinrichtungen. Bearbeitet von Direktor **R. Bussien,** Oberingenieur **A. Cochius,** Prokurist **K. Güldenstein,** Ing. **E. Herbst,** Direktor **W. Hippler,** Dr.-Ing. **R. Koch,** Ing. **H. Mauck,** Direktor Dr.-Ing. e. h. **J. Reindl,** Prof. Dr.-Ing. **O. Schmitz,** Dipl.-Ing. **E. Simon,** Prof. **E. Toussaint.** Herausgegeben von Dr.-Ing. e. h. **J. Reindl,** Techn. Direktor der Schuchardt & Schütte A.-G. (Schriften der Arbeitsgemeinschaft Deutscher Betriebsingenieure, Bd. III.) Mit 574 Textabb. und 7 Zahlentafeln. XI, 455 Seiten. 1925. Gebunden RM 28.50

Die Bearbeitung von Maschinenteilen nebst einer Tafel zur graphischen Bestimmung der Arbeitszeit. Von **E. Hoeltje,** Hagen i. W. Zweite, erweiterte Auflage. Mit 349 Textfiguren und einer Tafel. IV, 98 Seiten. 1920. RM 3.—